“十四五”高等职业活页式系列规划教材

工业机器人操作与编程

胡春龙 吕栋腾 主编

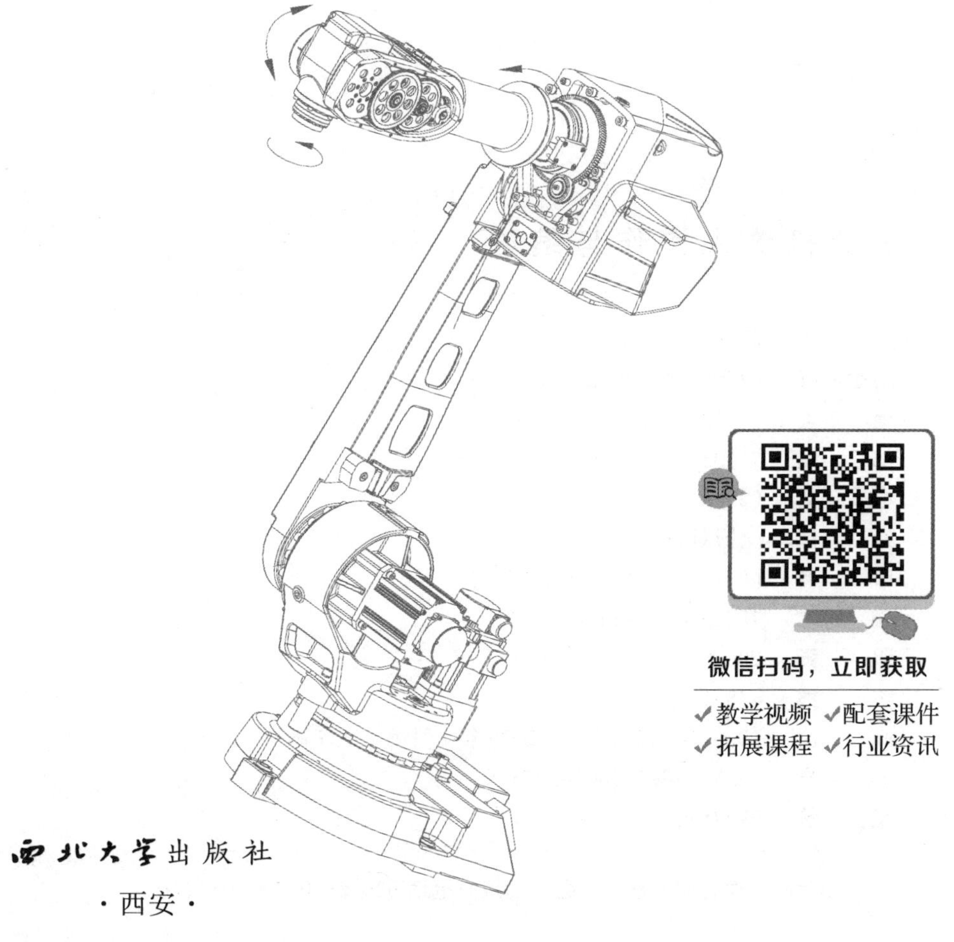

微信扫码，立即获取

✓教学视频 ✓配套课件
✓拓展课程 ✓行业资讯

西北大学出版社
·西安·

图书在版编目（CIP）数据

工业机器人操作与编程 / 胡春龙，吕栋腾主编 .—西安：西北大学出版社，2023.1

ISBN 978-7-5604-5076-6

Ⅰ. ①工… Ⅱ. ①胡… ②吕… Ⅲ. ①工业机器人—操作 ②工业机器人—程序设计 Ⅳ. ① TP242.2

中国版本图书馆 CIP 数据核字（2022）第 247282 号

工业机器人操作与编程

主　　编	胡春龙　吕栋腾
出版发行	西北大学出版社
地　　址	西安市太白北路 229 号
邮　　编	710069
电　　话	029-88303059
经　　销	全国新华书店
印　　装	陕西博文印务有限责任公司
开　　本	787 mm × 1092 mm　1/16
印　　张	20
字　　数	438 千字
版　　次	2023 年 1 月第 1 版　2023 年 1 月第 1 次印刷
书　　号	ISBN 978-7-5604-5076-6
定　　价	79.00 元

本版图书如有印装质量问题，请拨打电话 029-88302966 予以调换。

前言

国家智能制造发展战略提出将“高档数控机床和机器人”作为大力推动的重点领域，并在重点领域技术创新路线图中明确了我国未来十年机器人产业的发展重点。近年来，虽然多方因素推动着我国工业机器人的发展，但工业机器人专业人才的匮乏已经成为产业发展的瓶颈。因此在众多行业，特别是汽车制造、电子制造、半导体工业、精密仪器仪表、制药等行业，机器人技术应用已成为其最关键和最核心的工作岗位之一。工业机器人是在自动操作机基础上发展起来的一种能模仿人的某些动作和控制功能，并按照可变的预定程序、轨迹及其他要求操作工具，实现多种操作的自动化机械系统。工业机器人可代替生产工人出色完成极其繁重、复杂、精密或者充满着危险的各种各样的工作。它综合精密机械、控制传感器和自动控制技术等领域的最新成果，在工厂自动化和柔性生产系统中起着关键作用。而ABB工业机器人作为世界领先的机器人，掌握其应用、编程操作对促进工业发展有着极其重要的作用。

本书共5个模块，每个模块以“项目任务式驱动、知识技能型学习”为主线，依据任务复杂程度，按照“由浅入深”的原则设置一系列学习单元，引领技术知识、实验实训，并嵌入职业核心能力知识点，改变知识与实验实训相剥离的传统教材组织方式，为学生提供在完成工作任务过程中学习相关知识、发展综合职业能力的学习工具。本书以ABB工业机器人的操作与编程作为模块中的项目主线，便于教师采用项目教学法引导学生开展自主学习，掌握、构建和内化知识与技能，强化学生自我学习能力的培养。

本书由陕西国防工业职业技术学院胡春龙（编写模块1～模块3、模块4中的项目1～项目2）、吕栋腾（编写模块4中的项目3～项目5、单元测试1~5）担任主编，王刚（编写模块5、附录）担任副主编。陕西国防工业职业技术学院李俊涛担任主审并对书中内容做最终校核。

本书在编写过程中参考和引用了大量的资料和文献，并得到了许多工程技术人员和多家科研单位的无私帮助，在此一并表示衷心的感谢。

由于作者水平有限，本书内容难免存在遗漏和不足之处，欢迎广大读者和专家批评指正。

编　者

目 录

模块一

工业机器人基本概述

项目一　工业机器人系统认识

知识目标

1. 了解工业机器人的定义；
2. 掌握工业机器人的基本组成；
3. 了解工业机器人的数学模型。

能力目标

1. 能够识别工业机器人系统组成；
2. 能够识别工业机器人的六个关节。

任务1　工业机器人的定义及发展

机器人发展迅猛，不同的机型和功能不断涌现，从不同角度去充分理解国际上对机器人的不同定义，找出异同点。从工业机器人的发展历史体会前人的聪明才智和工匠精神，展望工业机器人的发展趋势，提高学习兴趣。

知识储备

随着科学技术的进步，人类的体力劳动已逐渐被各种机械所取代。工业机器人作为第三次工业革命的重要切入点，将改变现有工业生产的模式，提升工业生产的效率。

工业机器人是一门多学科交叉的综合学科，涉及机械、电子、运动控制、传感检测、计算机技术等，它不是现有机械、电子技术的简单组合，而是这些技术有机融合的一体化装置。

目前，工业机器人技术的应用非常广泛，上至宇宙开发，下到海洋探索，各行各业都离不开机器人的开发和应用。工业机器人的应用程度是衡量一个国家工业自动化水平的重要标志。

1. 工业机器人的定义

机器人是什么？提到机器人，很多人会想到在影视作品或小说中刻画的机器人形象。机器人包括一切模拟人类行为或思想和模拟其他生物的机械（如机器狗、机器猫等）。机器人（Robot）一词来源于捷克斯洛伐克作家卡雷尔·查培克于1920年创作的一个名为“Rossums Uniersal Robots”（罗萨姆的万能机器人）的剧本。在剧本中，萨佩克把在罗萨姆万能机器人公司生产劳动的那些家伙取名为“Robot”（汉语音译为“罗伯特”），其意为“不知疲倦地劳动”。萨佩克把机器人定义为服务于人类的家伙，机器人的名字也由此而生。后来，机器人一词频繁出现在现代科幻小说和电影中。狭义上对机器人的定义也有很多分类法和争议，有些计算机程序甚至也被称为机器人。1967年，日本科学家森政弘与合田周平提出：“机器人是一种具有移动性、个体性、智能性、通用性、半机械半人性、自动性、奴隶性7个特征的柔性机器。”在当代工业中，机器人指能够自动执行任务的人造机器装置，用于取代或协助人类工作，一般是机电装置，由计算机程序或电子电路控制的设备。

随着现代科技的不断前进，机器人这一概念逐步演变成现实。在现代工业的发展过程中，机器人逐渐融合了机械、电子、运动、动力、控制、传感检测、计算技术等多门学科，成为现代科技发展极为重要的组成部分。

机器人发展至今天，对于机器人的定义仍然是仁者见仁，智者见智，没有一个统一的意见。原因之一是机器人还在继续发展，新的机型、新的功能不断涌现。下面将介绍国际上对于工业机器人给出的定义。

美国机器人协会（RIA）：

机器人是“一种用于移动各种材料、零件、工具或专用装置的，通过程序动作来执行各种任务，并具有编程能力的多功能操作机（manipulator）”。

日本工业机器人协会：

工业机器人是“一种装备有记忆装置和末端执行装置的、能够完成各种移动来代替人类劳动的通用机器”。它又分以下两种情况来定义：

（1）工业机器人是“一种能够执行与人的上肢类似动作的多功能机器”。

（2）智能机器人是“一种具有感觉和识别能力，并能够控制自身行为的机器”。

国际标准化组织（ISO）：

机器人是“一种自动的、位置可控的、具有编程能力的多功能操作机，这种操作机具有几个轴，能够借助可编程操作来处理各种材料、零件、工具和专用装置，以执行各种任务”。

国际机器人联合会（IFR）：

“工业机器人（manipulating industrial robot）是一种自动控制的，可重复编程的（至少具有三个可重复编程轴）、具有多种用途的操作机”。

以上这些定义均为国际上对工业机器人的定义，我们通过这些定义可以这样理解工业机器人，就是面向工业领域的多关节机械手或多自由度机器装置。总结起来，工业机器人最显著的特点有以下几个：

（1）可编程。生产自动化的进一步发展是柔性自动化。工业机器人可随其工作环境变化的需要而再编程，因此它在小批量多品种具有均衡高效率的柔性制造过程中能发挥很好的功用，是柔性制造系统中的一个重要组成部分。

（2）拟人化。工业机器人在机械结构上有类似人的行走、腰转和大臂、小臂、手腕、手爪等部分，在控制上有电脑。此外，智能化工业机器人还有许多类似人类的“生物传感器”，如皮肤型接触传感器、力传感器、负载传感器、视觉传感器、声觉传感器、语言功能等。传感器提高了工业机器人对周围环境的自适应能力。

（3）通用性。除了专门设计的专用的工业机器人外，一般工业机器人在执行不同的作业任务时具有较好的通用性。比如，更换工业机器人手部末端操作器（手爪、工具等）便可执行不同的作业任务。

2. 工业机器人的发展

（1）发展历史。

早在我国西周时代就有《列子·汤问》篇记载着有关巧匠偃师献给周穆王一个艺妓“伶人”（歌舞机器人）的故事，如图 1–1 所示。后来还流传着这么一个典故：“偃师造人，唯难于心。”意思是技艺再好，人心难造。这是中国记载最早的机器人，也是机器人的鼻祖。

图 1–1　伶人

春秋后期，据《墨经》记载，我国著名的工匠鲁班曾制造过一只木鸟，能在空中飞行“三日而不下”。类似的还有中国的木牛流马和指南车，国外的时钟城堡和人造狮子等，如图 1–2 所示。

图 1–2　木鸟、指南车

1920 年，“机器人”一词第一次出现在了捷克斯洛伐克的作家卡雷尔・查培克写的《罗萨姆的万能机器人》剧本中，剧中叙述了一个叫罗萨姆的公司把机器人作为人类生产的工业品推向市场，让它充当劳动力代替人类劳动的故事，引发了世人的广泛关注。

20 世纪初期，随着人类社会的经济增长和科技发展，机器人将应运而生。人们不知道机器人的到来是兴盛还是灾难，针对于此，美国的科幻小说家艾萨克・阿西莫夫于 1950 年在他的科幻小说《我，机器人》中，首先提出了“机器人三定律”。

第一定律：机器人不得伤害人类个体，或者目睹人类个体将遭受危险而袖手不管。

第二定律：机器人必须服从人给予它的命令，当该命令与第一定律冲突时例外。

第三定律：机器人在不违反第一、第二定律的情况下要尽可能保护自己的生存。

1959 年，美国人约瑟夫・英格伯格和乔治・德沃尔制造出了世界上第一台工业机器人 Unimate，意思是“万能自动”。这台机器人外形像一辆坦克的炮塔，基座上有一条可转动的大机械臂，大臂上又伸出一条可以伸缩和转动的小机械臂，能进行一些简单的操作，代替人做一些诸如抓放零件的工作，如图 1–3 所示。约瑟夫・英格伯格也因此被称为“机器人之父”。

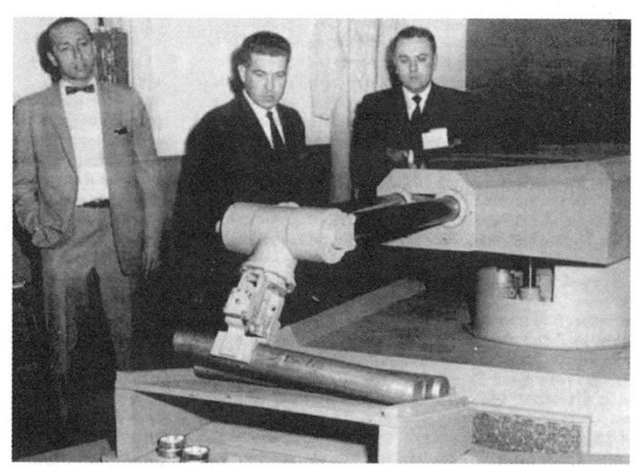

图 1–3　Unimate 机器人

1960 年，美国机器和铸造公司

AMF 生产了柱坐标型 Versatran 机器人。Versatran 机器人可进行点位和轨迹控制，是世界上第一台用于工业生产的机器人，如图 1–4 所示。

1969 年，日本川崎重工（Kawasaki）引进 Unimate 机器人，并把开发和生产能节省劳动力的机器人和系统作为一项重要任务来完成，而后成功开发了 Kawasaki-Unimate2000 机器人，如图 1–5 所示，这是日本生产的第一台工业机器人。1971 年，日本机器人协会成立，这是世界上第一个国家机器人协会。

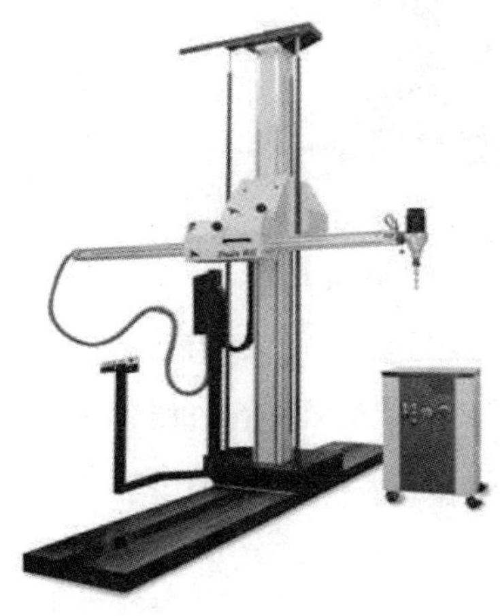
图 1–4　Versatran 机器人

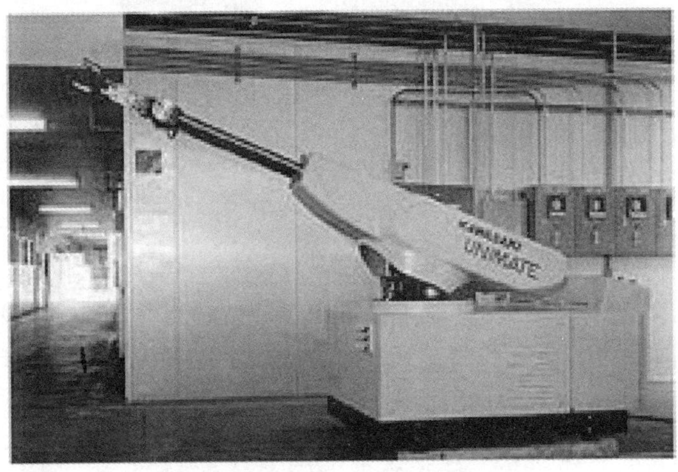

图 1–5　Kawasaki–Unimate2000 机器人

1973 年，第一台机电驱动的六轴机器人面世。德国库卡公司（KUKA）将其使用的 Unimate 机器人研发改造成其第一台产业机器人，命名为 Famulus。这是世界上第一台机电驱动的六轴机器人，如图 1–6 所示。

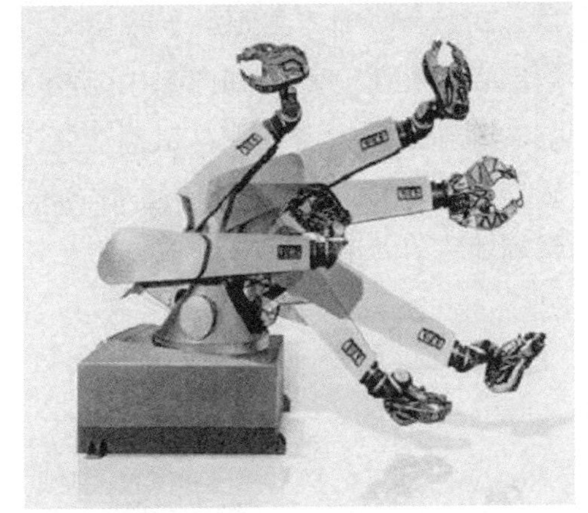
图 1–6　Famulus 机器人

1974 年，瑞典通用电机公司（ASEA，是 ABB 公司的前身）开发出世界上第一台全电力驱动、由微处理器控制的工业机器人 IRB6，如图 1–7 所示。IRB6 主要应用于工件的取放和物料的搬运，首台 IRB6 运行于瑞典南部的一家小型机械工程公司。IRB6 采用仿人化设计，其手臂动作模仿人类，载重 6kg 载荷，5 轴。IRB6 的 S1 控制器是第一个使用英特尔 8 位微处理器，内存容量为 16KB。控制器有 16 个数字 I / 0 接口，通过 16 个按键编程，并具有 4 位数的 LED 显示屏。

1978 年，美国 Unimation 公司推出通用工业机器人（Programmable Universal Machine for Assembly，PUMA），如下图 1–8 所示，应用于通用汽车装配线，这标志着工业机器

人技术已经完全成熟。PUMA 机器人至今仍然工作在工厂第一线。

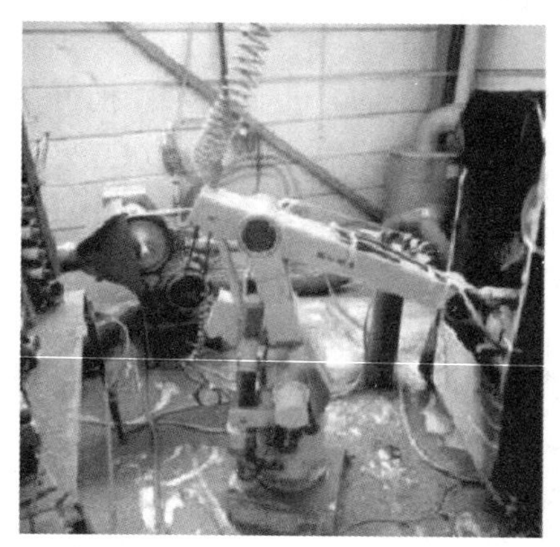

图 1-7　IRB6 机器人

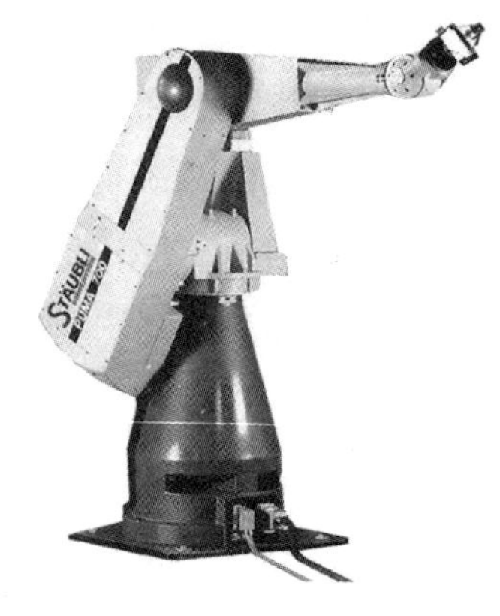

图 1-8　PUMA 机器人

1984 年，瑞典 ABB 公司生产出当时速度最快的装配机器人 IRB1000，如图 1-9 所示。IRB1000 是一个配备了垂直手臂的钟摆式机器人。IRB1000 机器人工作的时候，不需要来回移动就可以快速地穿越整个较大面积的工作范围。IRB1000 机器人的速度比传统的手臂机器人快 50% 以上。

1992 年，瑞典 ABB 公司推出一个开放式控制系统（S4）。S4 控制器的设计，改善了人机界面并提升了机器人的技术性能。

2008 年，日本发那科（FANUC）公司推出了一个新的重型机器人 M-2000iA，其有效载荷约达 1200kg，如图 1-10 所示。M-2000iA 系列是当时世界上规模最大、实力最强的六轴机器人，可搬运超重物体，它有两种型号，分别为一次可举起 900kg 重物的 M-2000iA/900L 和一次可举起 1200kg 重物的 M-2000iA/1200，能够做到更快、更稳、更精确地移动大型部件。

图 1-9　IRB1000 机器人

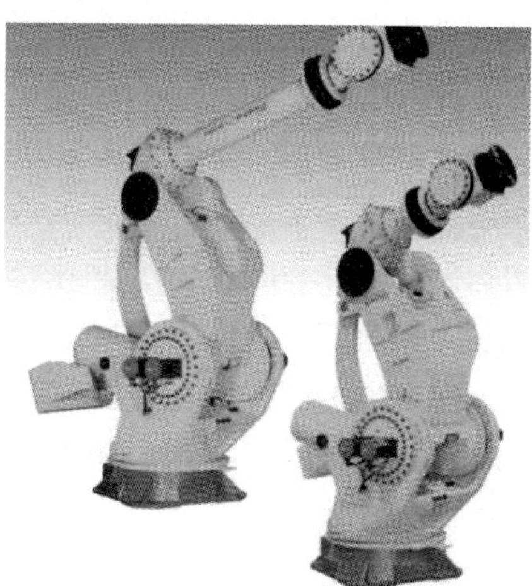

图 1-10　M-2000iA 机器人

2009 年，瑞典 ABB 公司推出了世界上最小的多用途工业机器人 IRB120，如图 1-11 所示。IRB120 是 ABB 机器人部于 2009 年 9 月推出的最小机器人和速度最快的六轴机器人，是由 ABB（中国）机器人研发团队首次自主研发的一款新型机器人。IRB120 仅重 25kg，荷重 3kg（垂直腕为 4kg），工作范围达 580mm。IRB120 的问世使 ABB 新型第四代机器人产品系列得到进一步延伸，其卓越的经济性与可靠性，具有低投资、高产出的优势。

图 1-11　IRB120 机器人

工业机器人的出现将人类从繁重单一的劳动中解放出来，它能够从事一些不适合人类甚至超越人类的劳动，实现生产的自动化，避免工伤事故且提高生产效率。

自 1959 年工业机器人诞生后，经过近 60 多年的发展，工业机器人已经被广泛应用在装备制造、新材料、生物医药、智慧新能源等高新产业，工业机器人的分类也越来越细化。它与人工智能技术、先进制造技术和移动互联网技术融合发展，大大推动了人类社会生活方式的变革。

2016 年，中国围绕实现制造强国的战略目标，提出了“中国制造 2025”计划。工业机器人对于我国制造业提质增效、转型升级、推动产业结构迈向中高端具有重要作用。

（2）发展趋势。

工业机器人在许多生产领域的应用实践证明，它在提高生产自动化水平，提高劳动生产率、产品质量及经济效益，改善工人劳动条件等方面，有着令世人瞩目的作用。随着科学技术的进步，机器人产业必将得到更加快速的发展，工业机器人将得到更加广泛的应用。

①技术发展趋势。在技术发展方面，工业机器人正向结构轻量化、智能化、模块化和系统化的方向发展。未来主要的发展趋势如下：

· 机器人结构的模块化和可重构化。
· 控制技术的高性能化、网络化。
· 控制软件架构的开放化、高级语言化。
· 伺服驱动技术的高集成度和一体化。
· 多传感器融合技术的集成化和智能化。
· 人机交互界面的简单化、协同化。

②应用发展趋势。自工业机器人诞生以来，汽车行业一直是其应用的主要领域。2014 年，北美机器人工业协会在年度报告中指出，截至 2013 年年底，汽车行业仍然是北美机器人最大的应用市场，但其在电子、电气、金属加工、化工、食品等行业的出货

量却增速迅猛。由此可见，未来工业机器人的应用依托汽车产业，并迅速向各行业延伸。对于机器人行业来讲，这是一个非常积极的信号。

③产业发展趋势。国际机器人联合会公布的数据显示 2020 年，全球机器人装机量达到 38.4 万台，亚洲、欧洲占 33.6 万台，其中中国占 16.8 万台，整个行业产值 450 亿美元。2021 年，全球机器人销量 48.68 万台，亚洲的销量占到 72.8%，中国市场的机器人销量近 24.8 万台，增长 46.1%。到目前为止，全球的主要机器人市场集中在亚洲、澳洲、欧洲及北美，累计安装量已超过 310 万台。工业机器人的时代即将来临，并将在智能制造领域掀起一场变革。

任务实施与总结

任务实施	搜索相关资料，加强理解工业机器人的定义、发展及应用前景。
任务总结	

任务 2　工业机器人的基本组成

任务要求

在简单认识工业机器人结构的基础上，了解常用 ABB 工业机器人的系统构成，能够识别 ABB 工业机器人系统的基本组成部分。

知识储备

工业机器人是一种模拟人手臂、手腕和手功能的机电一体化装置。一台通用的工业机器人从体系结构来看，可以分为四大部分：机器人本体、控制器与控制系统、示教器以及连接线缆。具体结构如图 1–12 所示。

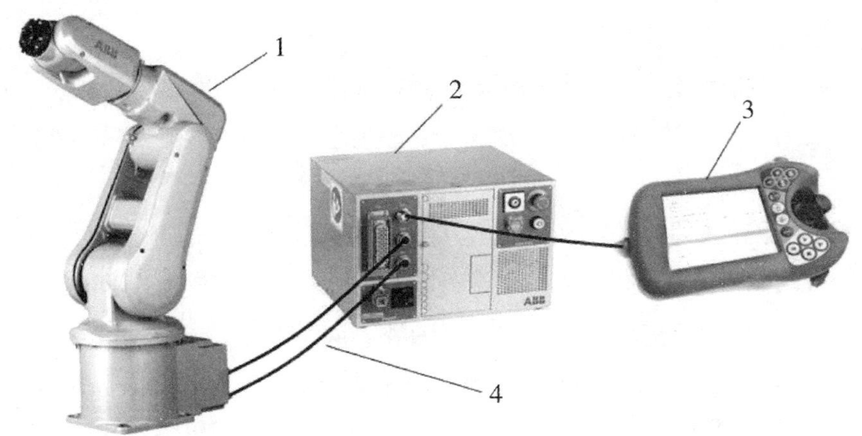

1- 机器人本体；2- 控制器；3- 示教器；4- 连接线缆

图 1-12 工业机器人的基本组成

1. 机器人本体

机器人本体是工业机器人的机械主体，是完成各种作业的执行机构，一般包含互相连接的机械臂、驱动与传动装置以及各种内外部传感器。工作时通过末端执行器实现机器人对工作目标的动作。

（1）机械臂。大部分工业机器人为关节型机器人。关节型机器人的机械臂是由若干个机械关节连接在一起的集合体。图 1-13 所示为典型六关节工业机器人，由机座、腰部（关节 1）、大臂（关节 2）、肘部（关节 3）、小臂（关节 4）、腕部（关节 5）和手部（关节 6）构成。

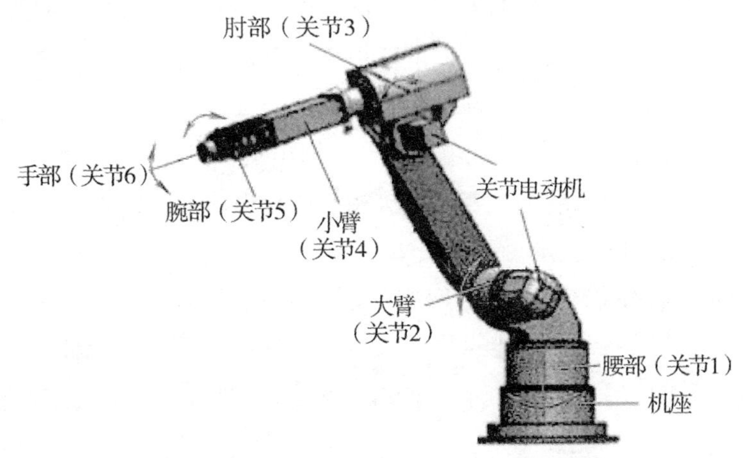

图 1-13 典型六关节工业机器人

①机座。机座是机器人的支承部分，内部安装有机器人的执行机构和驱动装置。

②腰部。腰部是连接机器人机座和大臂的中间支承部分。工作时，腰部可以通过关节 1 在机座上转动。

③臂部。六关节机器人的臂部一般由大臂和小臂构成，大臂通过关节 2 与腰部相连，小臂通过肘关节 3 与大臂相连。工作时，大、小臂各自通过关节电动机转动，实现移动或转动。

④手腕。手腕包括手部和腕部，是连接小臂和末端执行器的部分，主要用于改变末端执行器的空间位姿，联合机器人的所有关节实现机器人预期的动作和状态。

（2）驱动与传动装置。工业机器人的机座、腰部关节、大臂关节、肘部关节、小臂关节、腕部关节和手部关节构成了机器人的外部结构或机械结构。机器人运动时，每个关节的运动通过驱动装置和传动机构实现。图 1–14 所示为机器人运动关节的组成。要构成多关节机器人，其每个关节的驱动及传动装置缺一不可。

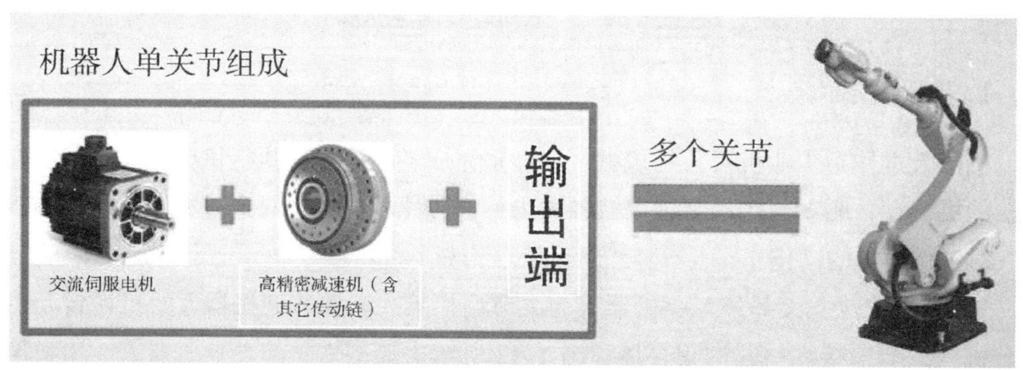

图 1–14　机器人运动关节的组成

驱动装置是向机器人各机械臂提供动力和运动的装置。不同类型的机器人，驱动采用的动力源不同，驱动系统的传动方式也不同。驱动系统的传动方式主要有四种：液压式、气压式、电力式和机械式。电力驱动是目前使用最多的一种驱动方式，其特点是电源取用方便，响应快，驱动力大，信号检测、传递、处理方便，并可以采用多种灵活的控制方式。驱动电动机一般采用步进电动机或伺服电动机，目前也有的采用力矩电动机，但是造价较高，控制也较为复杂。和电动机相配的减速器一般采用谐波减速器、摆线针轮减速器或者行星轮减速器。

（3）传感器。为检测作业对象及工作环境，在工业机器人上安装了诸如触觉传感器、视觉传感器、力觉传感器、接近传感器、超声波传感器和听觉传感器。这些传感器可以大大改善机器人工作状况和工作质量，使它能够更充分地完成复杂的工作。

2. 控制器及控制系统

控制系统是工业机器人的神经中枢，由计算机硬件、软件和一些专用电路、控制器、

驱动器等构成。工作时，根据编写的指令以及传感信息控制机器人本体完成一定的动作或路径，主要用于处理机器人工作的全部信息。控制柜内部结构如图 1–15 所示。

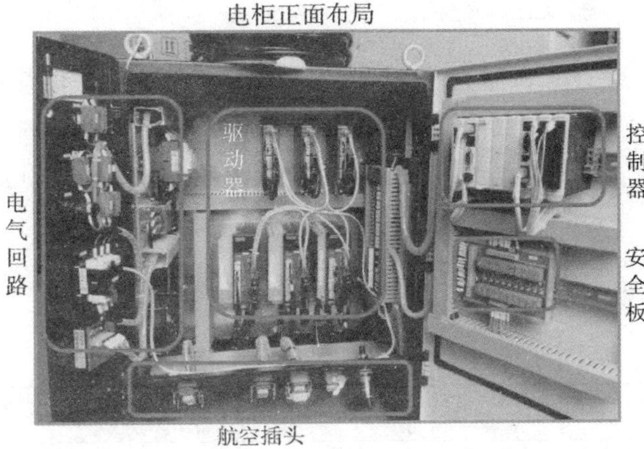

图 1–15　控制柜内部结构

为实现对机器人的控制，除计算机硬件系统外，还必须有相应的软件控制系统。通过软件控制系统的支持，可以方便地建立、编辑机器人控制程序。目前，世界各大机器人公司都有自己完善的软件控制系统。

3. 示教器

示教器是人机交互的一个接口，也称示教盒或示教编程器，主要由液晶屏和可供触摸的操作按键组成。操作时由控制者手持设备，利用按键将需要控制的全部信息通过与控制器连接的电缆送入控制柜的存储器中，实现对机器人的控制。示教器是机器人控制系统的重要组成部分，操作者可以通过示教器进行手动示教，控制机器人到达不同位姿，并记录各个位姿点坐标；也可以利用机器人语言进行在线编程，实现程序回放，让机器人按编写好的程序完成轨迹运动。

示教器上设有用于对机器人进行示教和编程所需的操作键和按钮。一般情况下，不同机器人厂商示教器外观各不相同，但一般都包含中央的液晶显示区、功能按键区、急停按钮和出入线口。图 1–16 所示为 ABB 机器人的示教器外观。

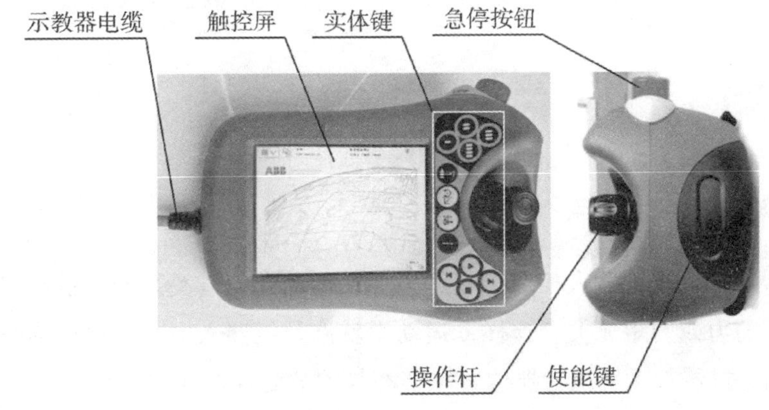

图 1–16　ABB 机器人示教器外观

4. 连接线缆

工业机器人的连线线缆有电源线缆、示教器线缆、动力线缆、SMB 线缆。控制柜通过电源线缆与外部电源连接获取供电；示教器线缆与机器人控制柜连接，对机器人本体进行操控；机器人本体通过动力线缆和 SMB 线缆与控制柜连接。

任务实施与总结

任务实施	认识并实地查看工业机器人的系统组成。
任务总结	

任务 3　工业机器人的数学基础

任务要求

工业机器人通常是一个非常复杂的系统，为准确、清楚地描述工业机器人位姿关系，从分析运动学、动力学方程入手，了解工业机器人相关的数学理论基础。

知识储备

1. 机器人运动学

机器人运动学涉及机器人相对于固定坐标系运动几何学关系的分析和研究，而与产生该运动所需的力或力矩无关。这样，运动学就涉及机器人空间位移作为时间函数的解析说明，特别是机器人末端执行器位置和姿态与关节变量之间的关系。

机器人运动学的基本问题可以归纳如下：

（1）对于一给定的机器人，已知杆件几何参数和关节角向量，求机器人末端执行器相对参考坐标系的位置和姿态。这类问题称为运动学正问题（直接问题）。

（2）已知机器人杆件的几何参数，给定了机器人末端执行器相对参考坐标系的期望位置和姿态，求机器人各关节角向量，即机器人各关节要如何运动才能达到这个预期的位姿？如能达到，那么机器人有几种不同形态可满足同样的条件？这类问题称为运动学逆问题（解臂形问题）。

由于机器人手臂的独立变量是关节变量，但作业通常是用固定坐标系来描述的，所以常常碰到的是第二个问题，即机器人运动学逆问题。1955 年，Denavit 和 Hartenbe 曾提出了一种采用矩阵代数方法来描述机器人手臂杆件相对固定参考坐标系的空间几何。这种方法使用 4×4 齐次变换矩阵来描述两个相邻的机械刚性构件间的空间几何关系，把正向运动学问题简化为寻求等价的 4×4 齐次变换矩阵，此矩阵把手部坐标系的空间位移与参考坐标系联系起来，并且该矩阵还可用于推导手臂运动的动力学方程。而运动学逆向问题可采用如矩阵代数、迭代或几何方法来解。

为了使问题简单易懂，以两自由度机器人的手爪为例来说明。图 1–17 所示为两自由度机器人手部的连杆机构。由于其运动主要由各连杆机构来决定，所以在进行机器人运动学分析时，一般是把驱动器及减速器的元件去除后来分析。

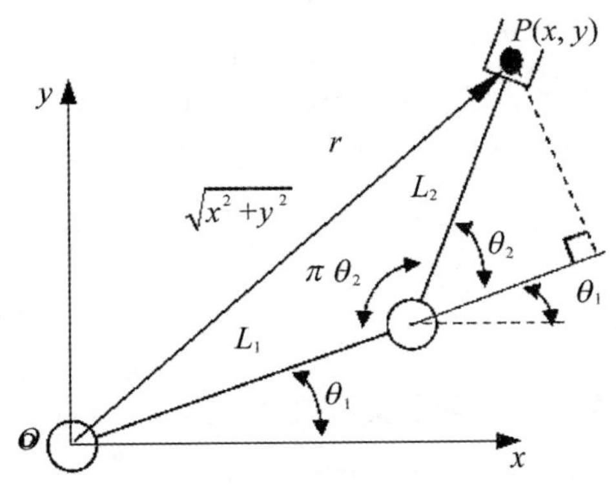

图 1–17　两自由度机器人手部的连杆机构

图 1–17 中的连杆机构是两杆件通过转动副连接的关节机构，通过一定的连杆长度 L_1、L_2 以及关节角 θ_1、θ_2 可以定义该连杆机构。从几何学的观点来处理这个手指位置与关节变量的关系称为运动学。这里引入向量分别表示末端执行器位置 r 和关节变量 θ，即

$$r=\begin{bmatrix}x\\y\end{bmatrix},\ \theta=\begin{bmatrix}\theta_1\\\theta_2\end{bmatrix}$$

利用上述的两个向量来描述图 1–17 所示的两自由度机器人的运动学问题。末端执

行器位置的各分量，按几何学可表示为

$$x = L_1 \cos\theta_1 + L_2 \cos(\theta_1 + \theta_2)$$
$$y = L_1 \sin\theta_1 + L_2 \sin(\theta_1 + \theta_2)$$

用向量表示这个关系式，其一般可表示为

$$r = f(\theta) \tag{1-1}$$

已知机器人的关节变量 θ，求其末端执行器位置 r 的运动学问题称为正运动学。如果给定机器人末端执行器位置 r，为了达到这个预期的位姿，求机器人的关节变量 θ 的运动学问题称为逆运动学。其运动方程式可以通过以下分析得到。

根据图 1–17 中描述的几何关系，由余弦定理可得

$$\theta_1 = arctg\left(\frac{y}{x}\right) - \arccos(\frac{L_2{}^2 - L_1{}^2 - x^2 - y^2}{2L_1\sqrt{x^2 + y^2}})$$
$$\theta_2 = \pi - \arccos(\frac{x^2 + y^2 - L_1{}^2 - L_2{}^2}{2L_1 L_2})$$

同样，如果用向量表示上述关系式，其一般可表示为

$$r = f^{-1}(\theta) \tag{1-2}$$

上述的正运动学、逆运动学统称为运动学。对式（1–2）的两边微分即可得到机器人末端执行器的速度和关节角的关系；若再进一步进行微分，可得到机器人末端执行器的加速度和关节角的关系。处理这些关系也是机器人运动学的问题。

2. 机器人动力学

机器人的动力学研究物体的运动与受力之间的关系。机器人动力学方程是机器人机械系统的运动方程，它表示机器人各关节的关节位置、关节速度、关节加速度与各关节执行器驱动力或力矩之间的关系。

机器人的动力学有两个相反的问题：一是已知机器人各关节执行器的驱动力或力矩，求解机器人各关节的位置、速度、加速度，这是动力学正问题；二是已知各关节的位置、速度、加速度，求各关节所需的驱动力或力矩，这是动力学逆问题。

机器人的动力学正问题主要用于机器人的运动仿真。例如在设计机器人时，需根据连杆质量、运动学和动力学参数、传动机构特征及负载大小进行动态仿真，从而决定机器人的结构参数和传动方案，验算设计方案的合理性和可行性，以及结构优化的程度；在机器人离线编程时，为了估计机器人高速运动引起的动载荷和路径偏差，要进行路径

控制仿真和动态模型仿真。

研究机器人动力学逆问题的目的是对机器人的运动进行有效的实时控制，以实现预期的轨迹运动，并达到良好的动态性能和最优指标。由于机器人是个复杂的动力学系统，由多个连杆和关节组成，具有多个输入和输出，存在着错综复杂的耦合关系和严重的非线性，所以动力学的实时计算很复杂，在实际控制时需要做一些简化假设。

目前研究机器人动力学的方法很多，有牛顿－欧拉方法、拉格朗日方法、阿贝尔方法和凯恩方法等，详细内容可查阅相关文献。

任务实施与总结

任务实施	了解工业机器人运动学和动力学方程及相关数学理论。
任务总结	

项目二　工业机器人技术参数与分类

知识目标

1. 掌握工业机器人的主要技术参数；
2. 了解工业机器人的分类方法；
3. 了解工业机器人的适用领域。

能力目标

1. 会计算工业机器人的技术参数；
2. 能够对不同机器人进行分类。

任务1　工业机器人的技术参数

任务要求

机器人的技术参数反映了机器人可能胜任的工作、具有的最高操作性能等。根据技术参数选型是设计、应用机器人必须考虑的问题，掌握工业机器人常用的主要技术参数，了解不同技术参数的具体含义。

知识储备

虽然工业机器人的种类、用途不尽相同，但任一工业机器人都有其使用的作业范围和要求。目前，工业机器人的主要技术参数有以下几种：自由度、分辨率、定位精度和

重复定位精度、作业范围、运动速度、承载能力。

1. 自由度

自由度是指机器人所具有的独立坐标轴运动的数目，不包括末端执行器的开合自由度。一般情况下，机器人的一个自由度对应一个关节，所以自由度与关节的概念是等同的。自由度是表示机器人动作灵活程度的参数，自由度越多，机器人就越灵活，但结构也越复杂，控制难度越大，所以机器人的自由度要根据其用途设计，一般为3~6个。

2. 分辨率

分辨率是指机器人每个关节所能实现的最小移动距离或最小转动角度。工业机器人的分辨率分编程分辨率和控制分辨率两种。

编程分辨率是指控制程序中可以设定的最小距离，又称基准分辨率。当机器人某关节电动机转动0.1°，机器人关节端点移动直线距离为0.01mm，其基准分辨率即为0.01mm。

控制分辨率是系统位置反馈回路所能检测到的最小位移，即与机器人关节电动机同轴安装的编码盘发出单个脉冲时电动机转过的角度。

3. 定位精度和重复定位精度

定位精度和重复定位精度是机器人的两个精度指标。定位精度是指机器人末端执行器的实际位置与目标位置之间的偏差，由机械误整、控制算法与系统分辨率等部分组成。典型的工业机器人定位精度一般在 ±（0.02~5）mm 范围。

重复定位精度是指在同一环境、同一条件、同一目标动作、同一命令之下，机器人连续重复运动若干次时，其位置的分散情况，是关于精度的统计数据。因重复定位精度不受工作载荷变化的影响，故通常用重复定位精度这一指标作为衡量示教－再现工业机器人精度水平的重要指标。

4. 作业范围

作业范围是机器人运动时手臂末端或手腕中心所能到达的位置点的集合，也称为机器人的工作区域。机器人作业时，由于末端执行器的形状和尺寸是跟随作业需求配置的，所以为真实反映机器人的特征参数，机器人作业范围是指不安装末端执行器时的工作区域。作业范围的大小不仅与机器人各连杆的尺寸有关，而且与机器人的总体结构形式有关。

作业范围的形状和大小是十分重要的，机器人在执行某作业时可能会因存在手部不能到达的盲区而不能完成任务，因此在选择机器人执行任务时，一定要合理选择符合当前作业范围的机器人。

5. 运动速度

运动速度影响机器人的工作效率和运动周期，它与机器人所提取的重力和位置精度均有密切的关系。运动速度提高，机器人所承受的动载荷增大，必将承受着加减速时较大的惯性力，从而影响机器人的工作平稳性和位置精度。就目前的技术水平而言，通用机器人的最大直线运动速度大多在 1000mm/s 以下，最大回转速度般不超过 120° /s。

一般情况下，机器人的生产厂家会在技术参数中标明出厂机器人的最大运动速度。

6. 承载能力

承载能力是指机器人在作业范围内的任何位姿上所能承受的最大重量。承载能力不仅取决于负载的重量，而且与机器人运行的速度和加速度的大小和方向有关。根据承载能力的不同，工业机器人大致分为：

（1）微型机器人——承载能力为 1N 以下。

（2）小型机器人——承载能力不超过 10^5N。

（3）中型机器人——承载能力为 10^5~10^6N。

（4）大型机器人——承载能力为 10^6~10^7N。

（5）重型机器人——承载能力为 10^7N 以上。

任务实施与总结

任务实施	学习工业机器人不同技术参数的具体内容。
任务总结	

任务 2　工业机器人的分类及典型应用

在认识工业机器人在新兴产业中作用的基础上，了解常用工业机器人的分类方法及适用领域。

知识储备

工业机器人的种类很多，其功能、特征、驱动方式、应用场合等参数不尽相同。目前，国际上还没有形成机器人的统一划分标准。一般从机器人的结构特征、控制方式、驱动方式、应用领域等几个方面进行分类。

1. 按结构特征划分

机器人的结构形式多种多样，典型机器人的运动特征用其坐标特性来描述。按结构特征来分，工业机器人通常可以分为直角坐标机器人、柱面坐标机器人、球面坐标机器人（又称极坐标机器人）、多关节机器人、并联机器人等。

（1）直角坐标机器人。

直角坐标机器人是指在工业应用中，能够实现自动控制的、可重复编程的、在空间上具有相互垂直关系的三个独立自由度的多用途机器人，其结构如图 1–18 所示。直角坐标机器人末端执行器的姿态由参数（x，y，z）决定。

从图 1–18 可以看出，机器人在空间坐标系中有三个相互重直的移动关节 x、y、z，每个关节都可以在独立的方向移动。

直角坐标机器人的特点是直线运动、控制简单。缺点是灵活性较差，自身占据空间较大。目前，直角坐标机器人可以非常方便地用于各种自动化生产线中，可以完成诸如焊接、搬运、上下料、包装、码垛、检测、探伤、分类、装配、贴标、喷码、打码、喷涂、目标跟随以及排爆等系列工作。

（2）柱面坐标机器人。

柱面坐标机器人是指能够形成圆柱坐标系的机器人，如图 1–19 所示。其结构主要由一个旋转机座形成的转动关节和垂直、水平移动的两个移动关节构成。柱面坐标机器人末端执行器的姿态由参数（z、r、θ）决定。

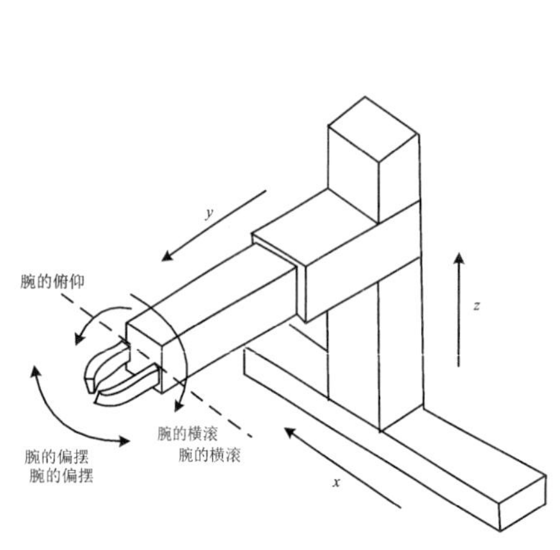

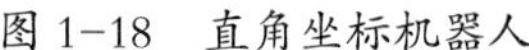

图 1-18　直角坐标机器人

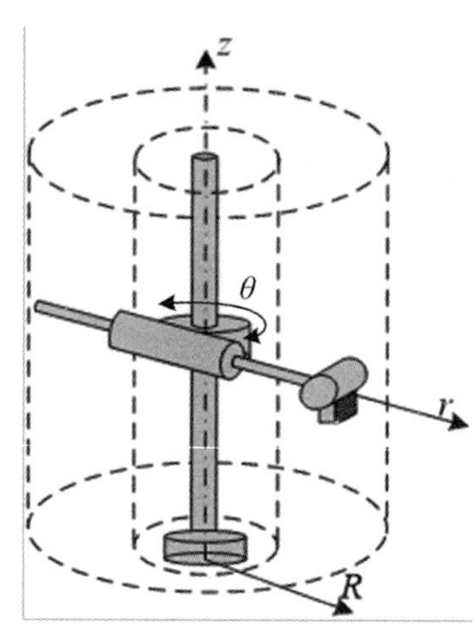

图 1-19　柱面坐标机器人

柱面坐标机器人具有空间结构小、工作范围大、末端执行器速度高、控制简单、运动灵活等优点。缺点是工作时，必须有沿 r 轴线前后方向的移动空间，空间利用率低。

目前，柱面坐标机器人主要用于重物的装卸、搬运等工作。著名的 Versatran 机器人就是一种典型的柱面坐标机器人。

（3）球面坐标机器人。

球面坐标机器人的结构如图 1-20 所示，一般由两个回转关节和一个移动关节构成。其轴线按极坐标配置，r 为移动坐标，φ 是手臂在铅垂面内的摆动角，θ 是绕手臂支承底座垂直轴的转动角。这种机器人运动所形成的轨迹表面是半球面，所以称为球面坐标机器人。

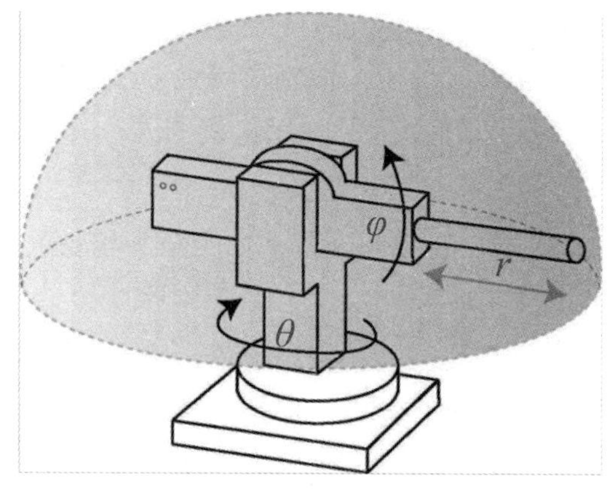

图 1-20　球面坐标机器人

球面坐标机器人同样占用空间小，操作灵活且范围大，但运动学模型较复杂，难以控制。

（4）多关节机器人。

关节机器人也称关节手臂机器人或关节机械手臂，是当今工业领域中应用最为广泛

的一种机器人。多关节机器人按照关节的构型不同，又可分为垂直多关节机器人和水平多关节机器人。

垂直多关节机器人主要由机座和多关节臂组成，目前常见的关节臂数是 3~6 个。某品牌六关节臂机器人的结构如图 1–21 所示。

由图 1–21 可知，这类机器人由多个旋转和摆动关节组成，其结构紧凑，工作空间大，动作接近人类，工作时能绕过机座周围的一些障碍物，对装配、喷涂、焊接等多种作业都有良好的适应性，且适合电动机驱动，关节密封、防尘比较容易。目前，瑞士 ABB、德国 KUKA、日本安川以及国内的一些公司都在推出这类产品。

水平多关节机器人也称为 SCARA（ Selective Compliance Assembly Robot Arm ）机器人。水平多关节机器人的结构如图 1–22 所示。这类机器人一般具有 4 个轴和 4 个运动自由度，它的第一、 二、四轴具有转动特性，第三轴具有线性移动特性，并且第三轴和第四轴可以根据工作需要的不同，制造成多种不同的形态。

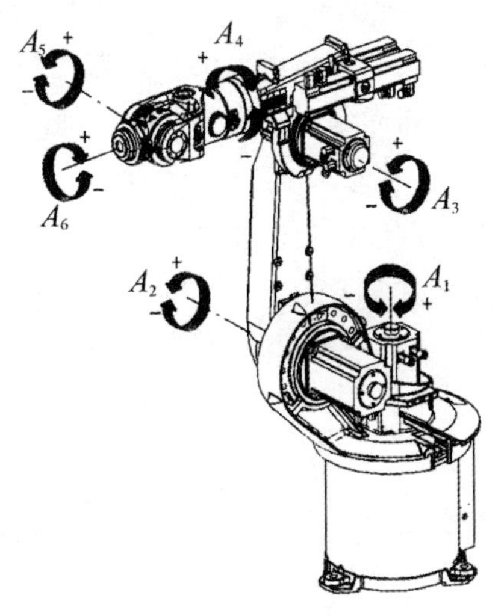

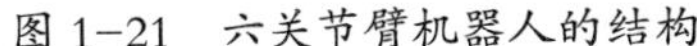
图 1–21　六关节臂机器人的结构

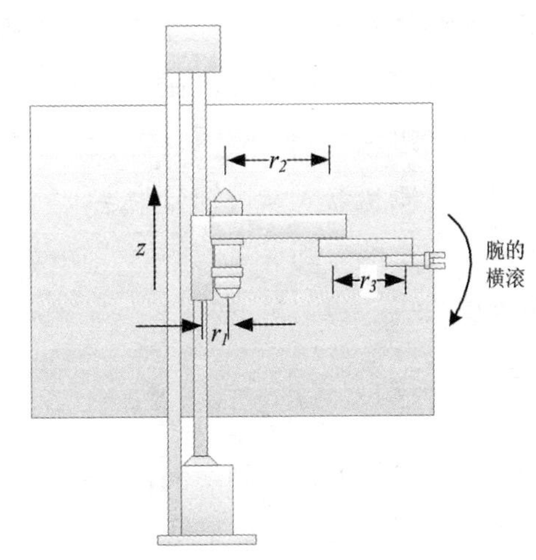

图 1–22　水平多关节机器人

水平多关节机器人的特点在于作业空间与占地面积比很大，使用起来方便；在垂直升降方向刚性好，尤其适合平面装配作业。

目前，水平多关节机器人广泛应用于电子产品工业、汽车工业、塑料工业、药品工业和食品工业等领域，用以完成搬取、装配、喷涂和焊接等操作。

（5）并联机器人。

并联机器人是近些年来发展起来的一种由固定机座和具有若干自由度的末端执行器以不少于两条独立运动链连接形成的新型机器人。

如图 1–23 所示为六自由度并联机器人。和串联机器人相比，并联机器人具有以下特点：

①无累积误差，精度较高。

②驱动装置可置于定平台上或接近定平台的位置，运动部分重量轻，速度高，动态响应好。

③结构紧凑，刚度高，承载能力大。

④具有较好的各向同性。

⑤工作空间较小。

并联机器人广泛应用于装配、搬运、上下料、分拣、打磨、雕刻等需要高刚度、高精度或者大载荷而无须很大工作空间的场合。

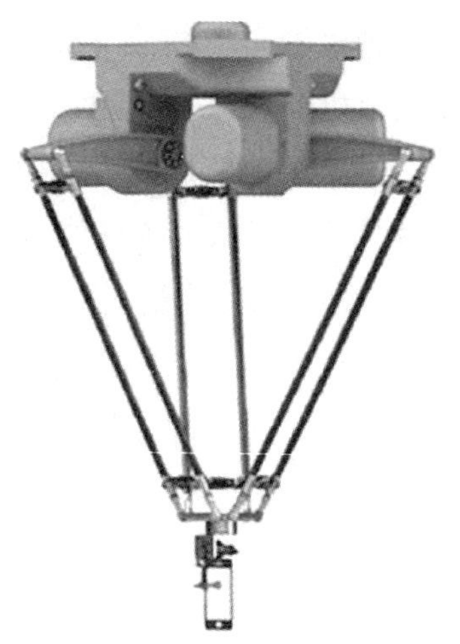

图 1-23　并联机器人

2. 按控制方式划分

工业机器人根据控制方式的不同，可以分为伺服控制机器人和非伺服控制机器人两种。机器人运动控制系统最常见的方式就是伺服系统。伺服系统是指精确地跟随或复现某个过程的反馈控制系统。在很多情况下，机器人伺服系统的作用是驱动机器人机械手准确地跟随系统输出位移指令，达到位置的精确控制和轨迹的准确跟踪。

伺服控制机器人又可细分为连续轨迹控制机器人和点位控制机器人。点位控制机器人的运动为空间点到点之间的直线运动。连续轨迹控制机器人的运动轨迹可以是空间的任意连续曲线。

3. 按驱动方式划分

根据能量转换方式的不同，工业机器人驱动类型可以划分为气压驱动、液压驱动、电力驱动和新型驱动四种类型。

（1）气压驱动。

气压驱动机器人是以压缩空气来驱动执行机构的。这种驱动方式的优点是空气来源方便，动作迅速，结构简单。缺点是工作的稳定性与定位精度不高，抓力较小，所以常用于负载较小的场合。

（2）液压驱动。

液压驱动是使用液体油液来驱动执行机构的。与气压驱动机器人相比，液压驱动机器人具有大得多的负载能力，其结构紧凑，传动平稳，但液体容易泄漏，不宜在高温或低温场合作业。

（3）电力驱动。

电力驱动是利用电动机产生的力矩驱动执行机构的。目前，越来越多的机器人采用

电力驱动方式，电力驱动易于控制，运动精度高，成本低。电力驱动又可分为步进电动机驱动、直流伺服电动机驱动及无刷伺服电动机驱动等方式。

（4）新型驱动。

伴随着机器人技术的发展，出现了利用新的工作原理制造的新型驱动器，如静电驱动器、压电驱动器、形状记忆合金驱动器、人工肌肉及光驱动器等。

4. 按应用领域划分

工业机器人按作业任务的不同可以分为焊接、搬运、装配、喷涂等类型机器人。

（1）焊接机器人。

焊接机器人是从事焊接作业的工业机器人，如图 1–24 所示。焊接机器人常用于汽车制造领域，是应用最为广泛的工业机器人之一。目前，焊接机器人的使用量约占全部工业机器人总量的 30%。

（2）搬运机器人。

搬运机器人用途很广，一般只需点位控制，即被搬运零件无严格的运动轨迹要求，只要求始点和终点位姿准确。如机床上用的上下料机器人、工件码垛机器人、注塑机配套用的机械等，如图 1–25 所示。

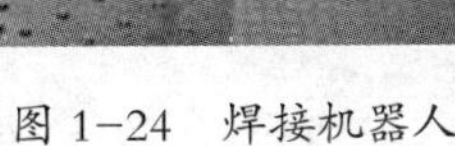

图 1–24　焊接机器人

图 1–25　搬运机器人

搬运机器人又分为可以移动的搬运小车（AGV），用于码垛的码垛机器人，用于分解的分解机器人，用于机床上下料的上下料机器人等。其主要作用就是实现产品、物料或工具的搬运，主要优点如下：

①提高生产率，一天可以 24h 无间断地工作。

②改善工人劳动条件，可在有害环境下工作。

③降低工人劳动强度，减少人工成本。

④缩短了产品改型换代的准备周期，减少相应的设备投资。

⑤可实现工厂自动化、无人化生产。

（3）装配机器人。

装配机器人是专门为装配而设计的机器人，这类机器人要有较高的位姿精度，手腕具有较大的柔性，常用来完成生产线上一些零件的装配或拆卸工作，如下图 1–26 所示。

在工业生产中，使用装配机器人可以保证产品质量，降低成本，提高生产自动化水平。目前，装配机器人主要用于各种电器（包括家用电器，如电视机、录音机、洗衣机、电冰箱、吸尘器）的制造，小型电动机、汽车及其零部件、计算机、玩具、机电产品及其组件的装配等。

（4）喷涂机器人。

喷涂机器人是可进行自动喷漆或喷涂其他涂料的工业机器人，重复位姿精度要求不高，但由于漆雾易燃，一般采用液压驱动或交流伺服电机驱动。

喷涂机器人主要由机器人本体、计算机和相应的控制系统组成。液压驱动的喷涂机器人包括液压动力装置，如油泵、油箱和电动机等。喷涂机器人多采用五自由度或六自由度关节式结构，手臂有较大的工作空间，并可做复杂的轨迹运动，其腕部一般有 2~3 个自由度，可灵活运动。较先进的喷涂机器人腕部采用柔性手腕，既可向各个方向弯曲，又可转动，其动作类似人的手腕，能方便地通过较小的孔伸入工件内部，喷涂其内表面。

喷涂机器人广泛用于汽车、仪表、电器、搪瓷等工艺生产中，如图 1–27 所示为喷涂机器人在汽车表面喷涂作业。

图 1–26　装配机器人

图 1–27　喷涂机器人

喷涂机器人的主要优点如下：

①柔性大，工作空间大。

②可提高喷涂质量和材料利用率。

③易于操作和维护。可离线编程，大大地缩短了现场调试时间。

④设备利用率高。喷涂机器人的利用率可达 90%~95%。

任务实施与总结

任务实施	学习机器人的不同分类方法及典型应用领域。
任务总结	

项目三　认识 ABB 工业机器人

知识目标

1. 了解 ABB 机器人的发展；
2. 了解 ABB 机器人常用型号的特点及应用领域。

能力目标

1. 能够识别 ABB 机器人的常用型号；
2. 根据用途能选择合适的 ABB 机器人型号。

任务 1　ABB 工业机器人简介

任务要求

学习 ABB 工业机器人的特点，了解 ABB 工业机器人发展历史。

知识储备

ABB 集团位列全球 500 强企业，集团总部位于瑞士苏黎世。是由两个历史 100 多年的国际性企业瑞典的阿西亚公司（ASEA）和瑞士的布朗勃法瑞公司（BBC Brown Boveri）在 1988 年合并而成。ABB 是世界领先的机器人制造商，自 1974 年发明世界上第一台工业机器人以来，一直致力于研发、生产机器人，至今已有超过 40 年的历史。ABB 拥有当今种类最多、最全面的机器人产品、技术和服务，以及最大的机器人装机量，

已在全球范围内安装了超过20万台机器人，主要市场包括汽车、塑料、金属加工、铸造、太阳能、消费电子、木制品、机床、制药和食品饮料等行业。

ABB分支机构遍及世界各地53个国家，约100个地区。ABB工业机器人全球业务总部设在中国上海，在瑞典、捷克、挪威、墨西哥、日本和美国等地也设有机器人研发和制造基地。ABB集团是目前在中国从事工业机器人研发和生产的国际企业。

ABB工业机器人产品发展十分迅速，以下是40多年来发展的情况。

1974年，向瑞典南部一家小型机械工程公司交付全球首台微机控制电动工业机器人——由ASEA制造的IRB6，该机器人设计已于1972年获发明专利。

1975年，售出首台弧焊机器人（IRB6）。

1979年，推出首台电动点焊机器人（IRB60）。

1986年，推出有效载荷为10kg的IRB2000机器人。这是全球首台由交流电机驱动的机器人，采用无间隙齿轮箱，工作范围大，精度高。

1991年，推出有效载荷为200kg的IRB6000大功率机器人。该机器人采用模块化结构设计，是当时市场上速度最快、精度最高的点焊机器人。

1998年，推出FlexPicker机器人。该机器人为世界上速度最快的拾放料机器人。

2001年，推出全球首台有效载荷高达500kg的工业机器人IRB7600。

2002年，在Euroblech展览会上推出IRB6600机器人——一种可向后弯曲的大功率机器人。

2004年，推出新型机器人控制器IRC5。该控制器采用模块化结构设计，是一种全新的按照人机工程学原理设计的Windows界面装置，可通过MultiMove功能实现多机器人（最多4台）完全同步控制，从而为机器人控制器确立了新标准。

2005年，推出55种新产品和机器人功能，包括4种新型机器人：IRB660、IRB4450S、IRB1600和IRB260。

2009年，推出当时全球精度最高、速度最快、重量仅为25公斤的六轴小型工业机器人IRB120。

2011年，推出全球最快的码垛机器人IRB460。

2013年，首批发布了IRB6700机器人家族4款机型。

2014年，推出两款FlexMT机型。FlexMT20（20kg负载/1.65m工作范围）和FlexMT60（60kg负载/2.05m工作范围）。

2015年，推出全球首款真正实现人机协作的双臂工业机器人YuMi。

2020年，推出全新IRB1300机器人。具备一流的负载能力、工作范围和路径精度，它速度更快，体型更紧凑。

2021年，推出新一代协作机器人GoFa和SWIFTI。拓展了协作机器人产品组合。

2022 年，推出其史上最小的工业机器人 IRB1010。负载可达 1.5kg，领先于其他同类产品，托举重量最多可超三倍。

任务实施与总结

任务实施	查阅相关资料，了解 ABB 工业机器人的发展历史及特点。
任务总结	

任务 2 ABB 工业机器人的常用型号

任务要求

在了解 ABB 工业机器人发展历史的基础上，能够识别常用 ABB 机器人的型号及其特点和应用领域。

知识储备

1.ABB IRB120

IRB120 是 ABB 新型第四代机器人家族的最新成员，也是迄今为止 ABB 制造的最小的机器人，如图 1–28 所示。主要应用在物流搬运、装配等方面。

（1）紧凑轻量。

作为 ABB 目前最小的机器人，IRB120 在紧凑空间内凝聚了 ABB 产品系列的全部功能与技术。其质量仅为 25kg，结构设计紧凑，几乎可以安装在任何地方，比如工作站内部、机械设备上方或生产线上其他机器人的旁边。

图 1-28　IRB120

（2）用途广泛。

IRB120 广泛适用于电子、食品、饮料、制药、医疗、研究等领域，进一步增强了 ABB 新型第四代机器人家族的实力，其最高承重能力为 3kg（五轴垂直向下时为 4kg），工作范围达 580mm。

（3）易于集成。

IRB120空气管线与用户信号线缆从底座至手腕全部嵌入机身内部，易于机器人集成。

（4）优化工作范围。

除工作范围达 580mm 外，IRB120 还具有一流的工作流程，底座下方拾取距离为 112mm。IRB120 采用对称结构，第一轴无外凸，回转半径极小，可靠近其他设备安装，纤细的手腕进一步增强了手臂的可达性。IRB120 配备轻型铝合金伺服电动机，结构轻巧、功率强劲，可实现机器人高速度运行，在任何应用中都能确保优异的精准度和敏捷性。

2.ABB IRB1410

IRB1410 主要应用于弧焊、装配、物料搬运、涂胶等方面，其性能卓越，经济效益高，如图 1-29 所示。

（1）可靠性好，坚固耐用。

IRB1410 以其坚固可靠的结构而著称，而由此带来的其他优势是噪声低，例行维护间隔时间长，使用寿命长。

（2）稳定、可靠，使用范围广。

卓越的控制水平，精度达 0.05mm，确保了出色的工作质量。该机器人工作范围大、到达距离长（最长 1.44m）、结构紧凑、手腕极为纤细，即使在条件苛刻、限制颇多的场所，仍能实现高性能操作。承重能力为 5kg，上臂可承受 18kg 的附加载荷。

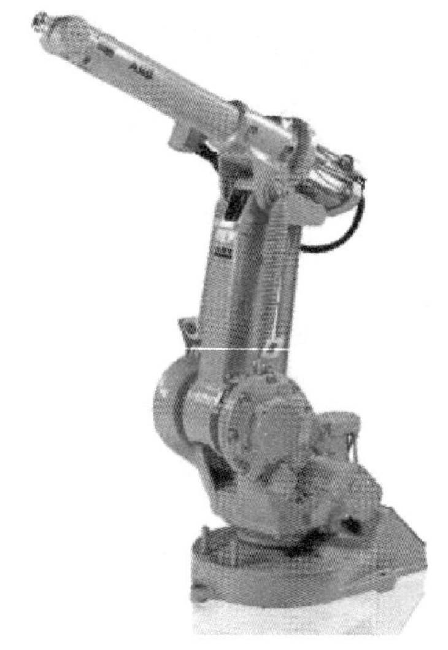

图 1-29　IRB1410

（3）高速，较短的工作周期。

机器人本体坚固，配备快速精准的 IRC5 控制器，可有效缩短工作周期，提高生产率。

（4）专为弧焊设计。

采用优化设计，设送丝机走线安装孔，为机械臂搭载工艺设备提供便利。标准 IRC5 机器人控制器内置各项人性化弧焊功能，可通过示教器进行操控。

3.ABB IRB1600ID

IRB1600ID 主要应用于弧焊方面。该机器人线缆包括供应弧焊所需的全部介质，包括电源、焊丝、保护气和压缩气体，如图 1-30 所示。

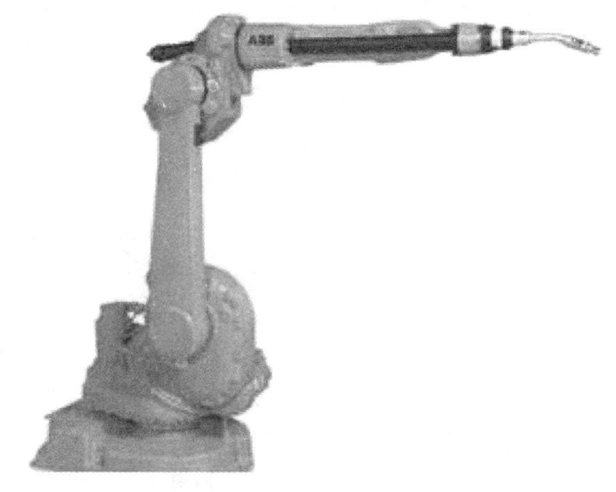

图 1-30　IRB1600ID

（1）提高电缆寿命，预测精准度。

机器人背负的线缆发生故障是生产线意外停产的常见原因之一。而采用 IRB1600ID 则可将此类停产现象减少到最低限度。线缆装嵌于机器人上臂之内，通过对一定工作节拍内的电缆动作情况进行分析，就可以精确预测出电缆的使用寿命。

（2）扩大工作范围。

机器人背负线缆的集成式设计，使得机器人占据的外部空间尺寸相对变小，当机器人工作的焊接夹具形状结构十分复杂时，这种设计就相当于增加了机器人实际的工作范围。该机器人设计的另一大亮点是，当机器人一旦与夹具发生碰撞时，可确保内嵌的线缆安然无恙。

（3）简化机器人编程。

传统机器人的编程不可避免地会遇到“盲点”，因为机器人背负的线缆暴露于外，运动路线难以预测，程序员必须运用想象力才能确保附件在作业中不与其他物体发生碰撞和干扰。而 IRB1600ID 的编程则全无上述顾虑。

（4）延长电缆寿命。

机器人背负的线缆内嵌于机器人上臂，可减少电缆摆动，从而延长电缆及电缆护套的使用寿命。

4.ABB IRB360

IRB360 主要应用于装配、物料搬运、拾料、包装等方面，是实现高精度拾放料作业的第二代机器人解决方案，具有操作速度快、有效载荷大、占地面积小等特点，如图 1-31 所示。

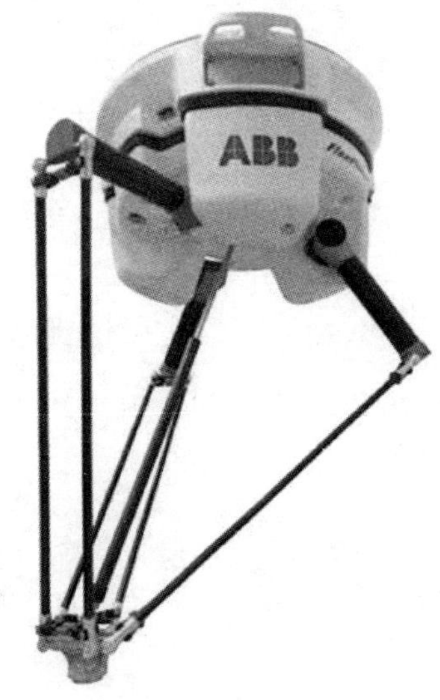

图 1-31　IRB360

IRB360 包括四个系列：紧凑型，拾料范围为 800mm，可最大限度地节省生产空间，并能轻松集成到机械设备及生产线中，广泛应用于各类包装应用；标准型，相同性能，拾料范围更大，为 1130mm；高载荷型，相同性能，载荷可达 3kg；长臂型，载荷可达 1kg，范围可达 1600mm。

任务实施与总结

任务实施	查看不同型号的 ABB 工业机器人的结构、特点及应用领域。
任务总结	

【名人名言】

黄旭华，中国核潜艇事业的先驱者和奠基人之一，第一代攻击型核潜艇和战略导弹核潜艇总设计师，为中国海基核力量实现从无到有的历史性跨越做出了卓越贡献。“共和国勋章”获得者，他被誉为“中国核潜艇之父”。

我不知道自己什么时候真正退休，只要我能动，就会继续做下去，我愿为国家的核潜艇事业贡献到最后一刻。

——黄旭华

模块二

工业机器人的基本操作

项目一　工业机器人安全知识

知识目标

1. 了解机器人操作的安全事项；
2. 了解工业机器人在不同运动模式下的操作提示。

能力目标

1. 能安全规范地操作机器人；
2. 会紧急情况下的处理措施。

任务　认识工业机器人操作安全事项

任务要求

了解工业机器人操作过程中的注意事项以及不同运动模式下的操作提示，能够在紧急情况下做出相应处理。

知识储备

在开启机器人之前，要仔细阅读机器人光盘里的产品手册，并务必阅读产品手册安全章节里的全部内容，只有在熟练掌握设备知识、安全信息以及注意事项后，才能正确使用机器人。

1. 关闭总电源

在进行机器人的安装、维修、保养时切记要将总电源关闭。带电作业可能会产生致命性后果。如果不慎遭高压电击，可能会导致心跳停止、烧伤或其他严重伤害。

在得到停电通知时，要预先关断机器人的主电源及气源。

突然停电后，要在来电之前预先关闭机器人的主电源开关，并及时取下夹具上的工件。

2. 与机器人保持足够安全距离 

在调试与运行机器人时，它可能会执行一些意外的或不规范的运动。并且，所有的运动都会产生很大的力量，从而严重伤害个人或损坏机器人工作范围内的任何设备。所以时刻警惕与机器人保持足够的安全距离。

3. 静电放电危险 

ESD（静电放电）是电势不同的两个物体间的静电传导，它可以通过直接接触传导，也可以通过感应电场传导。搬运部件或部件容器时，未接地的人员可能会传递大量的静电荷。这一放电过程可能会损坏敏感的电子设备。所以在有此标识的情况下，要做好静电放电防护。

4. 紧急停止

紧急停止优先于机器人任何其他控制操作，它会断开机器人电动机的驱动电源，停止所有运转部件，并切断由机器人系统控制且存在潜在危险的功能部件的电源。出现下列情况时请立即按下任意紧急停止按钮：

（1）机器人运行时，工作区域内有工作人员。

（2）机器人伤害了工作人员或损伤了机器设备。

5. 灭火

发生火灾时，在确保全体人员安全撤离后再进行灭火，应先处理受伤人员。当电气设备（例如机器人或控制器）起火时，使用二氧化碳灭火器，切勿使用水或泡沫。

6. 工作中的安全 

机器人速度慢，但是很重并且力度很大。运动中的停顿或停止都会产生危险。即使可以预测运动轨迹，但外部信号有可能改变操作，会在没有任何警告的情况下，产生预想不到的运动。因此，当进入保护空间时，务必遵循所有的安全条例。

（1）如果在保护空间内有工作人员，请手动操作机器人系统。

（2）当进入保护空间时，请准备好示教器，以便随时控制机器人。

（3）注意旋转或运动的工具，例如切削工具和锯。确保在接近机器人之前，这些工具已经停止运动。

（4）注意工件和机器人系统的高温表面。机器人电动机长期运转后温度很高。

（5）注意夹具并确保夹好工件。如果夹具打开，工件会脱落并导致人员伤害或设备损坏。夹具非常有力，如果不按照正确方法操作，也会导致人员伤害。机器人停机时，夹具上不应置物，必须空机。

（6）注意液压、气压系统以及带电部件。即使断电，这些电路上的残余电量也很危险。

7. 示教器安全 ❗

示教器是一种高品质的手持式终端，它配备了高灵敏度的一流电子设备。为避免操作不当引起的故障或损害，请在操作时遵循本说明：

（1）小心操作。不要摔打、抛掷或重击，这样会导致破损或故障。在不使用该设备时，将它挂到专门存放它的支架上，以防意外掉到地上。

（2）示教器的使用和存放应避免被人踩踏电缆。

（3）切勿使用锋利的物体（例如螺钉、刀具或笔尖）操作触摸屏。这样可能会使触摸屏受损。应用手指或触摸笔去接触示教器触摸屏。

（4）定期清洁触摸屏。灰尘和小颗粒可能会挡住屏幕造成故障。

（5）切勿使用溶剂、洗涤剂或擦洗海绵清洁示教器，应使用软布蘸少量水或中性清洁剂清洁。

（6）没有连接 USB 设备时务必盖上 USB 端口的保护盖。如果端口暴露到灰尘中，那么它会发生故障。

8. 手动模式下的安全 

在手动减速模式下，机器人只能减速操作。只要在安全保护空间之内工作，就应始终以手动速度进行操作。

在手动全速模式下，机器人以程序预设速度移动。手动全速模式应仅用于所有人员都处于安全保护空间之外时，而且操作人必须经过特殊训练，熟知潜在的危险。

9. 自动模式下的安全 

自动模式用于在生产中运行机器人程序。在自动模式操作情况下，常规模式停止（GS）机制、自动模式停止（AS）机制和上级停止（SS）机制都将处于活动状态。

任务实施与总结

任务实施	学习机器人的操作安全及注意事项。
任务总结	

项目二　工业机器人手动操作

知识目标

1. 掌握工业机器人手动操作方法；
2. 掌握示教器的界面功能。

能力目标

1. 能对机器人进行正确的开关机操作；
2. 能对示教器的功能进行设置；
3. 能查看 ABB 机器人常用信息和日志；
4. 能对 ABB 机器人进行手动操纵；
5. 能对 ABB 机器人转数计数器进行更新；
6. 能对机器人进行重启操作。

任务 1　工业机器人的开关机操作

任务要求

在了解 ABB 工业机器人基本构成的基础上，按照步骤正确地进行工作站开关机操作。

知识储备

机器人系统必须始终装备相应的安全设备，例如隔离防护装置（防护栅、门等）、紧急停止按钮、失知制动装置、轴范围限制装置等。在安全防护装置不完善的情况下，运行机器人系统可能造成人员受伤或财产损失，所以在防护装置被拆下或关闭的情况下，不允许运行机器人系统。

机器人实际操作的第一步就是开机，只要将机器人控制柜上的总电源旋钮顺时针从【OFF】扭转到【ON】即可，如图 2-1 所示。

完成机器人操作或维修时，需要关闭机器人系统。关机时，只需将机器人控制柜上的总电源旋钮逆时针从【ON】扭转到【OFF】即可，如图 2-2 所示。

图 2-1　开机过程　　图 2-2　关机过程

任务实施与总结

任务实施	对工业机器人进行正确开关机操作。
任务总结	

任务 2　初识工业机器人的示教器

任务要求

认识 ABB 工业机器人示教器的基本结构，了解示教器操作界面的常用功能和使能器按钮的功能及使用方法。

知识储备

1. 示教器介绍

操作工业机器人就必须要与工业机器人的示教器（Flexpendant）打交道，如图 2–3 所示为 ABB 工业机器人示教器。

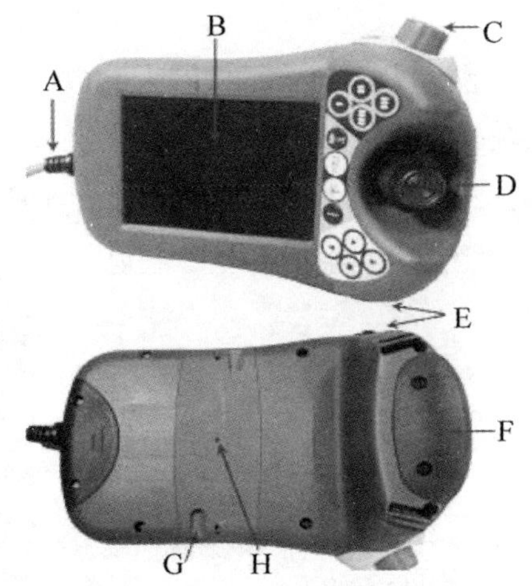

A- 连接电缆；B- 触摸屏；C- 急停开关；D- 手动操纵摇杆；E-USB 端口；

F- 使能器按钮；G- 触摸屏用笔；H- 示教器复位按钮

图 2–3　示教器的结构说明

示教器是一种手持式操作装置，由硬件和软件组成，用于执行与操作和工业机器人系统有关的许多任务：运行程序、参数配置、修改机器人程序等。示教器可在恶劣的工作环境下持续工作，其触摸屏易于清洁，且防水、防油、防溅泼。示教器本身就是一台完整的计算机，通过集成线缆和接头连接到控制器。

对于惯用右手的人来说，一般左手握示教器，四指按在使能器按钮上，右手进行屏幕和按钮的操作，如图 2–4 所示。

图 2–4　示教器正确握持方法

使能器按钮是工业机器人为保证操作人员人身安全而设置的。只有在按下使能器按钮，并保持在电机开启的状态，才可对机器人进行手动的操作与程序的调试。当发生危险时，人会本能地将使能器按钮松开或按紧，则机器人会马上停下来，保证安全。

2. 示教器操作界面功能

（1）操作界面。

ABB 工业机器人示教器的操作界面包含了机器人参数设置、机器人编程及系统相关设置等功能。比较常见的选项包括输入输出、手动操纵、程序编辑器、程序数据、校准和控制面板，操作界面如图 2–5 所示，各选型说明如表 2–1 所示。

图 2–5　示教器操作界面

表 2–1　操作界面各项说明

选项名称	说　明
HotEdit	程序模块下轨迹点位置的补偿设置窗口

续表

选项名称	说 明
输入输出	设置及查看 I/O 视图窗口
手动操纵	动作模式设置、坐标系选择、操纵杆锁定及载荷属性的更改窗口，也可显示实际位置
自动生产窗口	在自动模式下，可直接调试程序并运行
程序编辑器	建立程序模块及例行程序的窗口
程序数据	选择编程时所需程序数据的窗口
备份与恢复	可备份和恢复系统
校准	进行转数计数器和电机校准的窗口
控制面板	进行示教器的相关设定
事件日志	查看系统出现的各种提示信息
资源管理器	查看当前系统的系统文件
系统信息	查看控制器及当前系统的相关信息

（2）控制面板

ABB 机器人的控制面板包含了对机器人和示教器进行设定的相关功能，如图 2–6 所示，各选项的说明如表 2–2 所示。

图 2–6 控制面板界面

表 2–2 控制面板各项说明

外观	可自定义显示器的亮度和设置左手或右手的操作习惯
监控	动作碰撞监控设置和执行设置

续表

FlexPendant	示教器操作特性的设置
I/O	配置常用 I/O 列表，在输入输出选项中显示
语言	控制器当前语言的设置
ProgKeys	为指定输入输出信号配置快捷键
控制器设置	控制器的日期和时间设置
诊断	创建诊断文件
配置	系统参数设置
触摸屏	触摸屏重新校准

任务实施与总结

任务实施	认识示教器的操作按钮，掌握示教器不同操作界面下的具体功能。
任务总结	

任务 3　示教器的设置操作

任务要求

在了解示教器操作面板的常用功能的基础上，能够对示教器的语言以及机器人的系统时间进行设置。

知识储备

1. 示教器的语言设置

示教器出厂时，默认的显示语言是英语，为了方便操作，下面介绍把显示语言设定为中文的操作步骤。

（1）单击“主菜单”按钮，选择“Control Panel”，如图 2–7 所示。

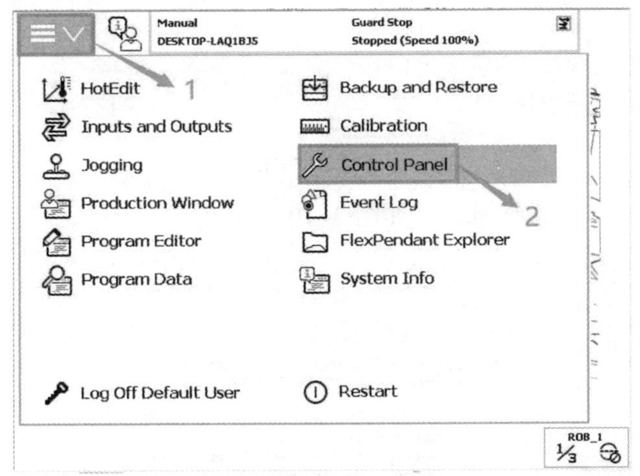

图 2–7 选择“Control Panel”

（2）选择“Language”，如图 2–8 所示。

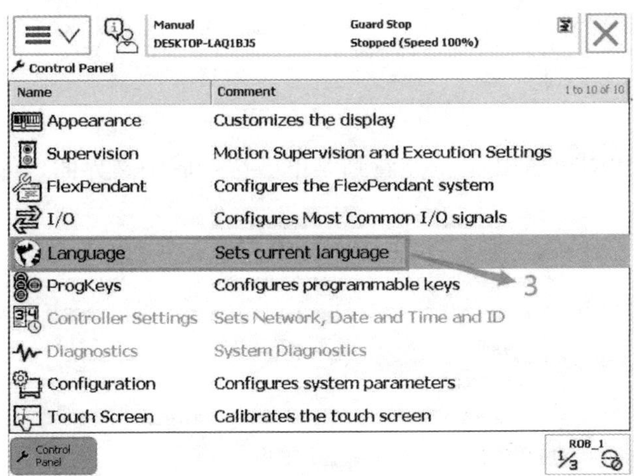

图 2–8 选择“Language”

（3）选择“Chinese”，单击“OK”按钮，如图 2-9 所示。

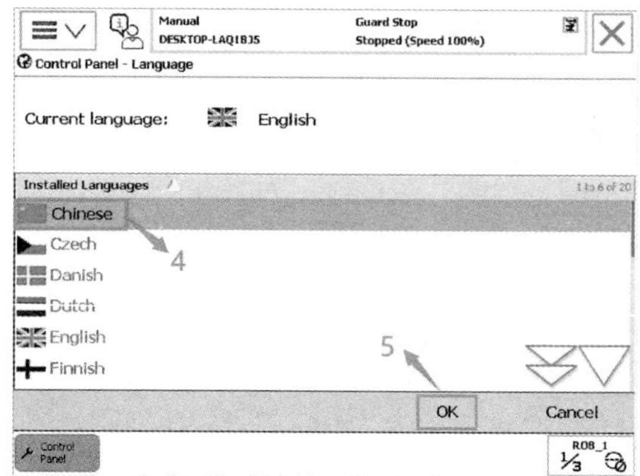

图 2-9　选择“Chinese”

（4）单击“Yes”，系统重启，如图 2-10 所示。

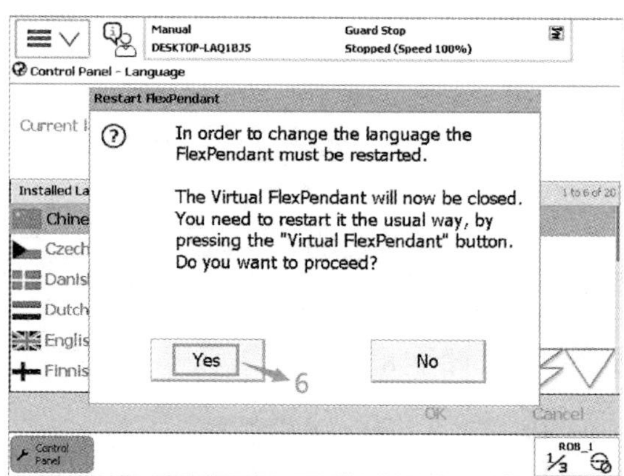

图 2-10　单击“Yes”

（5）重启后，单击“ABB”就能看到菜单已切换成中文界面，如图 2-11 所示。

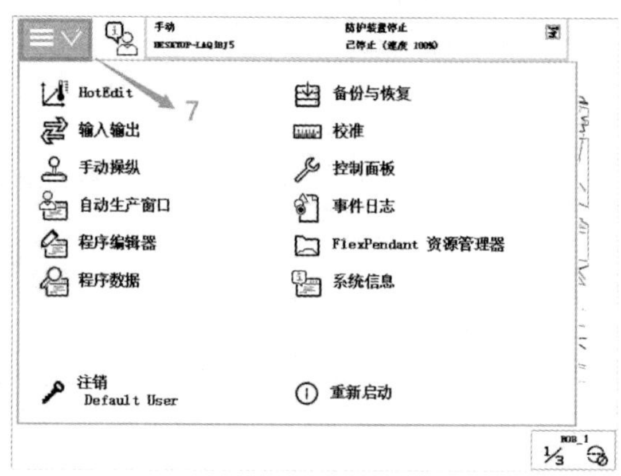

图 2-11　菜单切换成中文界面

2. 示教器系统时间设置

为了方便进行文件的管理和故障的查阅与管理，在进行各种操作之前要将机器人系统的时间设定为本地时区的时间，具体操作如下：

（1）单击“ABB”按钮，选择“控制面板”，如图 2–12 所示。

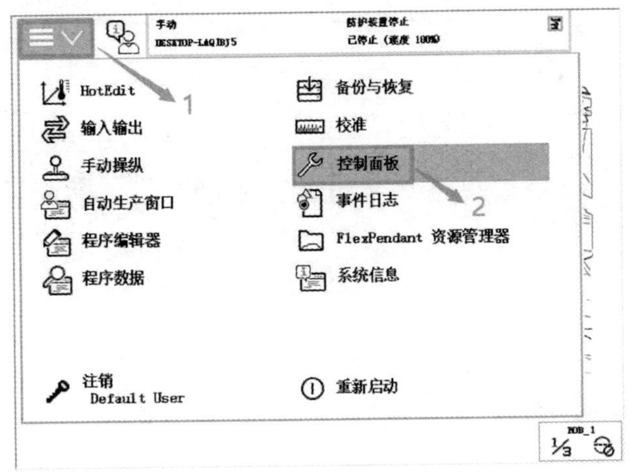

图 2–12　主菜单界面选择“控制面板”

（2）选择“控制器设置”如图 2–13 所示。

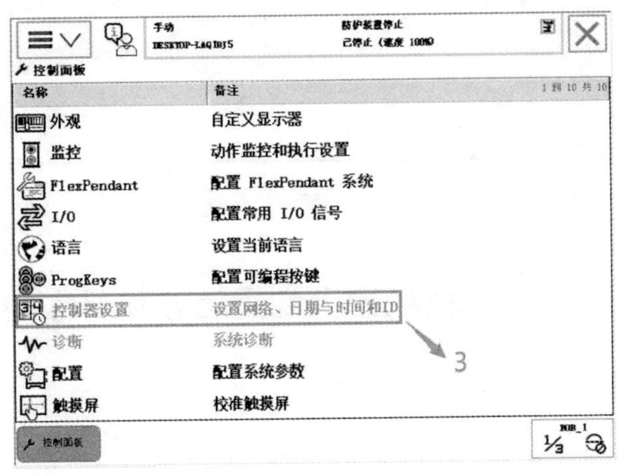

图 2–13　选择“控制器设置”

（3）在此界面就能对日期和时间进行设定。日期和时间修改完成后，单击“确定”，如图 2–14 所示。

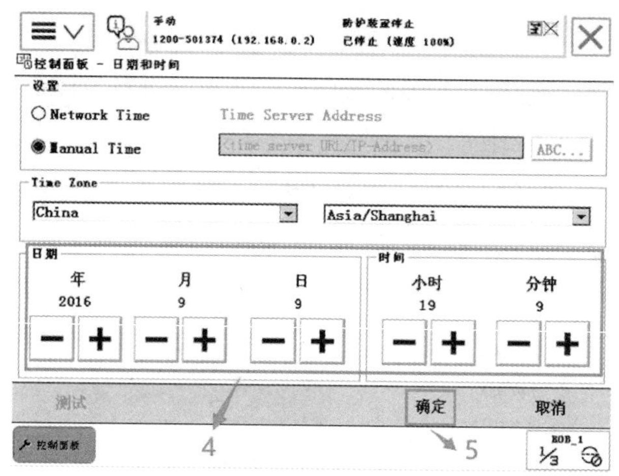

图 2-14　设定时间并单击“确定”

任务实施与总结

任务实施	通过示教器设置系统语言和时间。
任务总结	

任务 4　工业机器人常用信息和日志的查看

任务要求

认识并查看常用信息的适用环境，了解 ABB 工业机器人常用信息和日志的查看方法。

知识储备

可以通过示教器界面上的状态栏进行 ABB 机器人常用信息及事件日志的查看，通

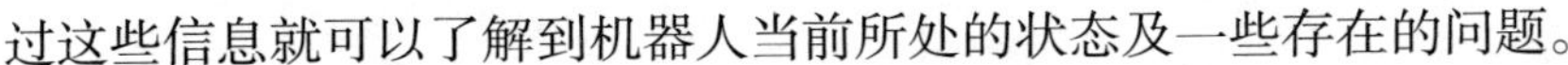

过这些信息就可以了解到机器人当前所处的状态及一些存在的问题。

A. 机器人的状态（手动、全速手动和自动）。

B. 机器人的系统信息。

C. 机器人的电机状态，如果使能器按钮第一档按下会显示电动机开启，松开或第二档按下会显示防护装置停止。

D. 机器人的程序运行状态，显示程序的运行或停止。

E. 当前机器人或外轴的使用状态。

在示教器的操作界面上单击图 2-15 所示窗口的状态栏，就可以查看机器人的事件日志，会显示出操作机器人进行的事件的记录，包括时间、日期等，以方便为分析相关事件提供准确的时间，如图 2-16 所示。

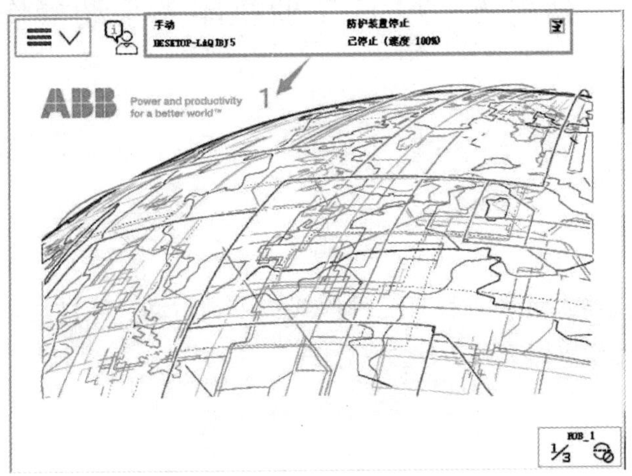

图 2-15　示教器主界面

手动　DESKTOP-LAQIBJ5　防护装置停止　已停止（速度 100%）

事件日志 - 公用

点击一个消息便可打开。

代码	标题	日期和时间
10012	安全防护停止状态	2021-02-26 17:16:53
10015	已选择手动模式	2021-02-26 17:16:53
10017	已确认自动模式	2021-02-26 17:16:51
10010	电机下电（OFF）状态	2021-02-26 17:16:49
10140	调整速度	2021-02-26 17:16:49
10016	已请求自动模式	2021-02-26 17:16:49
10011	电机上电（ON）状态	2021-02-26 17:16:47
10010	电机下电（OFF）状态	2021-02-26 17:16:46
10200	事件日志被清除	2021-02-26 14:45:48

2

另存所有日志为...　删除　更新　视图

自动生...　ROB_1　1/3

图 2-16　机器人事件日志

任务实施与总结

任务实施	通过示教器查看机器人的常用信息和日志。
任务总结	

任务 5 ABB 工业机器人手动操作

任务要求

手动操作工业机器人运动一般有三种模式：单轴运动、线性运动和重定位运动。掌握每种模式下手动操作机器人的方法。

知识储备

手动操作机器人运动一共有三种模式：单轴运动、线性运动和重定位运动。下面介绍如何对机器人的这三种运动进行手动操作。

1. 单轴运动的手动操作

一般地，ABB 机器人是 6 个伺服电动机分别驱动机器人的 6 个关节轴，每次手动操作一个关节轴的运动，就称之为单轴运动。如图 2-17 所示为六轴工业机器人关节示意图。单轴运动是每一个轴可以单独运动，所以在一些特别的场合使用单轴运动来操作会很方便快捷。比如说在进行转数计数器更新的时候可以用单轴运动的操作；还有机器人出现机械限位和软件限位，也就是超出移动范围而停止时，可以利用单轴运动的手动操作，将机器人移动到合适的位置。单轴运动在进行粗略的定位和较大幅度的移动时，相比其他的手动操作模式会方便快捷很多。

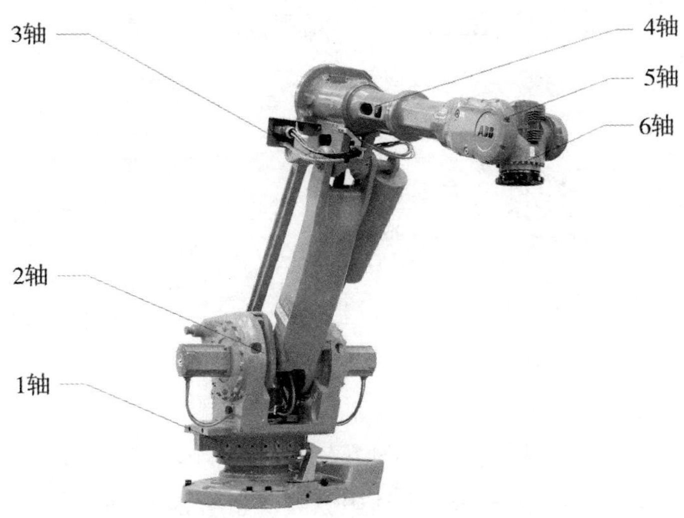

图 2-17　六轴机器人关节示意图

以下是手动操作单轴运动的方法：

（1）将机器人控制柜上“机器人状态钥匙”切换到中间的手动限速状态（小手标志），如图 2-18 所示。

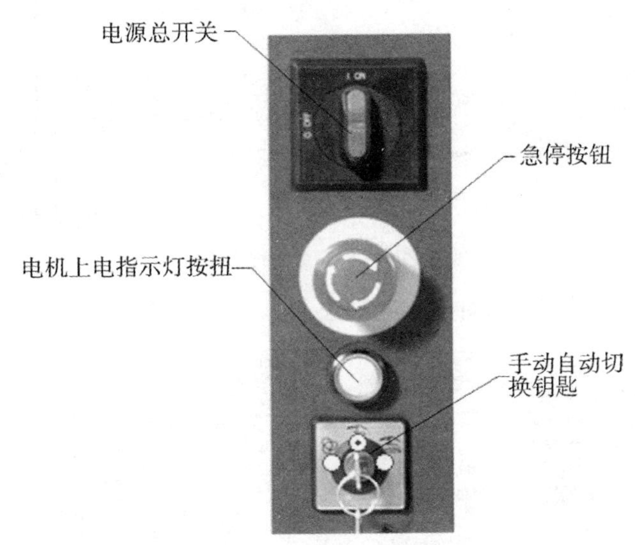

图 2-18　机器人状态钥匙

（2）在状态栏中，确认机器人的状态已经切换为手动，如图 2-19 所示，机器人当前为手动状态。

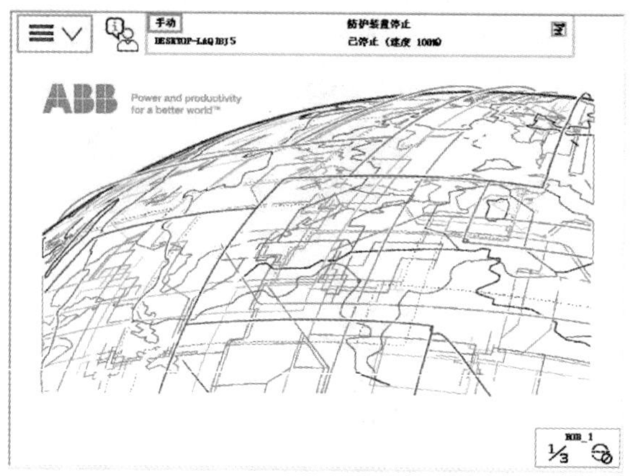

图 2-19　确认机器人状态为“手动”

（3）单击“ABB”按钮，选择“手动操纵”，如图 2-20 所示。

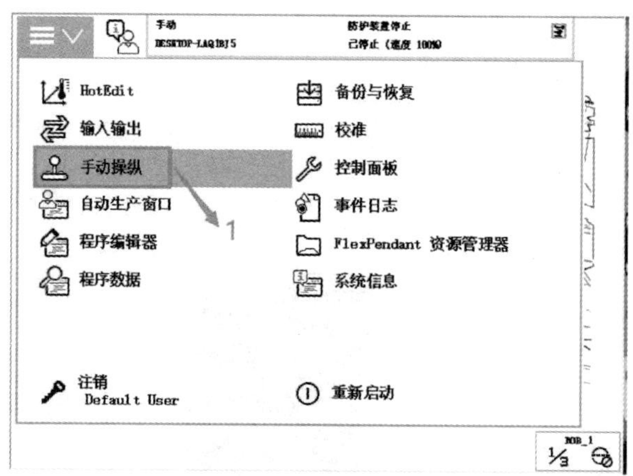

图 2-20　选择“手动操纵”

（4）单击“动作模式”，如图 2-21 所示。

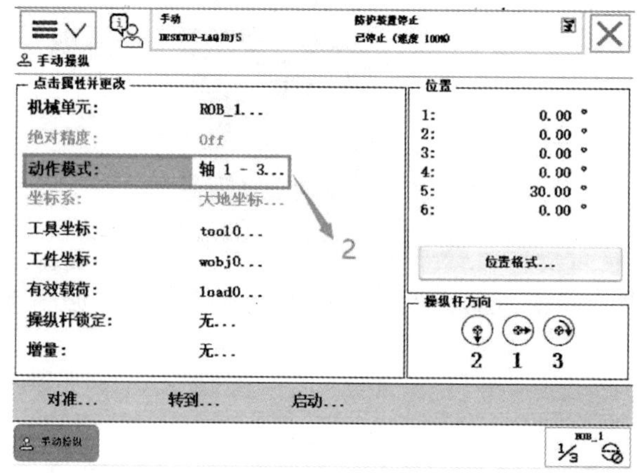

图 2-21　单击“动作模式”

（5）选中“轴 1–3”，然后单击“确定”，就可以对轴 1–3 进行操作；选中“轴 4–6”，然后单击“确定”，就可以对轴 4–6 进行操作。如图 2–22 所示。

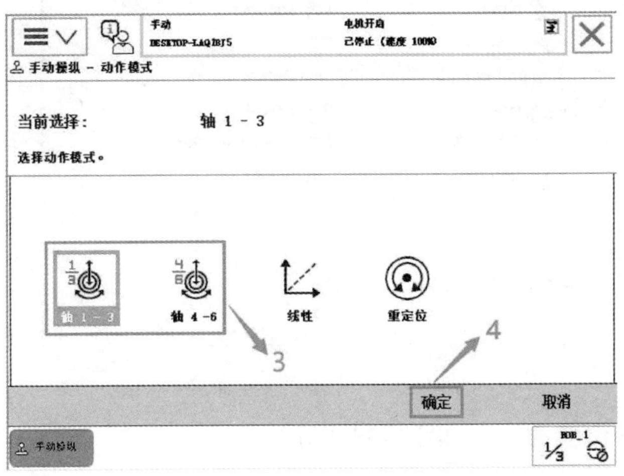

图 2–22　动作模式选择

（6）用手按下使能器，并在状态栏中确认已正确进入“电机开启”状态；手动操作机器人摇杆，完成单轴运动，如图 2–23 所示，图中右下角显示的是“轴 1–3”操纵杆方向，箭头方向代表正方向。

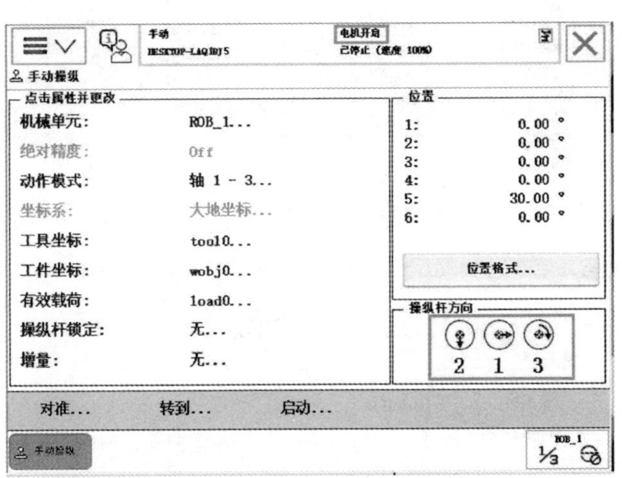

图 2–23　确认“电机开启”及操纵杆方向

2. 线性运动的手动操作

机器人的线性运动是指安装在机器人第六轴法兰盘上的工具的 TCP 在空间中作线性运动。线性运动是工具的 TCP 在空间的 X、Y、Z 的线性运动，移动的幅度较小，适合较为精确的定位和移动。以下就是手动操作线性运动的方法。

（1）选择“手动操纵”，如图 2–24 所示。

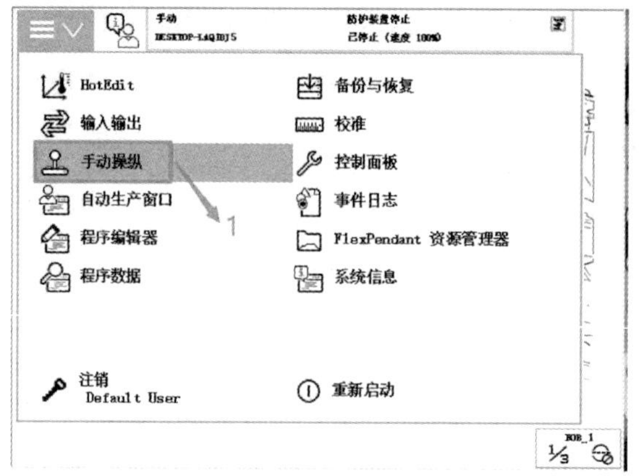

图 2–24　选择“手动操纵”

（2）单击“动作模式”，如图 2–25 所示。

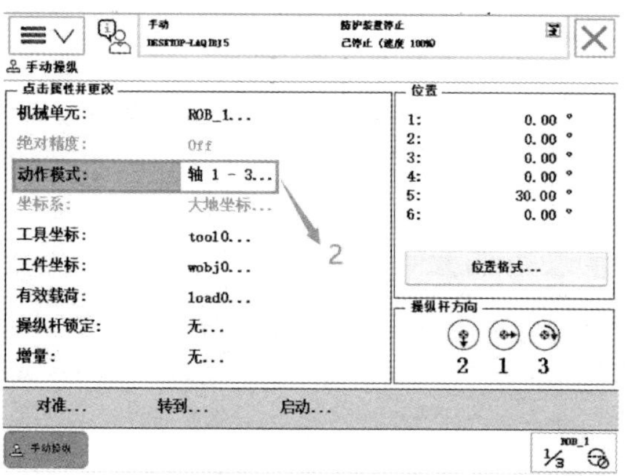

图 2–25　单击“动作模式”

（3）选择“线性”，然后单击“确定”，如图 2–26 所示。

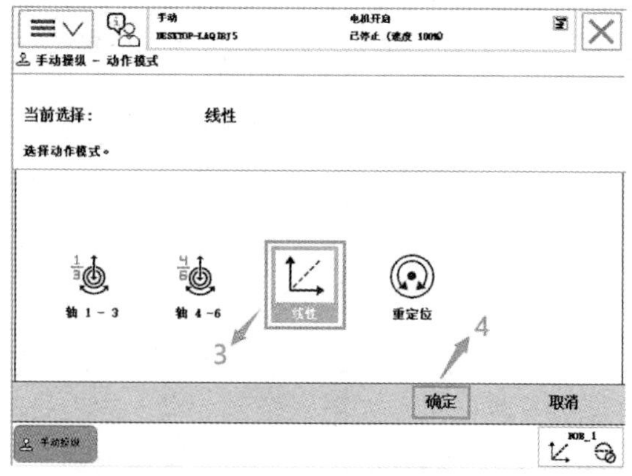

图 2–26　选择“线性”

（4）单击“工具坐标”，如图 2–27 所示。机器人的线性运动要在“工具坐标”中指定对应的工具。

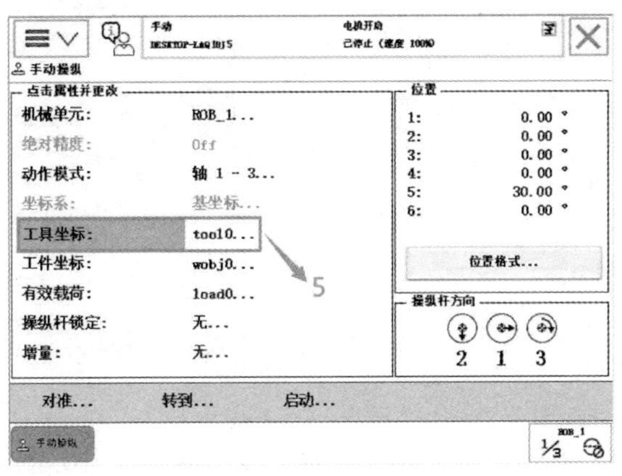

图 2–27　单击“工具坐标”

（5）选中对应的工具“tool1”，单击“确定”按钮，如图 2–28 所示。

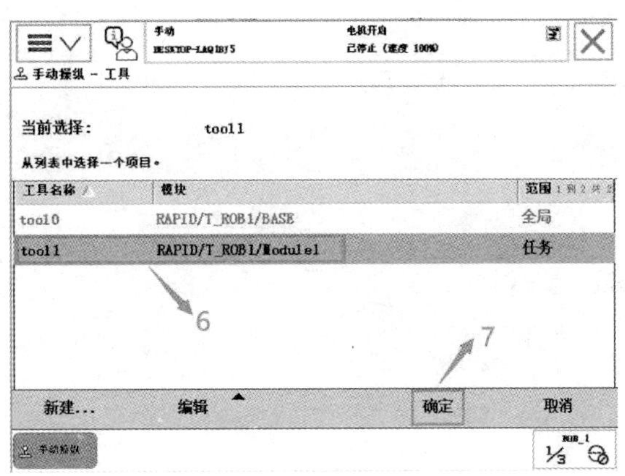

图 2–28　选择坐标系

（6）用手按下使能器按钮，并在状态栏中确认已正确进入 “电机开启”状态；手动操作机器人摇杆，完成轴 X、Y、Z 的线性运动。如图 2–29 所示。图中右下角箭头方向代表 X、Y、Z 轴运动的正方向。

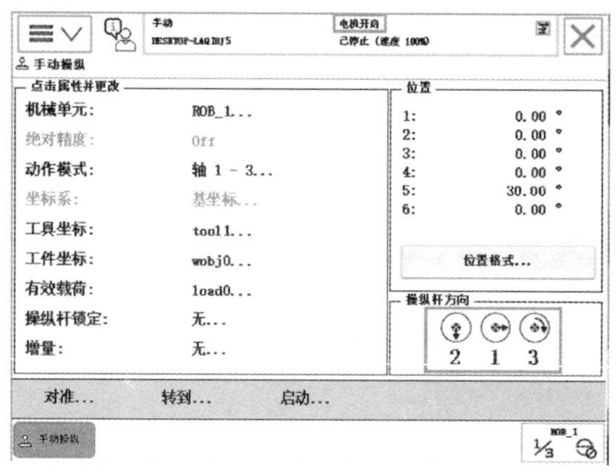

图 2-29　确认“电机开启”及运动正方向

（7）操纵示教器上的操纵杆，工具的TCP点在空间中作线性运动，如图2-30所示。

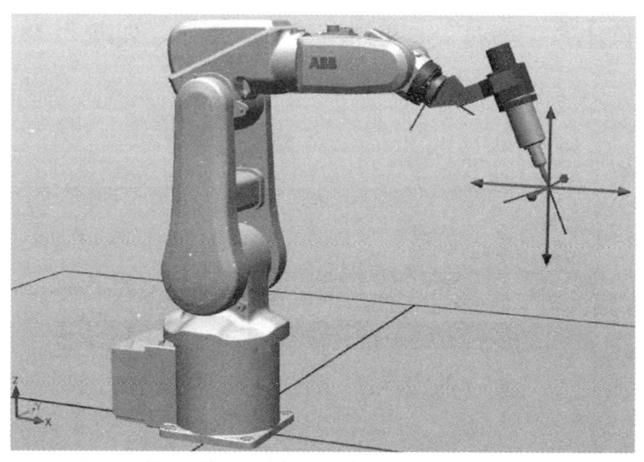

图 2-30　TCP 点的线性运动

3. 重定位运动的手动操纵

机器人的重定位运动是指机器人第六轴法兰盘上的工具TCP点在空间中绕着工具坐标系旋转的运动，也可理解为机器人绕着工具TCP点作姿态调整的运动。

重定位运动的手动操纵会更全方位地移动和调整，以下就是手动操纵重定位运动的方法。

（1）选择“手动操纵”如图2-31所示。

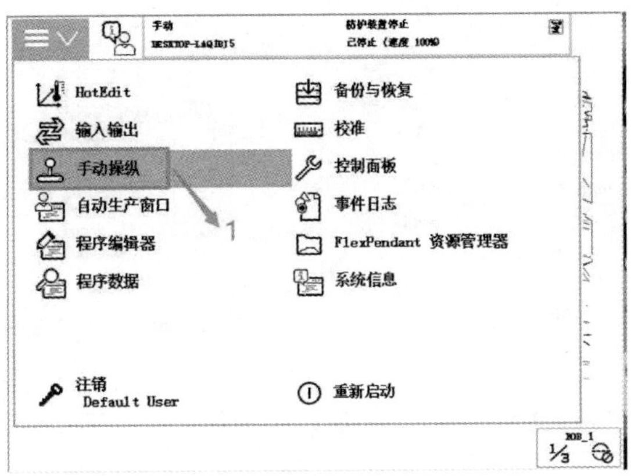

图 2–31　选择“手动操纵”

（2）单击“动作模式”，如图 2–32 所示。

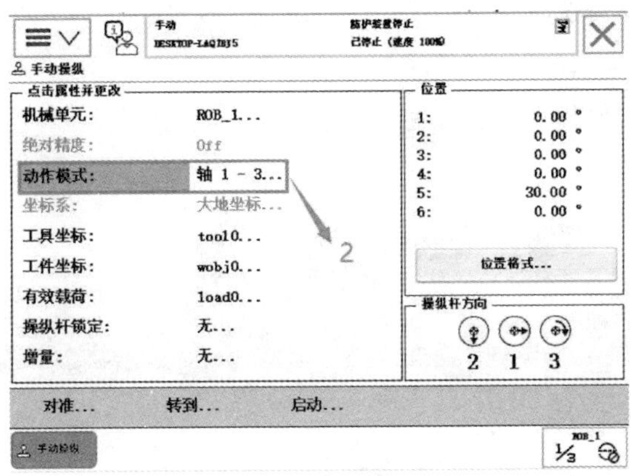

图 2–32　单击“动作模式”

（3）选中“重定位”，然后单击“确认”，如图 2–33 所示。

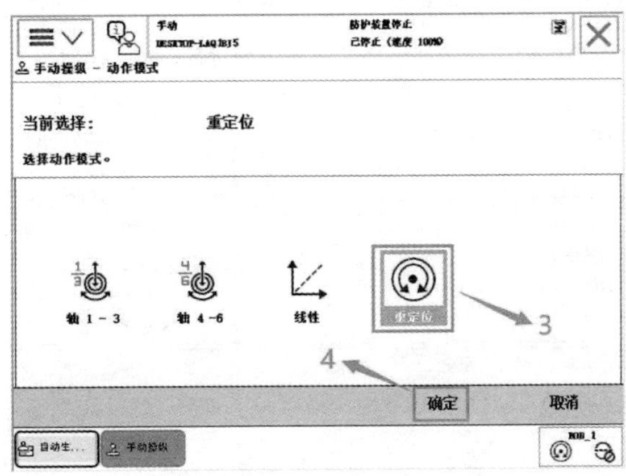

图 2–33　选择“重定位”

（4）单击“坐标系”，如图 2–34 所示。

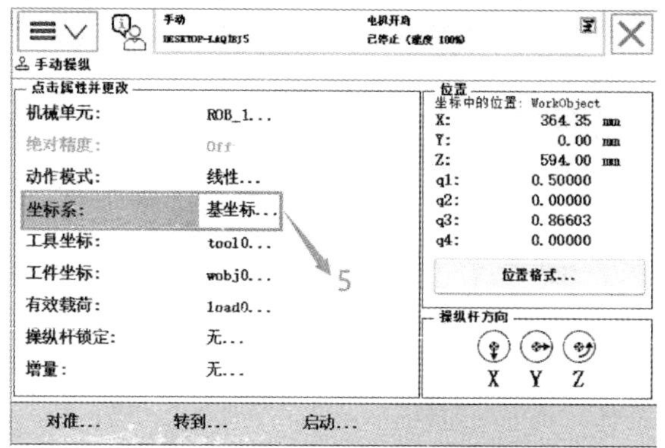

图 2–34　单击“坐标系”

（5）选中“工具”，然后单击“确定”，如图 2–35 所示。

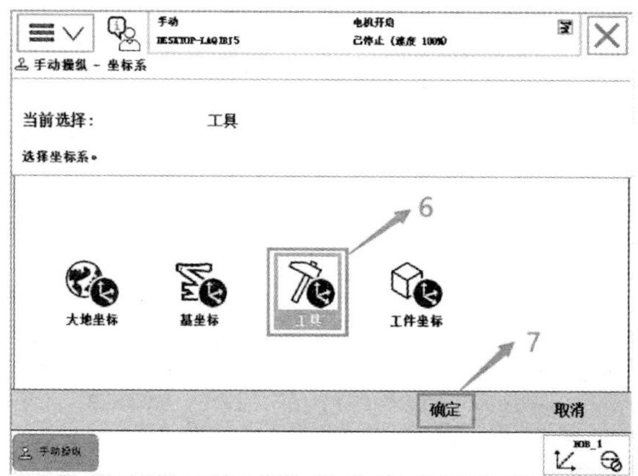

图 2–35　选择“工具”

（6）单击“工具坐标”，如图 2–36 所示。

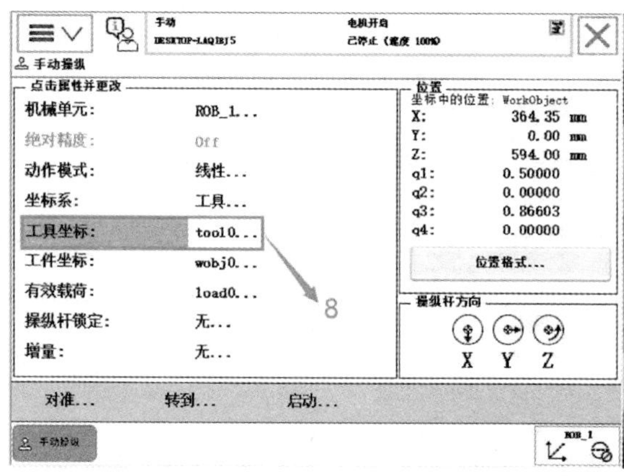

图 2–36　单击“工具坐标”

（7）选中正在使用的“tool1”，然后单击“确定”，如图 2–37 所示。

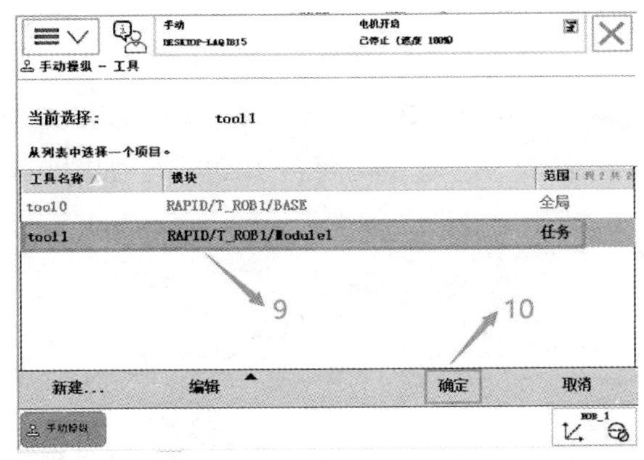

图 2-37　选择工具坐标“tool1”

（8）用手按下使能器按钮，并在状态栏中确认已正确进入“电机开启”状态，手动操作机器人控制手柄，完成机器人绕着工具TCP点作姿态调整的运动，如图2-38所示。

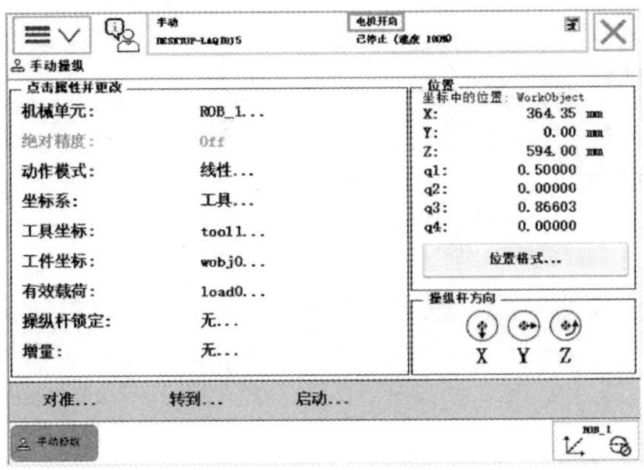

图 2-38　确认“电机开启”

（9）操纵示教器上的操纵杆，工具的TCP点在空间中作重定位运动，如图2-39所示。

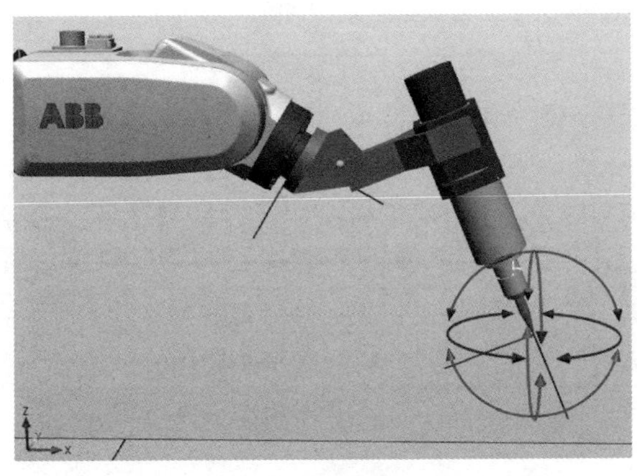

图 2-39　TCP点在空间的重定位运动

4. 增量模式的使用

在增量模式下，操纵杆每位移一次，机器人就移动一步。如果操纵杆持续位移一秒或数秒钟，机器人就会持续移动（速率为每秒 10 步）。如图 2-40 所示，首先在界面中选择“增量”。

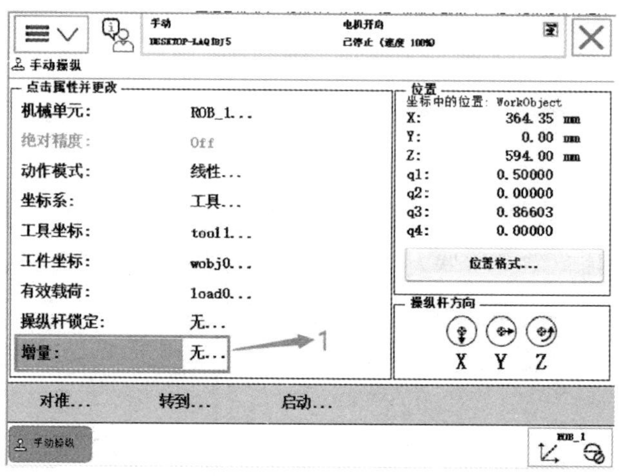

图 2-40　选择“增量”

在弹出选择增量模式的界面，根据需要选择增量的移动距离，然后单击“确定”，如图 2-41 所示。

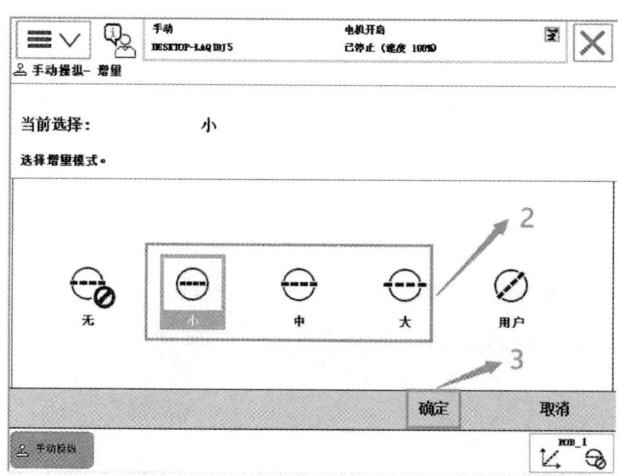

图 2-41　选择增量大小

表 2-3 所列为各个增量选项的移动距离和角度大小。

表 2-3　增量移动距离和角度

序号	增量	移动距离 /mm	角度 /°
1	小	0.05	0.005
2	中	1	0.02
3	大	5	0.2
4	用户	自定义	自定义

任务实施与总结

任务实施	通过示教器进行手动单轴、手动线性、手动重定位、手动增量运行。 1. 单轴运动 （1）确认机器人状态处于手动限速状态； （2）依次进入手动操纵、动作模式选项； （3）分别选择“轴 1–3”和“轴 4–6”的动作模式； （4）按下使能器按钮，确认电动机开启状态； （5）在操纵杆方向一栏，依照黄色箭头方向分别移动“轴 1–6”。 2. 线性运动 （1）确认机器人状态处于手动限速状态； （2）依次进入手动操纵、动作模式选项； （3）选择线性动作模式； （4）工具坐标系选择已定义的 tool1 或者默认坐标系 tool0； （5）按下使能器按钮，确认电动机开启状态； （6）在操纵杆方向一栏，依照黄色箭头方向分别沿 X、Y、Z 轴移动。 3. 重定位运动 （1）确认机器人状态处于手动限速状态； （2）依次进入手动操纵、动作模式选项； （3）选择重定位动作模式； （4）坐标系选择工具，工具坐标选择 tool0 或已定义的 tool1； （5）按下使能器按钮，确认电动机开启状态； （6）在操纵杆方向一栏，依照黄色箭头方向分别沿 X、Y、Z 轴运动。
任务总结	

任务 6 ABB 工业机器人转数计数器更新操作

任务要求

认识 ABB 工业机器人转数计数器更新的意义及作用，了解机器人的转数计数器更新的操作方法。

知识储备

机器人的转数计数器是用独立的电池供电，用来记录各个轴的数据。如果示教器提示电池没电，或者机器人在断电情况下机器人手臂位置移动了，这时候需要对计数器进行更新，否则机器人运行位置是不准的。

转数计数器的更新也就是将机器人各个轴停到机械原点，把各轴上的刻度线和对应的槽对齐，然后在示教器上进行校准更新。

ABB 机器人 6 个关节轴都有一个机械原点位置。在以下情况，需要对机械原点的位置进行转数计数器更新操作：

（1）更换伺服电机转数计数器电池后；

（2）当转数计数器发生故障，修复后；

（3）转数计数器与测量板之间断开过以后；

（4）断电后，机器人关节轴发生了移动；

（5）当系统报警提示“10036 转数计数器更新”时。

分别通过手动操纵，选择对应的轴动作模式，“轴 4–6”和“轴 1–3”，按着顺序依次将机器人 6 个轴转到机械原点刻度位置，各关节轴运动的顺序为轴 4—5—6—1—2—3，各个型号的机器人机械原点位置会有所不同，具体可以参考 ABB 手册。具体操作步骤如下：

（1）在手动操纵菜单中，动作模式选择“轴 4–6”，将关节轴 4 运动到机械原点的刻度位置，如图 2–42 所示。

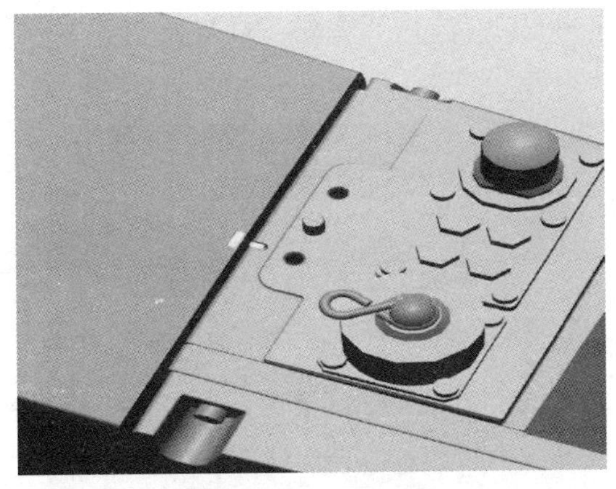

图 2-42　轴 4 机械原点位置

（2）在手动操纵菜单中，动作模式选择“轴 4–6”，将关节轴 5 运动到机械原点的刻度位置，如图 2–43 所示。

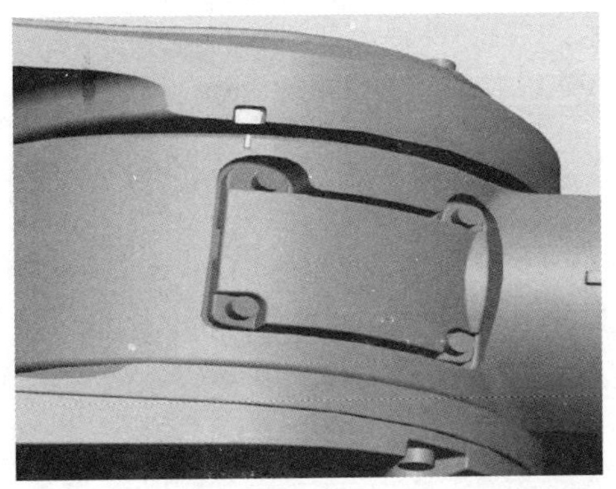

图 2-43　轴 5 机械原点位置

（3）在手动操纵菜单中，动作模式选择“轴 4–6”，将关节轴 6 运动到机械原点的刻度位置，如图 2–44 所示。

图 2-44　轴 6 机械原点位置

（4）在手动操纵菜单中，动作模式选择“轴 1–3”，将关节轴 1 运动到机械原点的刻度位置，如图 2–45 所示。

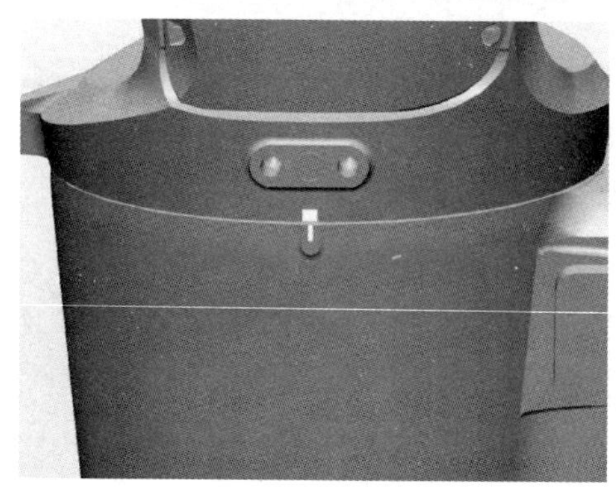

图 2–45　轴 1 机械原点位置

（5）在手动操纵菜单中，动作模式选择“轴 1–3”，将关节轴 2 运动到机械原点的刻度位置，如图 2–46 所示。

图 2–46　轴 2 机械原点位置

（6）在手动操纵菜单中，动作模式选择“轴 1–3”，将关节轴 3 运动到机械原点的刻度位置，如图 2–47 所示。

图 2–47　轴 3 机械原点位置

（7）单击左上角主菜单，选择“校准”，如图 2-48 所示。

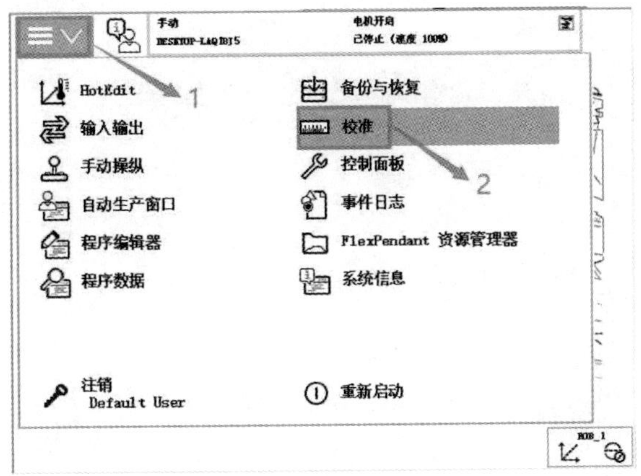

图 2-48　选择“校准”

（8）单击“ROB_1”，如图 2-49 所示。

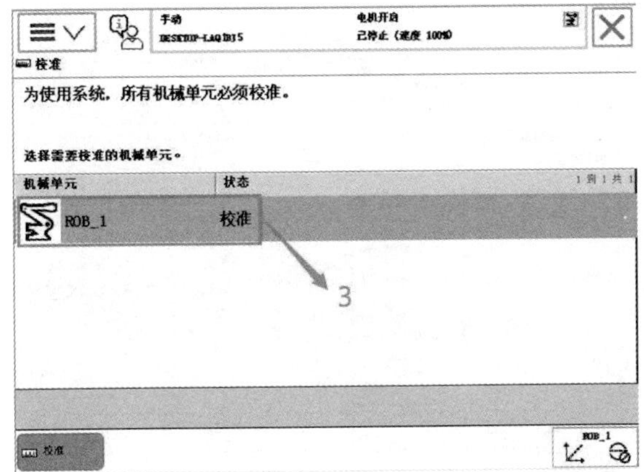

图 2-49　单击“ROB_1”

（9）选择“校准参数”，单击“编辑电机校准偏移”，如图 2-50 所示。

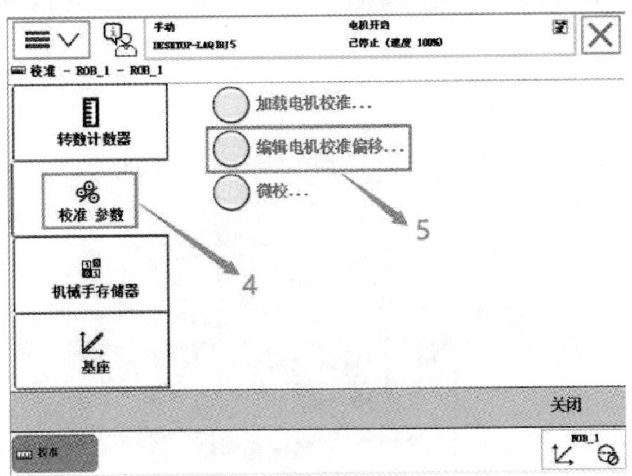

图 2-50　校准参数选择

（10）在弹出对话框中单击“是”，如图 2–51 所示。

图 2–51　确认修改

（11）弹出编辑电机校准偏移界面，如图 2–52 所示，要对 6 个轴的偏移参数进行修改。

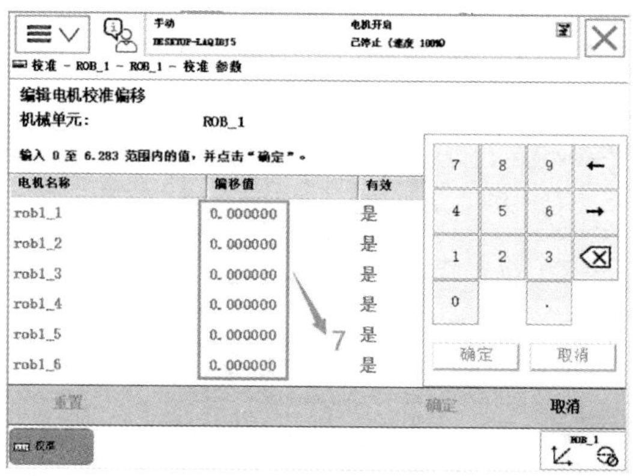

图 2–52　6 个轴的偏移参数

（12）将机器人本体上的偏移参数记录下来，参照参数对校准偏移值进行修改，如图 2–53 所示。

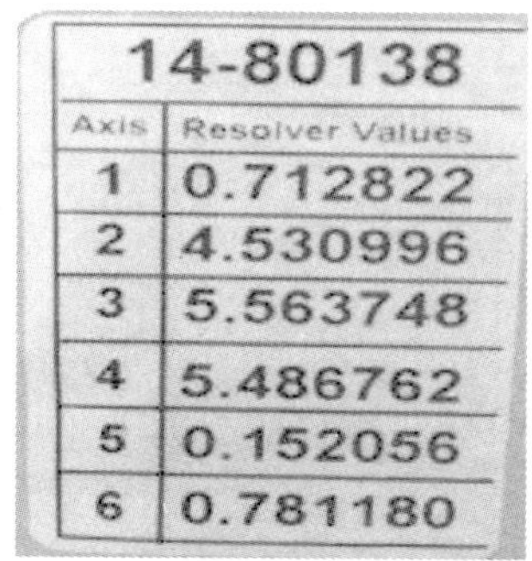

14-80138	
Axis	Resolver Values
1	0.712822
2	4.530996
3	5.563748
4	5.486762
5	0.152056
6	0.781180

图 2–53　机器人本体上的偏移参数

（13）单击偏移值，在编辑电动机校准偏移中输入机器人本体上的电动机校准偏移数据，然后点击键盘上的“确认”，如图 2–54 所示。

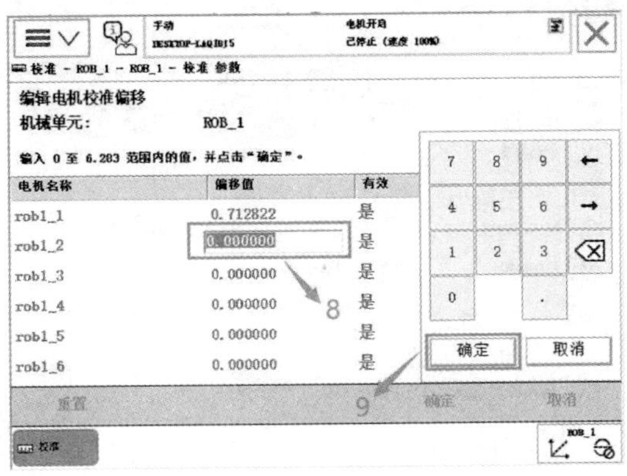

图 2–54　输入校准偏移值

（14）输入完新的校准偏移值后，点击“确定”，如图 2–55 所示。

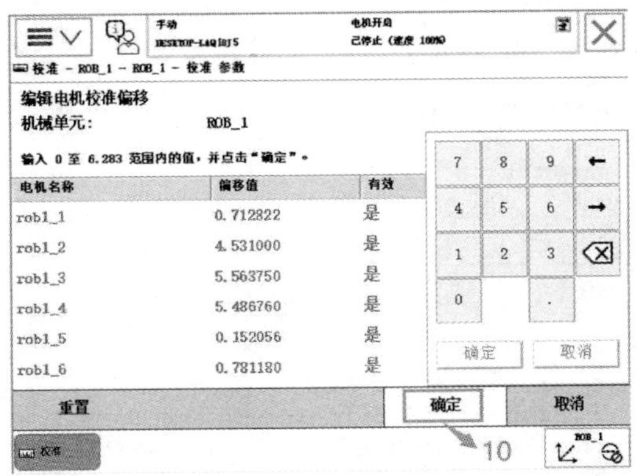

图 2–55　偏移值校准完成

（15）在弹出的对话框中单击“是”，完成系统重启，如图 2–56 所示。

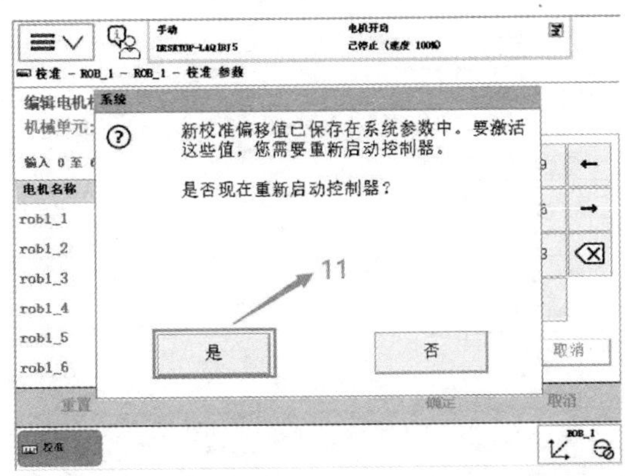

图 2–56　确认重启控制器

（16）重启机器人控制器后，单击示教器左上角主菜单，选择“校准”，如图 2-57 所示。

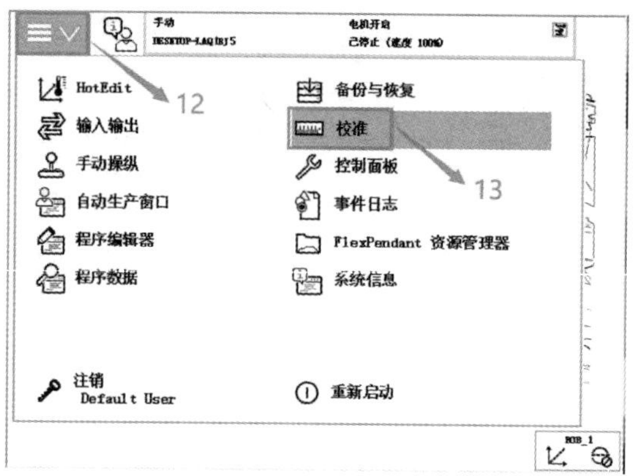

图 2-57　单击“校准”

（17）选择“ROB_1”，如图 2-58 所示。

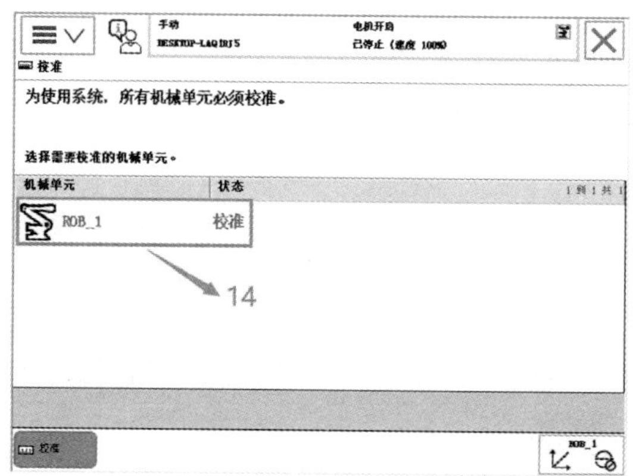

图 2-58　选择“ROB_1”

（18）单击“转数计数器”，选择“更新转数计数器”，如图 2-59 所示。

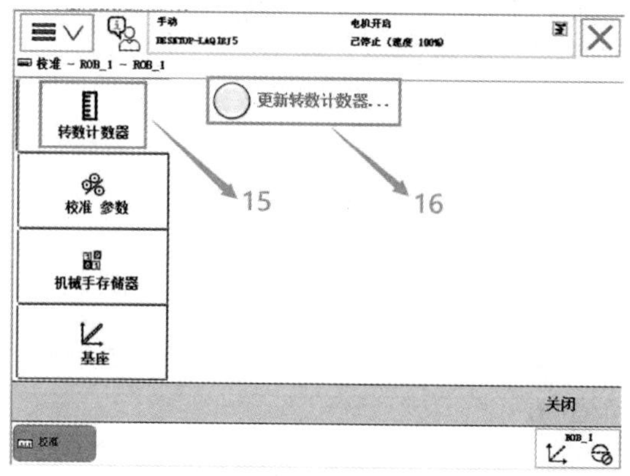

图 2-59　选择“更新转数计数器”

（19）在弹出的对话框中单击“是”，如图 2-60 所示。

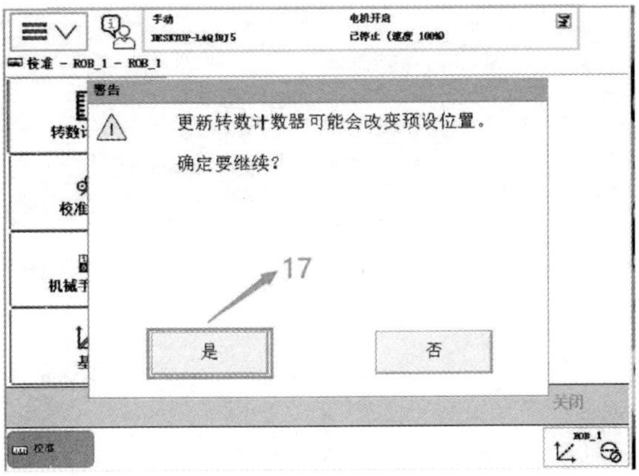

警告
更新转数计数器可能会改变预设位置。
确定要继续？
17
是
否

图 2-60　确认更新

（20）校准完成后单击“确认”，如图 2-61 所示。

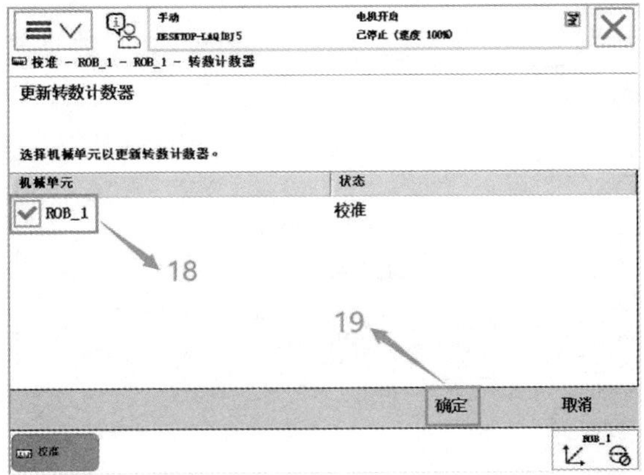

图 2-61　确认校准

（21）单击“全选”并单击“更新”，如图 2-62 所示。

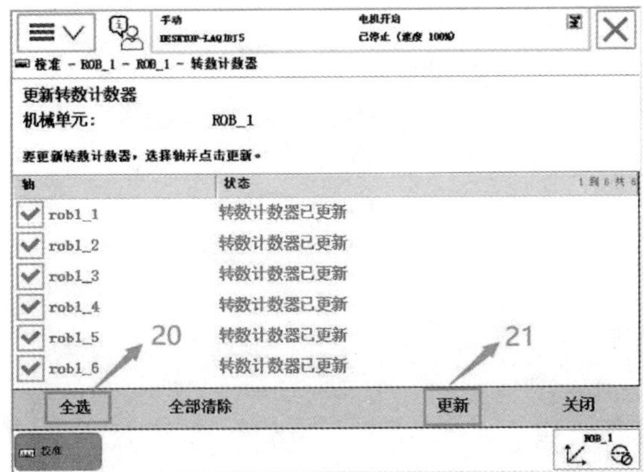

图 2-62　更新转数计数器

（22）在弹出的窗口中选择“更新”，如图 2-63 所示。

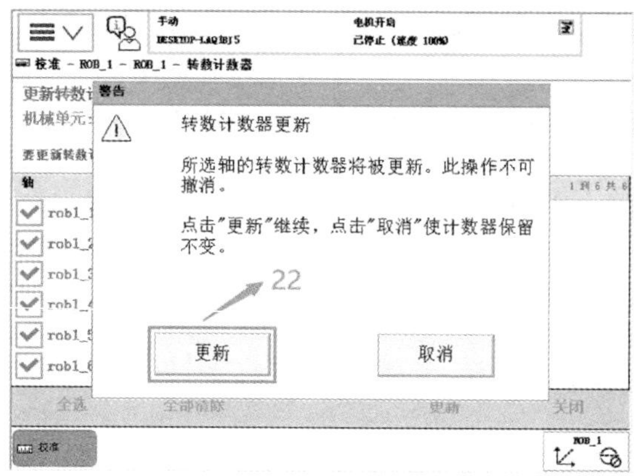

图 2-63　确认更新

（23）等待系统完成更新工作，如图 2-64 所示。

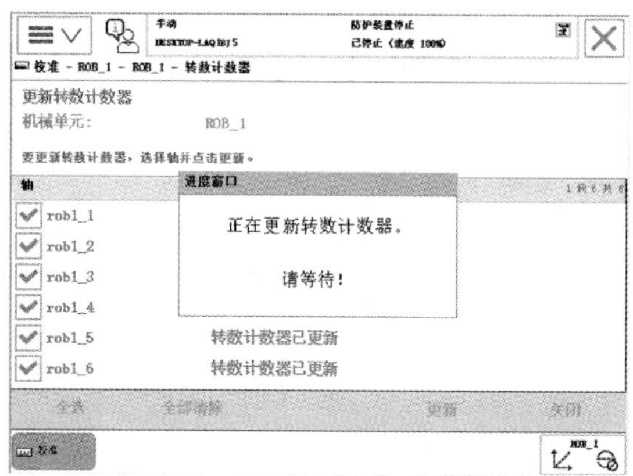

图 2-64　等待更新完成

（24）当显示“转数计数器更新已成功完成”时，单击“确认”更新完成，如图 2-65 所示。

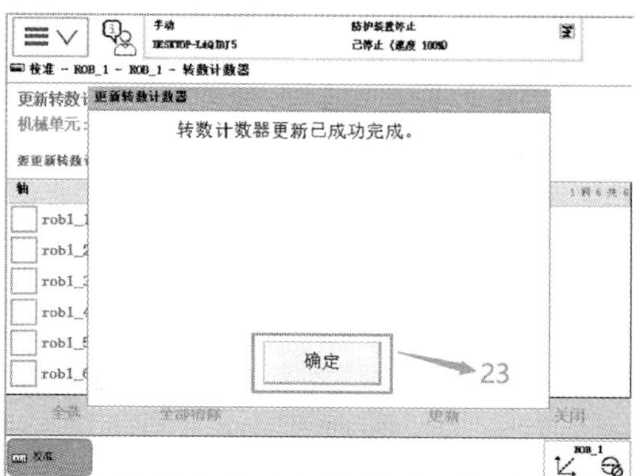

图 2-65　更新完成

任务实施与总结

<table>
<tr><td>任务实施</td><td>完成转数计数器的更新操作。
1. 将 ABB 机器人 6 个轴按照轴 4—5—6—1—2—3 的顺序运动到机械原点刻度位置，即预标定零点位置；
2. 在 ABB 主菜单中进入校准选项界面，对机械单元 ROB_1 进行编辑；
3. 依次进入校准参数、编辑电动机校准偏移选项，将机器人本体上的电机偏移值分别正确输入 rob_1~rob_6 中；
4. 重新启动控制器，数据有效；
5. 重新进入校准选项，依次选择转数计数器、更新转数计数器选项；
6. 全部选择，对 6 个轴同时更新；
7. 重新启动控制器，数据有效，转数计数器更新完成。</td></tr>
<tr><td>任务总结</td><td></td></tr>
</table>

任务 7　机器人系统重启操作

任务要求

了解 ABB 工业机器人系统重启的类型，能够进行不同模式下的重新启动操作。

知识储备

ABB 机器人系统可以长时间地进行工作，无须定期重新启动运行。但出现以下情况时需要重新启动机器人系统：

（1）安装了新的硬件。

（2）更改了机器人系统配置参数。

（3）出现系统故障（SYSFAIL）。

（4）RAPID 程序出现程序故障。

重新启动的类型包括重启、重置系统、重置 RAPID、恢复到上次自动保存的状态和关闭主计算机。各类型说明如表 2-4 所列。

表 2-4　重新启动的类型

重启动类型	说　明
重启	使用当前的设置重新启动当前系统
重置系统	重启并将丢弃当前的系统参数设置和 RAPID 程序，将会使用原始的系统安装设置
重置 RAPID	重启并将丢弃当前的 RAPID 程序和数据，但会保留系统参数设置
恢复到上次自动保存的状态	重启并尝试回到上一次自动保存的系统状态。一般在从系统崩溃中恢复时使用
关闭主计算机	关闭机器人控制系统，应在控制器 UPS 故障时使用

重新启动的操作步骤如下：

（1）单击“主菜单”按钮，选择“重新启动”，如图 2-66 所示。

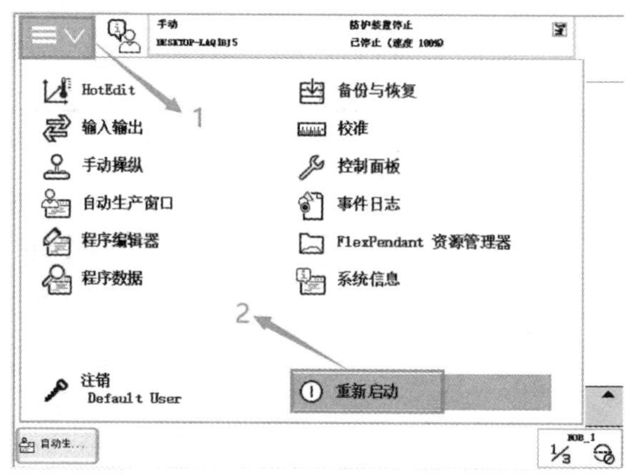

图 2-66　单击“重新启动”

（2）单击“高级 ...”按钮，如图 2-67 所示。

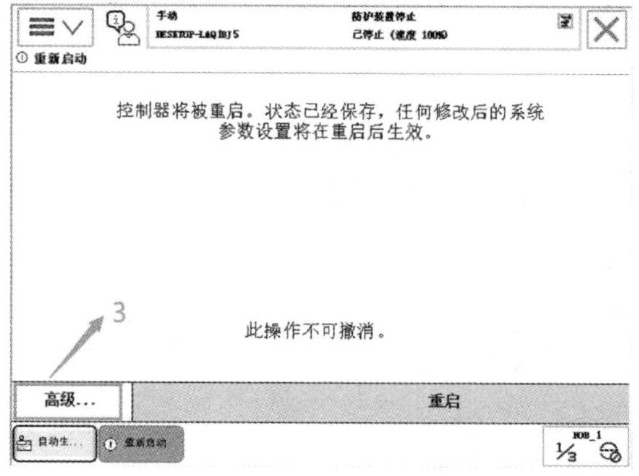

图 2-67　选择“高级 ...”

（3）给出了常用的重启类型，如图 2-68 所示。

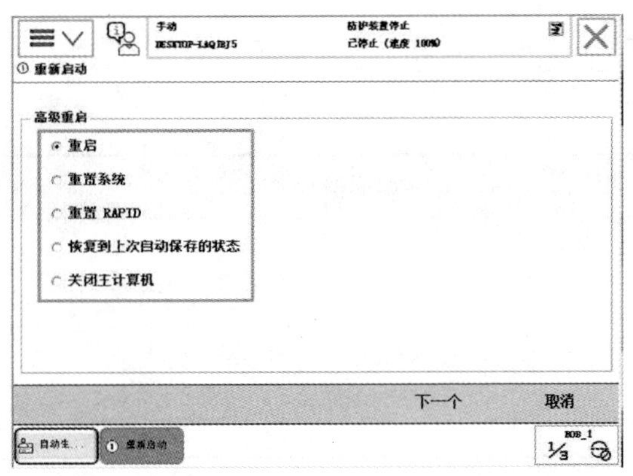

图 2-68　高级重启界面

（4）以重置 RAPID 为例说明重新启动的操作，选中“重置 RAPID”，然后单击“下一个”，如图 2-69 所示。

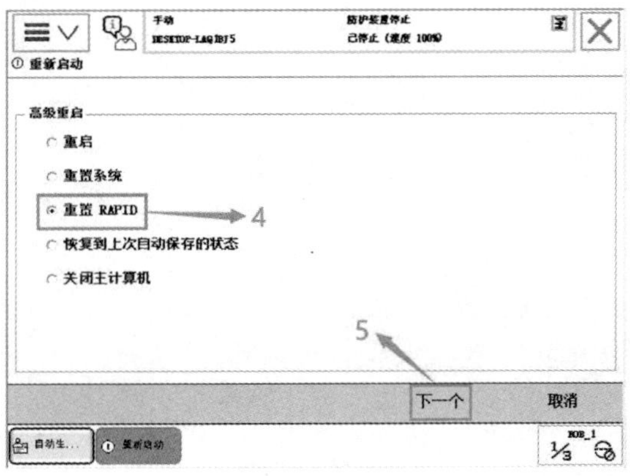

图 2-69　选择“重置 RAPID”

（5）界面显示重置 RAPID 的提示信息，然后单击“重置 RAPID”，等待重新启动完成，如图 2-70 所示。

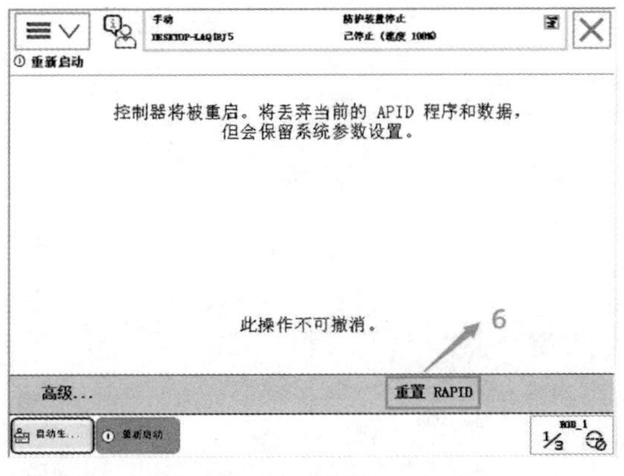

图 2-70　等待启动完成

任务实施与总结

任务实施	完成工业机器人不同重启类型的操作。
任务总结	

项目三　工业机器人控制柜的连接

知识目标

1. 了解控制柜的组成；
2. 了解控制柜内不同模块的功能。

能力目标

1. 能够识别控制柜的硬件结构；
2. 会控制柜与机器人本体的连接。

任务 1　控制柜的组成

任务要求

通过对控制柜内部硬件组成的认识，了解控制柜中每个模块的功能及作用。

知识储备

本任务以 ABB IRC5 标准控制柜为例，介绍控制柜的组成。ABB IRC5 控制器的所有部件都集成在一个机柜中，如图 2–71 所示。

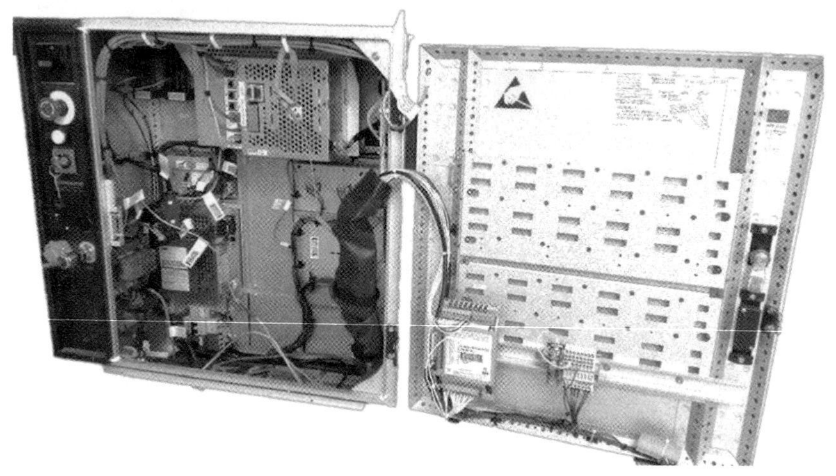

图 2-71　ABB IRC5 标准控制柜

1. 控制柜内部组成

控制柜内部由机器人系统所需部件和相关附件组成，包括主计算机、机器人驱动器、轴计算机、安全面板、系统电源、配电板、电源模块、电容、接触器接口板、I/O 板等。

（1）DSQC 1000 主计算机。其相当于电脑的主机，用于存放系统和数据，如图 2-72 所示。

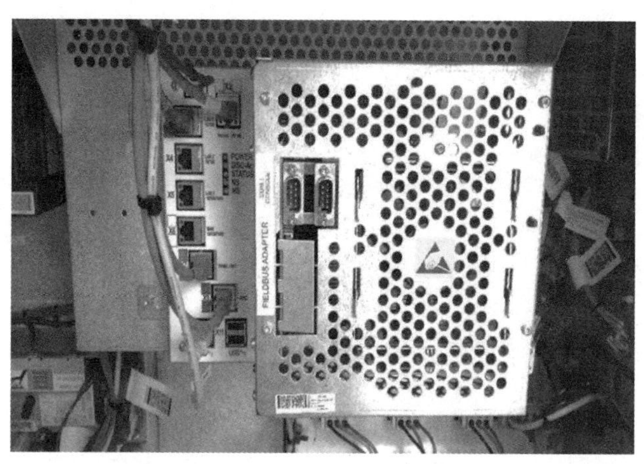

图 2-72　DSQC 1000 主计算机

（2）DSQC 668 轴计算机。用于计算机器人每个轴的转数，如图 2-73 所示。

图 2-73　DSQC 668 轴计算机

（3）DSQC 406 机器人驱动器。用于驱动机器人各个轴的电机，如图 2-74 所示。

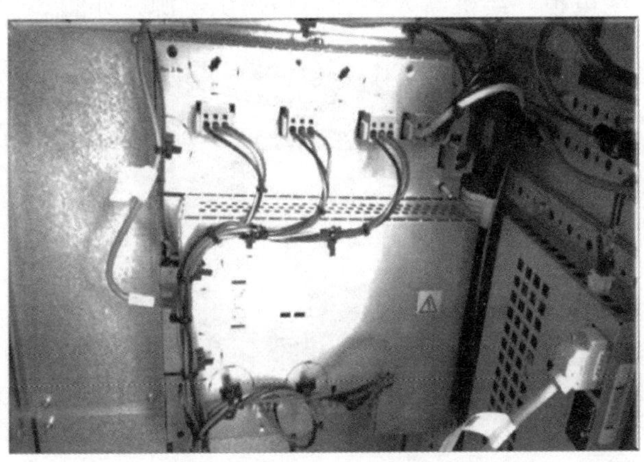

图 2-74　DSQC 406 机器人驱动器

（4）DSQC 643 安全面板。在控制柜正常工作时，安全面板上所有指示灯点亮，急停按钮可从这里接入，如图 2-75 所示。

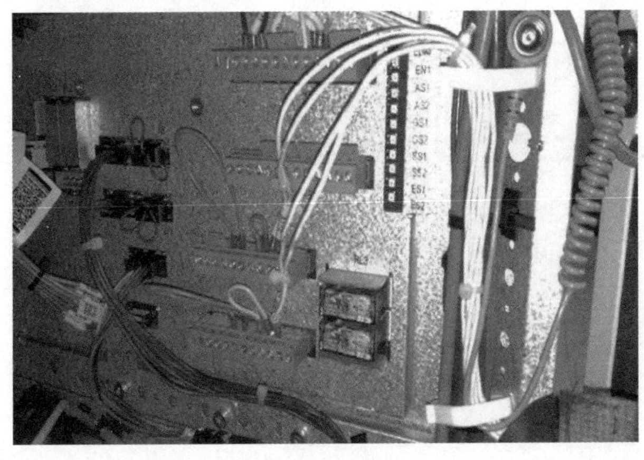

图 2-75　DSQC 643 安全面板

（5）DSQC 661 I/O 电源板。给 I/O 输入输出板提供电源，如图 2-76 所示。

图 2-76　DSQC 661I/O 电源板

（6）DSQC 662 配电板。给机器人各轴运动提供电源，如图 2-77 所示。

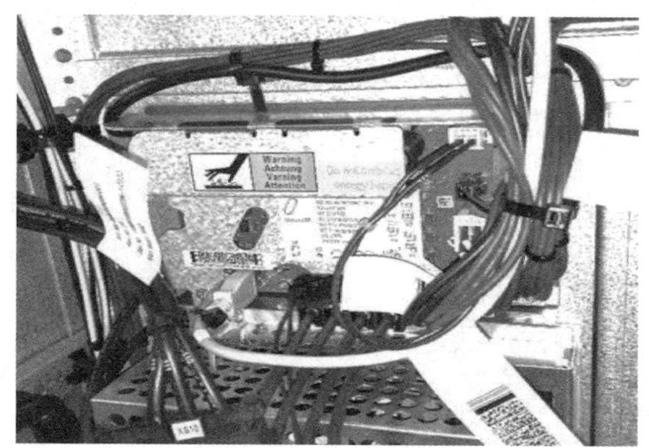

图 2-77　DSQC 662 配电板

（7）DSQC 609 24V 电源模块。给 24V 电源接口板提供电源，24V 电源接口板可直接供电外部 I/O 信号，如图 2-78 所示。

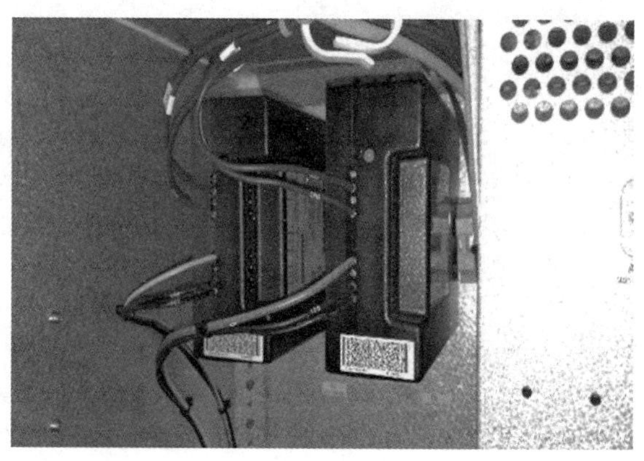

图 2-78　DSQC 609 24V 电源模块

（8）电容。用于机器人关闭电源后，保存数据后再断电，相当于延时断电功能，如图 2–79 所示。

图 2–79　电容

（9）DSQC 611 接触器接口板。机器人 I/O 信号通过接触器接口板来控制接触器的启停，如图 2–80 所示。

图 2–80　DSQC 611 接触器接口板

（10）DSQC 651 I/O 模块。用于外部 I/O 信号与机器人系统的通信连接，如图 2–81 所示。

图 2–81　DSQC 651 I/O 模块

2. 控制柜控制面板

（1）面板上的按钮和开关。IRC5 控制柜控制面板上的按钮和开关包括机器人电源开关、急停按钮、电机上电按钮、模式选择开关、网络接口和示教器电缆线接口，如图 2–82 所示。

图 2–82　控制柜面板

（2）控制柜上电缆接口 / 接头。IRC5 控制柜下方面板出厂时基本配备的接口包括 XS1 机器人电源接口和 XS2 机器人 SMB 连接接口，如图 2–83 所示。

图 2–83　电源接口与 SMB 连接接口

任务实施与总结

任务实施	认识控制柜中各个模块的结构及功能。
任务总结	

任务2　控制柜与机器人本体的连接

任务要求

以ABB工业机器人IRB1410为例，在认识控制柜中每个功能模块的基础上，了解控制柜电源以及控制柜与机器人本体之间的连接方式。

知识储备

以ABB机器人IRB1410为例，介绍控制柜与机器人本体的连接操作。

1．XS1和XS2的连接

机器人本体与控制柜之间的连接主要是XS1机器人动力电缆连接和XS2机器人SMB电缆连接。

（1）将XS2机器人SMB电缆的一端连接到机器人本体底座接口，如图2-84所示。

图 2-84　SMB 电缆机器人端接法

（2）将 XS2 机器人 SMB 电缆的另一端连接到控制柜上对应的接口，如图 2-85 所示。

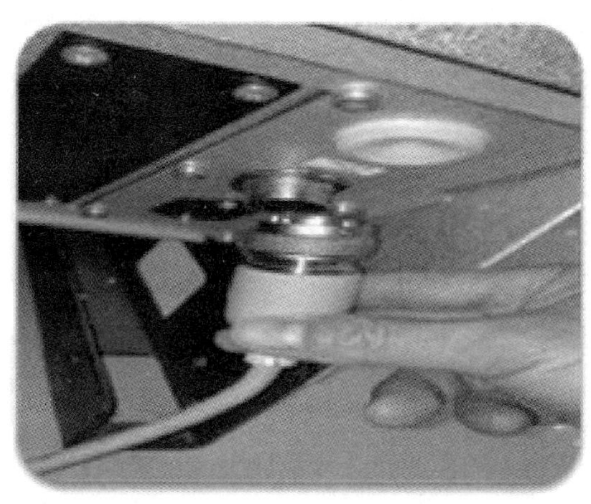

图 2-85　SMB 电缆控制柜端接法

（3）将 XS1 机器人动力电缆一端连接到机器人本体底座接口，如图 2-86 所示。

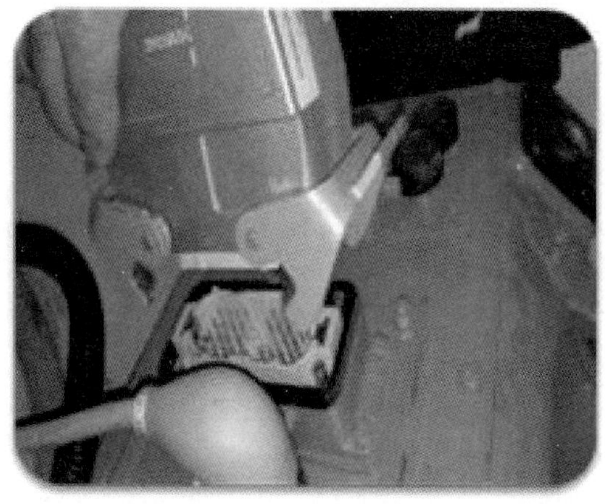

图 2-86　动力电缆机器人端接法

（4）将 XS1 机器人动力电缆的另一端连接到控制柜上对应的接口，如图 2–87 所示。

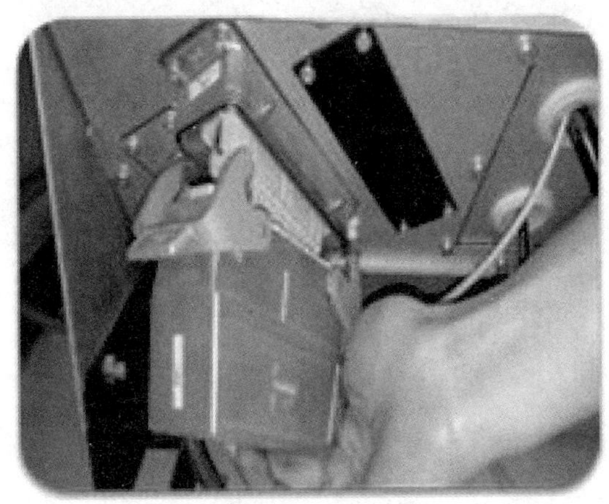

图 2–87　动力电缆控制柜端接法

2. 主电源电缆的连接

在控制柜门内侧，贴有一张主电源连接指引，如图 2–88 所示。ABB 机器人使用 380V 三相四线制，其中 IRB120 的输入电压请查看对应的电气图。

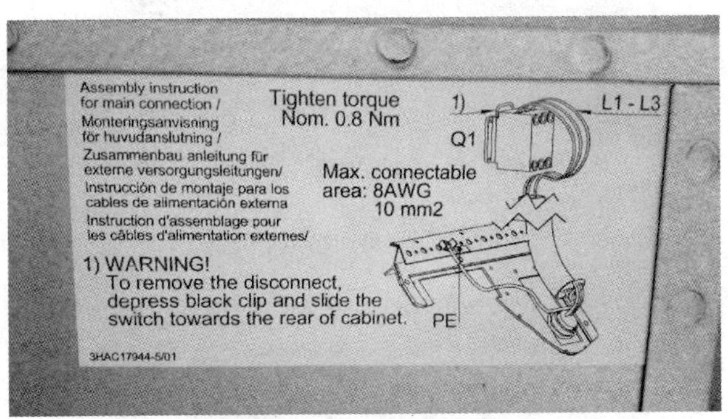

图 2–88　主电源连接指引

主电源连接操作如下：

（1）将主电源电缆从控制柜下方接口穿入，如图 2–89 所示。

图 2-89　主电源电缆控制柜下方接口穿入

（2）主电源电缆中的地线接入到控制柜上的接地点 PE 处。

图 2-90　接地点 PE

（3）在主电源开关上，接入 380V 三相电线。

图 2-91　主电源开关

任务实施与总结

任务实施	完成工业机器人本体与控制柜的连接操作。
任务总结	

【名人名言】

孙家栋，中国人造卫星技术和深空探测技术的开创者之一，为创建和发展中国人造卫星总体技术、卫星航天工程管理技术和深空探测技术，做出了系统的、创造性的成就和贡献。“共和国勋章”获得者，被誉为“中国卫星之父”。

只要国家需要，我就去做，这是一个航天人最基本也是最重要的素质。

——孙家栋

模块三

工业机器人坐标系设置

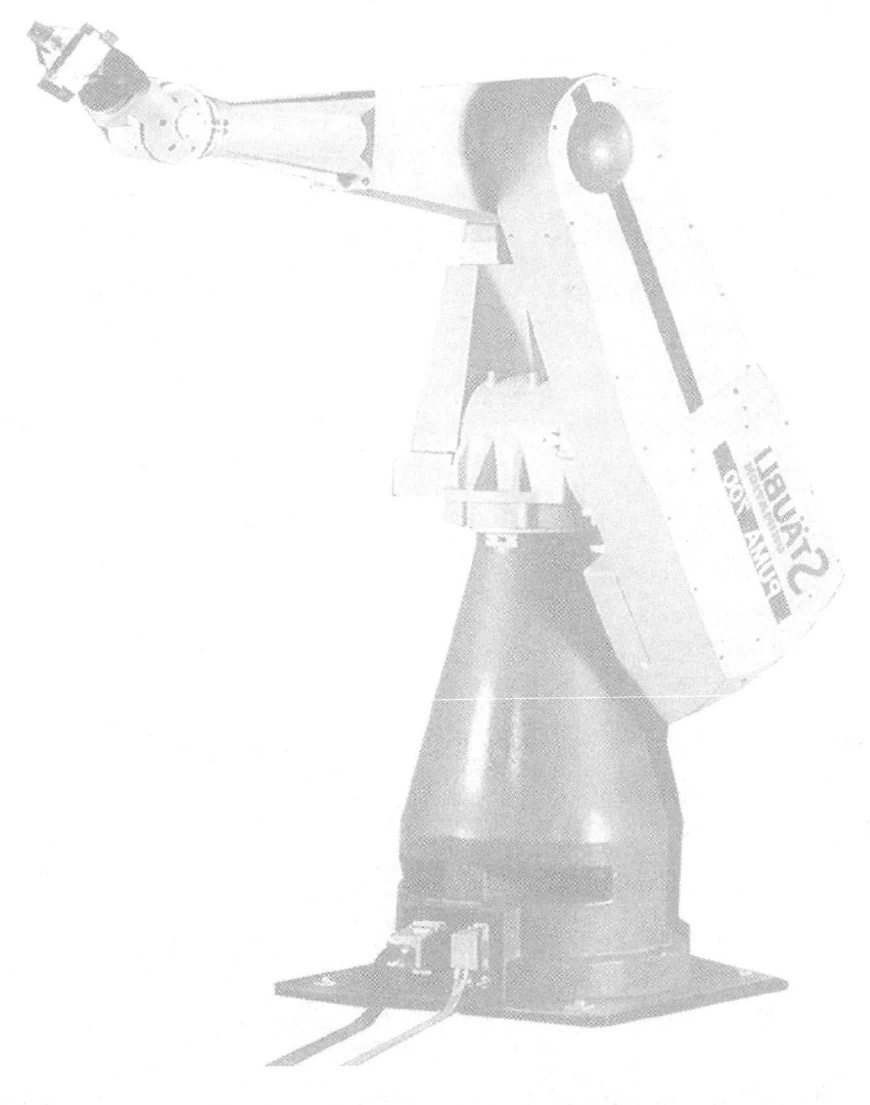

项目一　初识机器人坐标系

知识目标

1. 了解工业机器人坐标系的基本定义；
2. 掌握工业机器人常用的工具坐标系。

能力目标

1. 会区分不同坐标系的作用；
2. 会区分不同坐标系的特点。

任务　工业机器人常用坐标系

认识坐标系的定义，了解机器人常用坐标系的分类以及每种坐标系的适用范围。

1. 坐标系的定义

工业机器人是一个非常复杂的系统，为了准确、清楚地描述机器人位姿参数，通常采用坐标系来描述。机器人的机构可以看成一个由一系列关节连接起来的连杆在空间组成的多刚体系统，因此，也属于空间几何学问题。把空间几何学的问题归结成易于理解的代数形式的问题，用代数学的方法进行计算、证明，从而达到最终解决几何问题的目的。

2. 直角坐标系

在直角坐标系中，可用点到两条互相垂直的坐标轴的距离来确定点的位置，即平面内的点 M 与二位有序数组（x，y）一一对应。在空间建立三维直角坐标系后，可用点到三个互相垂直的坐标平面的距离来确定点的位置，即空间的点 M 与三维有序数组（x, y, z）一一对应。建立坐标系，如图 3–1 所示，取三条相互垂直的具有一定方向和度量单位的直线，叫做三维直角坐标系或空间直角坐标系 O–xyz。利用三维直角坐标系可以把空间的点 M 与三维有序数组（x，y，z）建立起一一对应的关系。图 3–2 所示就是典型的直角坐标系型机器人。

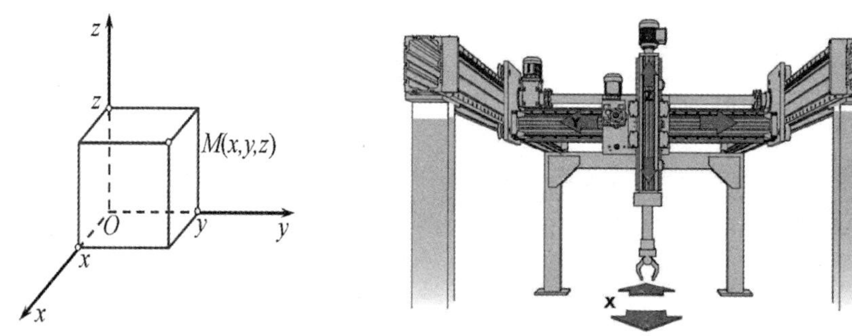

图 3–1　空间直角坐标系　　图 3–2　直角坐标机器人

以右手握住 z 轴，当右手的四指从正向 x 轴以 $\pi/2$ 角度转向正向 y 轴时，大拇指的指向就是 z 轴的正向，这样的三条坐标轴就组成了一个空间直角坐标系，点 O 就叫做坐标原点，如下图 3–3 所示。

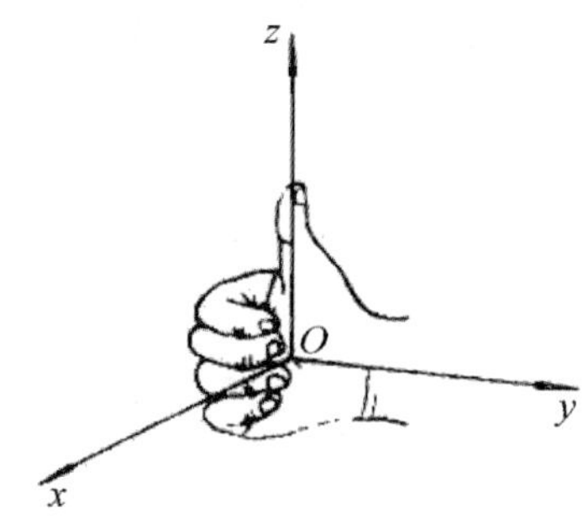

图 3–3　右手坐标系

3. 工业机器人常用坐标系

工业机器人常用的坐标系有基坐标系、大地坐标系、工件坐标系、工具坐标系、用

户坐标系。大地坐标系可定义机器人单元，其他的坐标系均与大地坐标系有直接或间接相关。它适用于微动控制、一般移动以及处理具有若干机器人或外轴移动机器人的工作站和工作单元。基坐标系位于机器人基座。它是最便于机器人从一个位置移动到另一个位置的坐标系。工件坐标系与工件相关，通常是最适于对机器人进行编程的坐标系。工具坐标系定义机器人到达预设目标时所使用工具的位置。用户坐标系在表示持有其他坐标系的设备（如工件）时非常有用。

（1）基坐标系。

基坐标系在机器人基座中有相应的零点，这使固定安装的机器人的移动具有可预测性。因此它对于将机器人从一个位置移动到另一个位置很有帮助。对机器人编程来说，其他如工件坐标系等坐标系通常是最佳选择。在正常配置的机器人系统中，当您站在机器人的前方并在基坐标系中微动控制，将控制杆拉向自己一方时，机器人将沿 x 轴移动；向两侧移动控制杆时，机器人将沿 y 轴移动；扭动控制杆，机器人将沿 z 轴移动。如图 3–4 所示为机器人基坐标系。

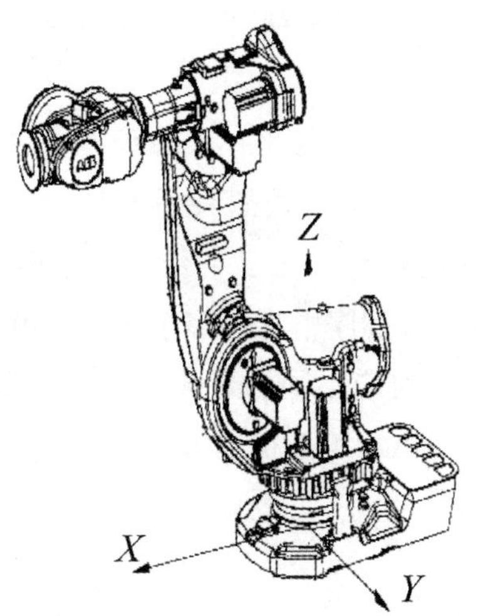

图 3–4　工业机器人基坐标系

（2）大地坐标系。

大地坐标系在工作单元或工作站中的固定位置有其相应的零点。这有助于处理若干个机器人或由外轴移动的机器人。在默认情况下，大地坐标系与基坐标系是一致的。假如，有两个机器人，一个安装于地面，一个倒置。倒置机器人的基坐标系也将上下颠倒。如果您在倒置机器人的基坐标系中进行微动控制，则很难预测移动情况。此时可选择共享大地坐标系取而代之，如图 3–5 所示。

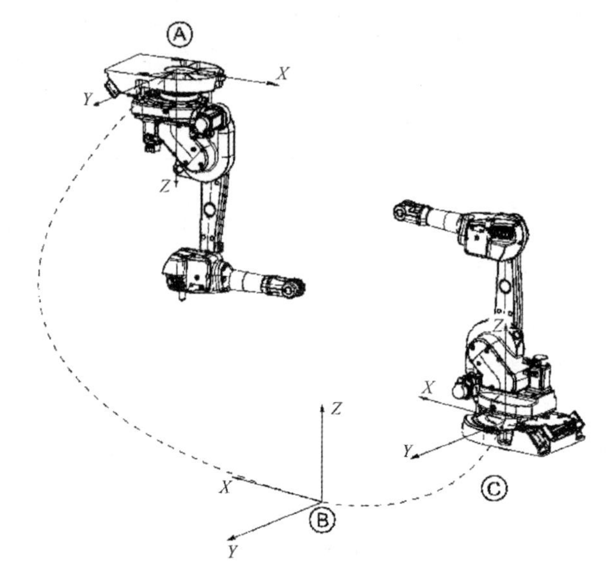

A- 机器人 1 基坐标系；B- 大地坐标系；C- 机器人 2 基坐标系

图 3-5　工业机器人大地坐标系

（3）工具坐标系。

工具坐标系由工具中心点（TCP）与坐标轴方位构成，运动时 TCP 会严格按程序指定路径和速度运动。所有机器人在手腕处都有一个预定义工具坐标系，默认工具 tool0 中心点位于 6 轴中心，这样就能将一个或多个新工具坐标系定义为 tool0 的偏移值。机器人联动运行时，TCP 是必需的，程序中支持多个工具，可根据当前工作状态进行变换，比如焊接程序可以定义多个工具对应不同的延伸长度，工具被更换之后，重新定义工具即可直接运行程序。如图 3-6 所示为工业机器人工具坐标系。

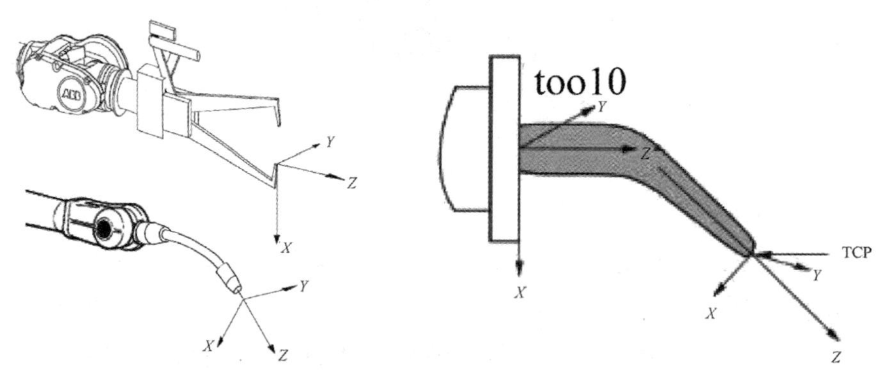

图 3-6　工业机器人的工具坐标系

（4）工件坐标系。

工件坐标对应工件，它定义工件相对于大地坐标的位置。工业机器人可以有若干工件坐标系，或者表示不同工件，或者表示同一工件在不同位置的若干副本。对机器人进行编程就是在工件坐标中创建目标和路径，这带来以下优点：

①当重新定位工作站中的工件时，只需更改工件坐标的位置，所有路径将即刻随之更新。

②允许操作以外部轴或传送导轨移动的工件，因为整个工件可连同其路径一起移动。如图 3-7 所示为工业机器人工件坐标系。

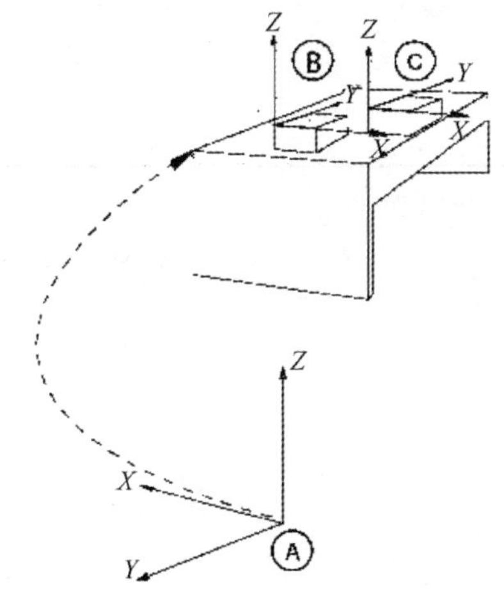

图 3-7　工业机器人工件坐标系

（5）用户坐标系。

用户坐标系可用于表示固定装置、工作台等设备。这就在相关坐标系链中提供了一个额外级别，有助于处理持有工件或其他坐标系的处理设备。如图 3-8 所示为几种常用的坐标系。

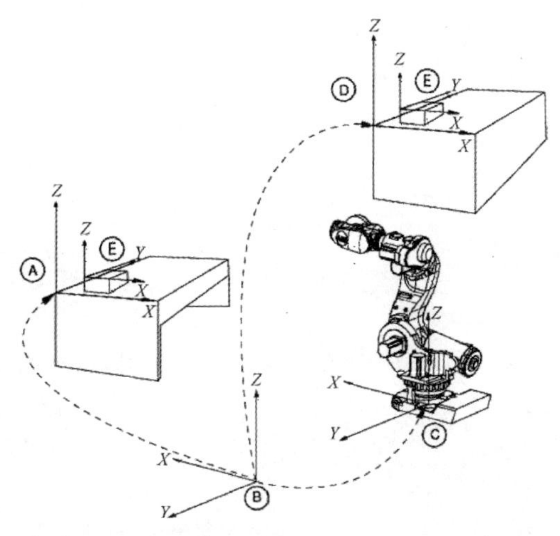

A- 用户坐标系；B- 大地坐标系；C- 基坐标系；

D- 移动用户坐标系；E- 工件坐标系；与用户坐标系一同移动

图 3-8　几种常用的坐标系

任务实施与总结

任务实施	学习工业机器人常用的几种坐标系和不同坐标系的作用。
任务总结	

项目二 工业机器人工具坐标系

知识目标

1. 掌握机器人工具坐标系的定义及常用的TCP设定方法；
2. 掌握机器人工具负载数据的定义。

能力目标

1. 会工具坐标TCP的测量；
2. 会用四点法进行工具坐标tooldata的设定；
3. 会工具坐标负载数据的设定。

任务1 认识工具数据tooldata

任务要求

了解工具坐标系的定义，掌握工具原点（TCP）的测定方法及分类。

知识储备

工具数据tooldata用于描述安装在机器人第六轴上的工具坐标TCP（也就是工具坐标系的原点，即工具中心点）、质量、重心等参数数据。工具数据tooldata会影响机器人的控制算法（例如计算加速度）、速度和加速度监控、力矩监控、碰撞监控、能量监控等，因此机器人的工具数据需要正确设置。

一般不同的机器人应用配置不同的工具，比如说弧焊的机器人就使用弧焊枪作为工具，而用于搬运板材的机器人就会使用吸盘式的夹具作为工具，如图 3-9 所示。

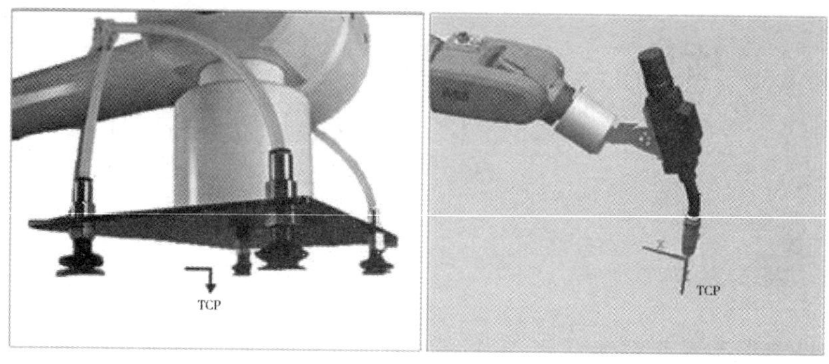

图 3-9　不同的机器人工具

所有机器人在手腕处都有一个预定义的工具坐标系，该坐标系被称为 tool0。这样就能将一个或者多个新工具坐标系定义为 tool0 的偏移值。

默认工具的工具中心点位于机器人安装法兰的中心（tool0），下图 3-10 中标注的点就是原始的 TCP 点。执行程序时，机器人将 TCP 移至编程位置，这意味着，如果要更改工具及工具坐标系，机器人的移动将随之更改，以便新的 TCP 到达目标。

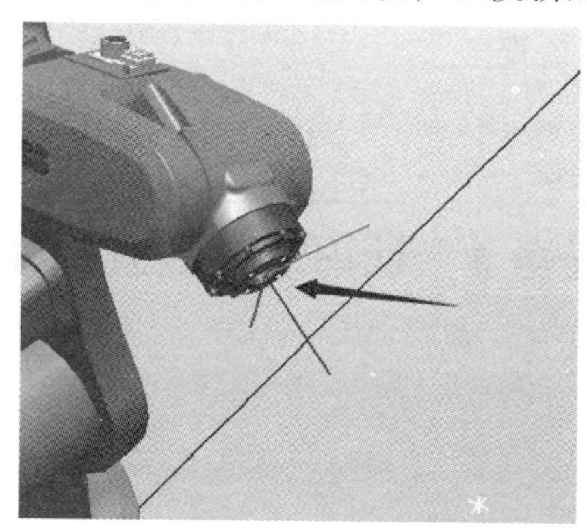

图 3-10　工具中心点

TCP 的设定方法包括 N（3 ≤ N ≤ 9）点法、TCP 和 Z 法、TCP 和 Z，X 法。

（1）N（3 ≤ N ≤ 9）点法：机器人的 TCP 通过 N 种不同的姿态同参考点接触，得出多组解，通过计算得出当前 TCP 与机器人安装法兰中心点（tool0）相应位置，其坐标系方向与 tool0 一致。

（2）TCP 和 Z 法：在 N 点法基础上，增加 Z 点与参考点的连线为坐标系 Z 轴的方向，改变了 tool0 的 Z 方向。

（3）TCP 和 Z，X 法：在 N 点法基础上，增加 X 点与参考点的连线为坐标系 X 轴的方向，Z 点与参考点的连线为坐标系 Z 轴的方向，改变了 tool0 的 X 和 Z 方向。

任务实施与总结

任务实施	理解工具数据的意义和工具坐标的几种设定方法。
任务总结	

任务 2　设置工具数据 tooldata

任务要求

了解工具数据 tooldata 的定义，掌握工具坐标系测量的原理及方法，完成尖点工具 tool1 的坐标系测量。

知识储备

设定工具数据 tooldata 的方法通常采用 TCP 和 Z，X 法（N=4）。其设定原理如下：

（1）首先在机器人工作范围内找一个非常精确的固定点作为参考点；

（2）然后在工具上确定一个参考点（最好是工具的中心点）；

（3）用手动操纵机器人的方法，去移动工具上的参考点，以四种以上不同的机器人姿态尽可能与固定点刚好碰上。前三个点的姿态相差尽量大些，这样有利于 TCP 精度的提高。为了获得更准确的 TCP，在以下的例子中使用六点法也就是 TCP 和 Z，X 法（N=4）进行操作，第四点是用工具的参考点垂直于固定点，第五点是工具参考点从固定点向将要设定为 TCP 的 X 方向移动，第六点是工具参考点从固定点向将要设定为 TCP 的 Z 方向移动；

（4）机器人通过这四个位置点的位置数据计算求得 TCP 的数据，然后 TCP 的数据就保存在 tooldata 这个程序数据中被程序进行调用。前三个点的姿态相差尽量大些，这样有利于 TCP 精度的提高。

以 TCP 和 Z，X 法（N=4）建立一个新的工具数据 tool1 的操作：

（1）单击“ABB”按钮，选择“手动操纵”，如图 3-11 所示。

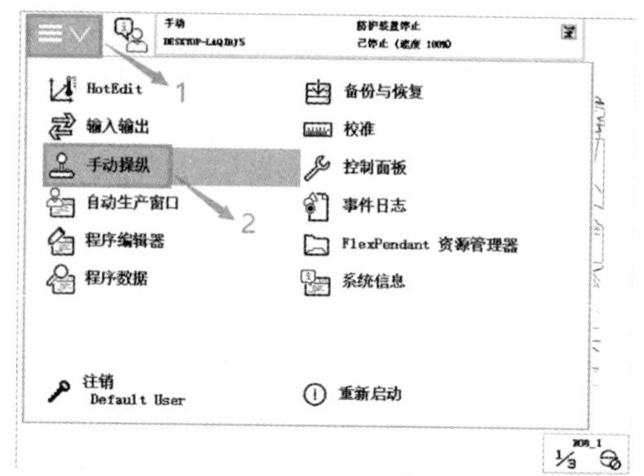

图 3-11　选择“手动操纵”

（2）选择“工具坐标”，如图 3-12 所示。

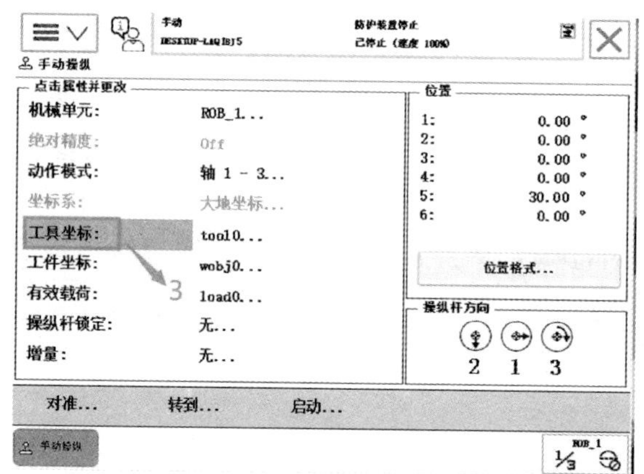

图 3-12　选择“工具坐标”

（3）单击“新建 ...”，如图 3-13 所示。

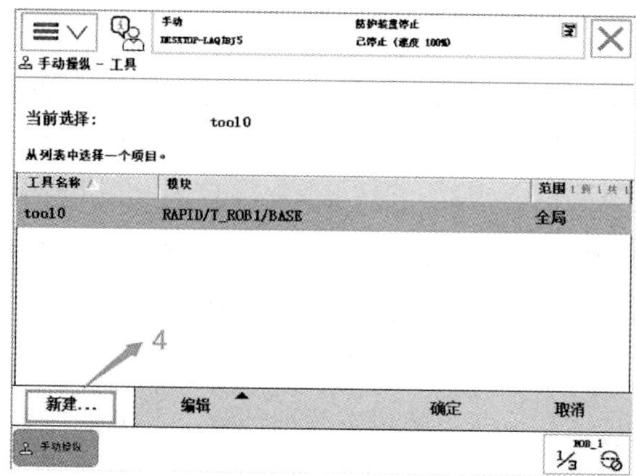

图 3-13　选择“新建 ...”

（4）修改工具坐标的名称后，单击“确定”，如图 3–14 所示。

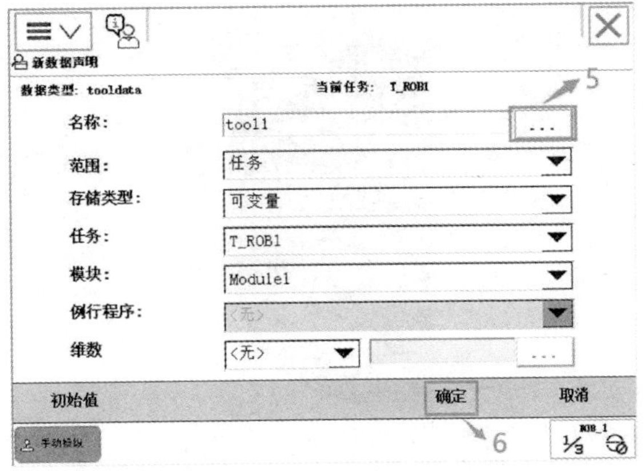

图 3–14　修改工具坐标的名称

（5）选中“tool1”，单击“编辑”菜单中的“定义 ...”选项，如图 3–15 所示。

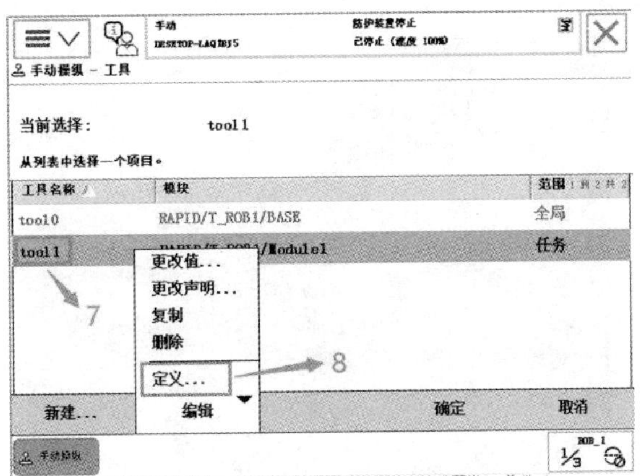

图 3–15　选择“定义 ...”

（6）选择“TCP 和 Z，X”，点数 N=4 来设定 TCP，如图 3–16 所示。

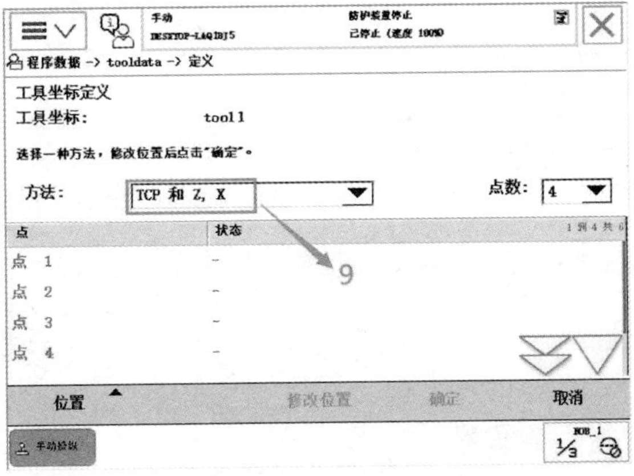

图 3–16　选择“TCP 和 Z，X”法

（7）通过示教器选择合适的手动操纵模式，如图 3–17 所示。

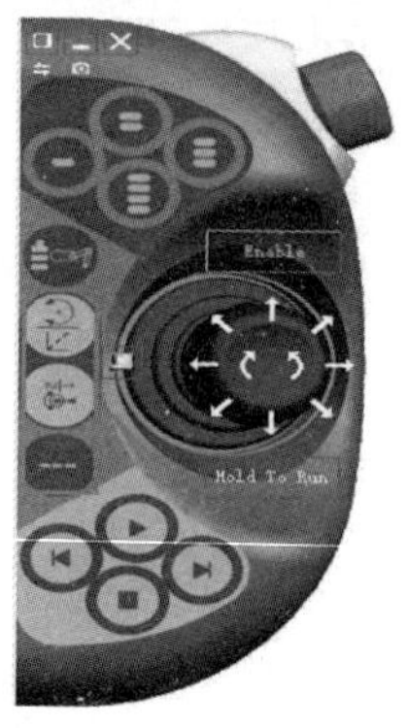

图 3–17　选择合适的手动模式

（8）按下使能器按钮，操作控制杆让机器人工具末端靠近固定点，如图 3–18 所示的姿态作为第一个点，单击“修改位置”完成第一个点的修改，如图 3–19 所示。

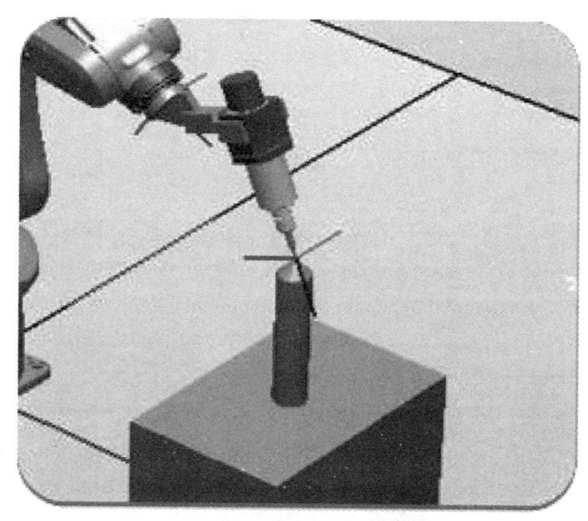

图 3–18　靠近第一个固定点

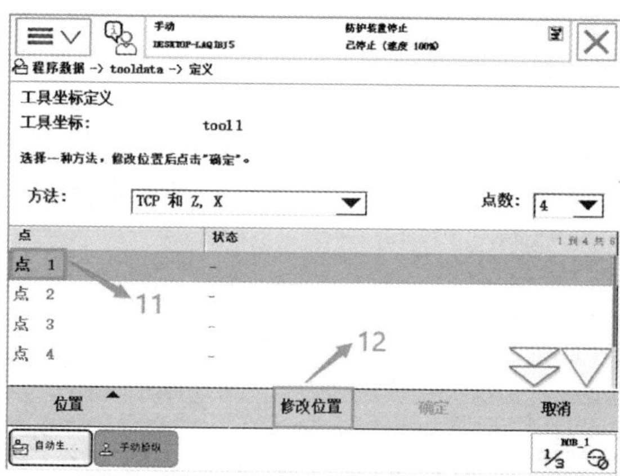

图 3–19　修改点 1 的位置

（9）按照上面的操作依次完成对点 2、3、4 的修改，如图 3-20、3-21、3-22 所示。

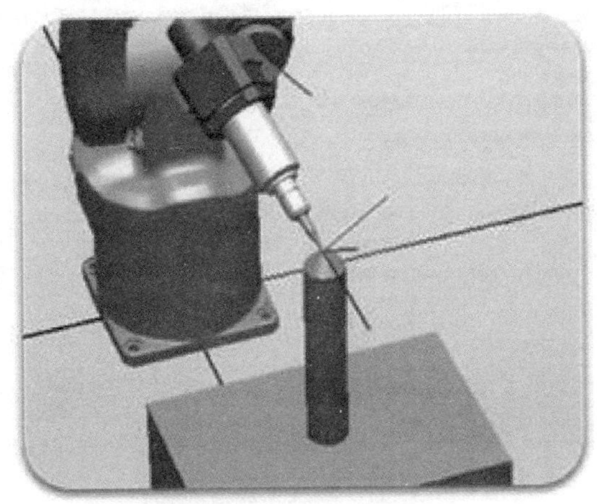

图 3-20　靠近第二个固定点

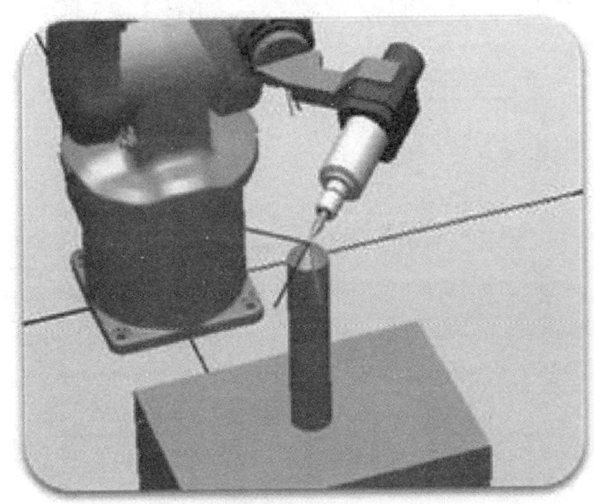

图 3-21　靠近第三个固定点

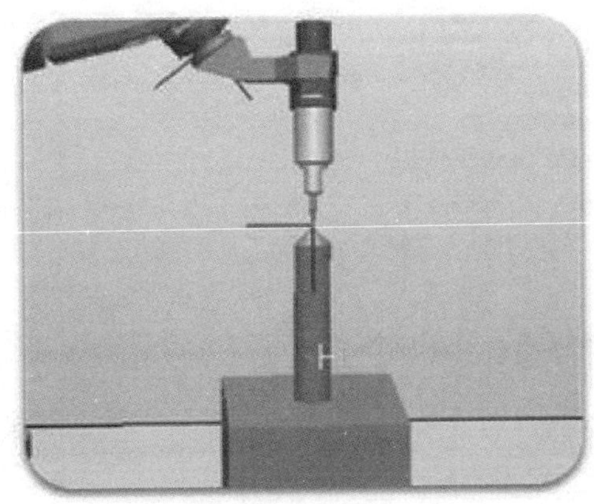

图 3-22　靠近第四个固定点

四个点修改完成后如图 3-23 所示。

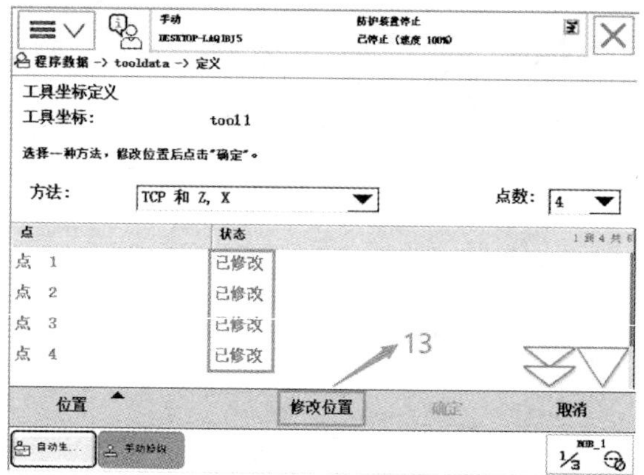

图 3-23　修改完成后界面

（10）操控机器人使工具参考点以点 4 的姿态从固定点朝着 X 轴的正方向移动一段距离，如图 3-24 所示；然后单击“修改位置”，如图 3-25 所示。

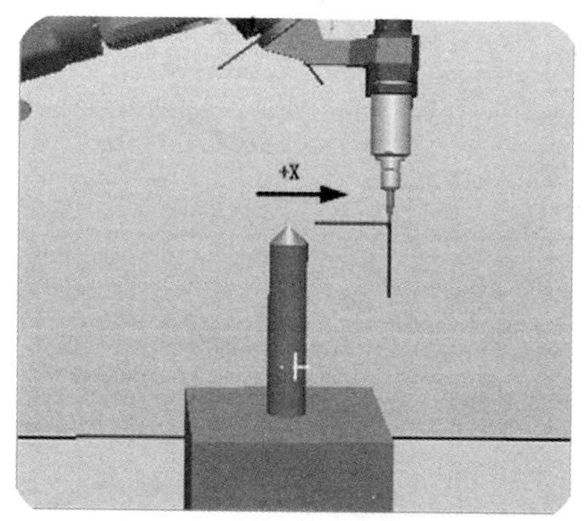

图 3-24　TCP 的 X 轴正方向位置

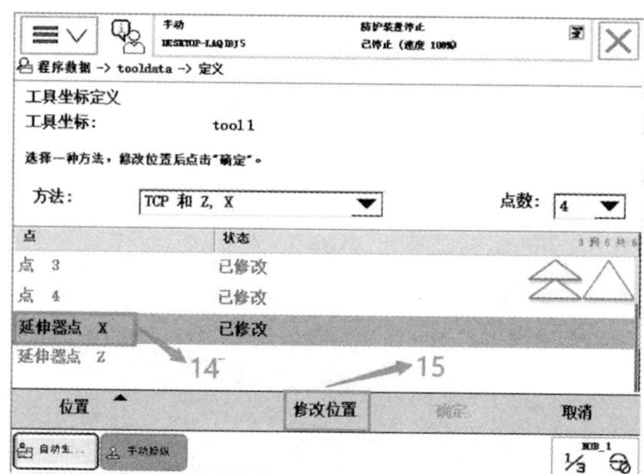

图 3-25　选择“延伸器点 X”单击“修改位置”

（11）操控机器人使工具参考点以点 4 的姿态从固定点朝着 Z 轴的正方向移动一段距离，如下图 3-26 所示；然后单击“修改位置”，如图 3-27 所示。

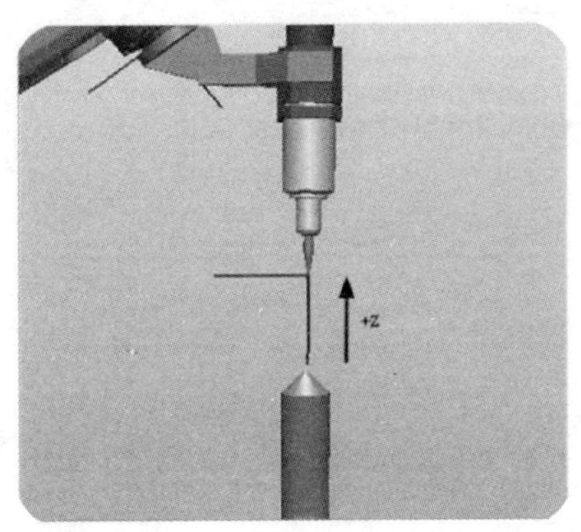

图 3-26　TCP 的 Z 轴正方向位置

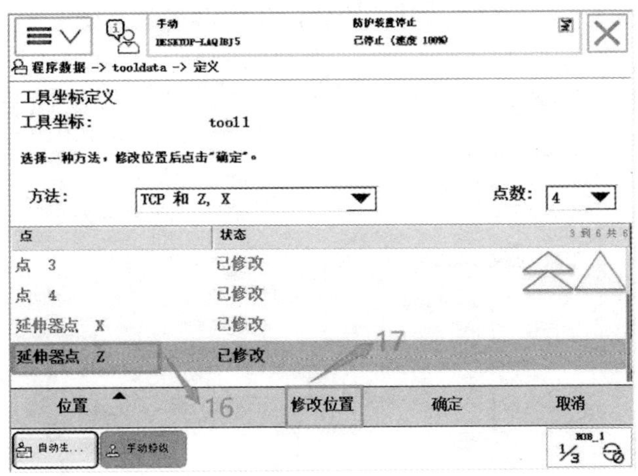

图 3-27　选择“延伸器点 Z”单击“修改位置”

（12）单击“确定”完成所有位置的修改，如图 3-28 所示。

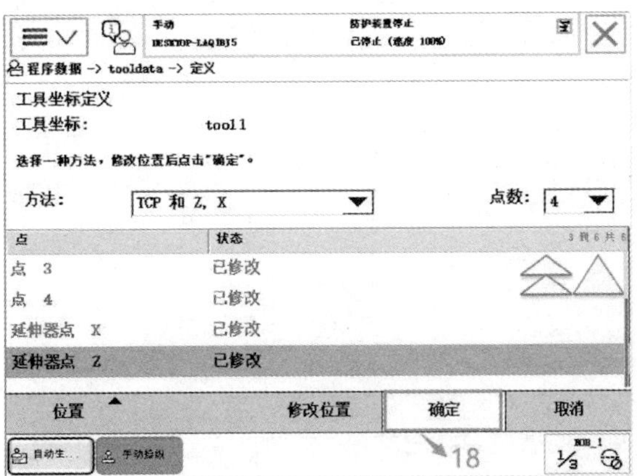

图 3-28　单击“确定”完成所有点的修改

（13）如图 3–29 所示，查看误差值，误差越小越好，但要以实际验证效果为准。

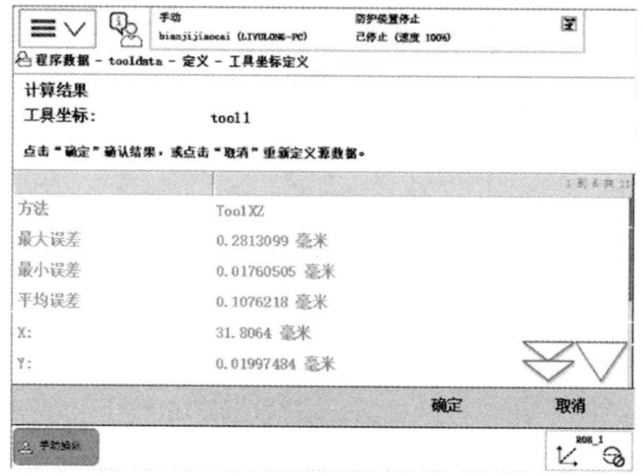

图 3–29 误差显示界面

（14）如图 3–30 所示，选中 tool1，然后打开编辑菜单选择“更改值 ...”。

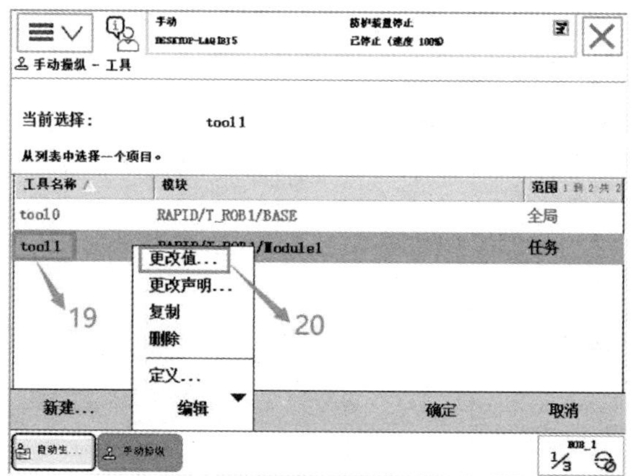

图 3–30 选中“tool1”单击“更改值 ...”

（15）如图 10–31 所示为 tool1 的更改值菜单。

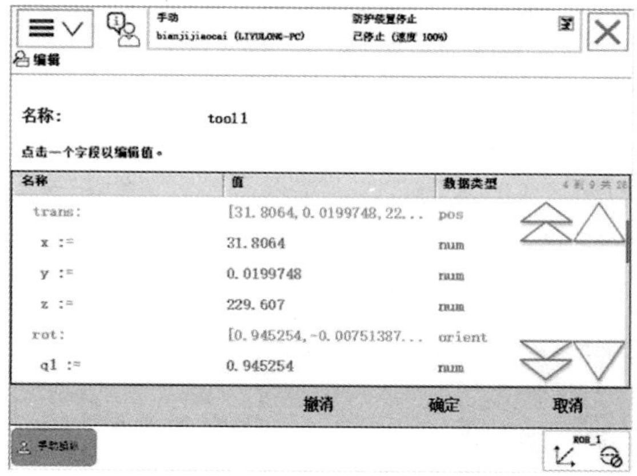

图 3–31 tool1 的更改值菜单

（16）单击箭头向下翻页，将 mass 的值更改为工具的实际重量（单位：kg），如图 3-32 所示。

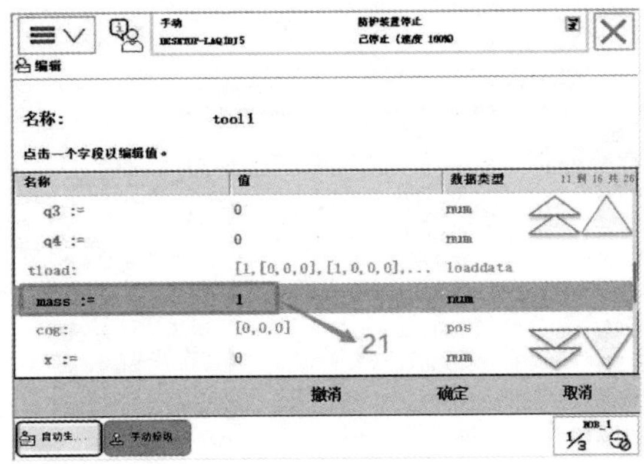

图 3-32　更改“重量”数值

（17）编辑工具重心坐标，最好以实际为准，如图 3-33 所示。

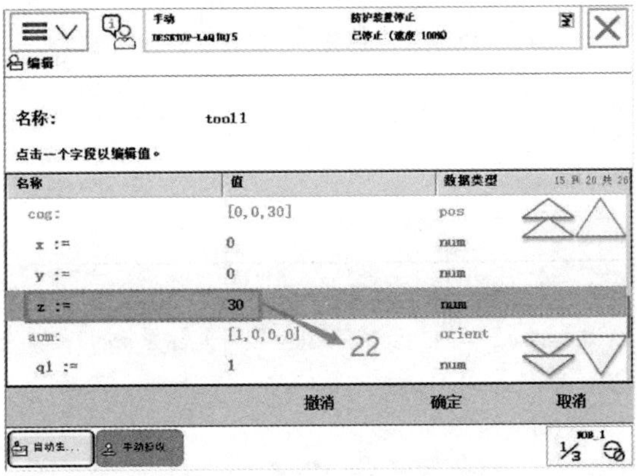

图 3-33　更改“重心”数值

（18）单击“确定”完成 tool1 数据更改，如图 3-34 所示。

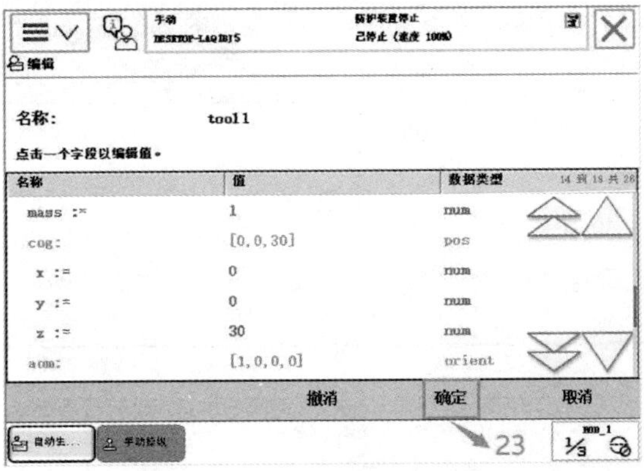

图 3-34　单击“确定”完成更改

（19）按照工具重定位动作模式，把坐标系选为“工具”，工具坐标系为“tool1”，如图 3-35 所示，通过示教器操作可看见 TCP 点始终与工具参考点保持接触，而机器人根据重定位操作改变姿态。

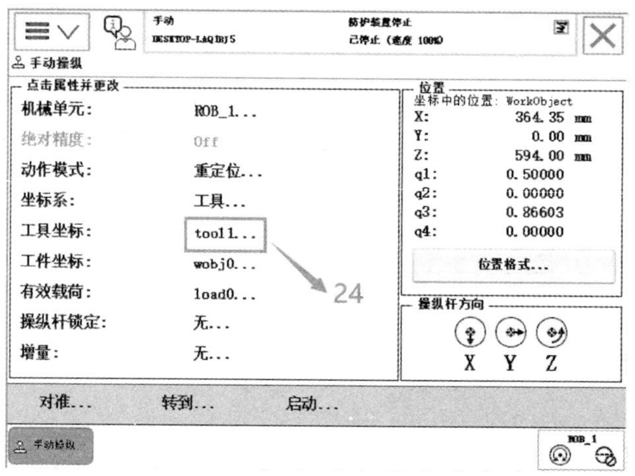

图 3-35　重定位模式下选择“tool1”

任务实施与总结

任务实施	完成工具坐标系 tool1 的设定操作。 1. 采用 TCP 和 Z、X 法（N=4）测定工具坐标系 tool1； 2. 依次进入 ABB 主菜单、手动操纵、工具坐标系选项； 3. 新建工具坐标，名称为 tool1； 4. 利用 TCP 和 Z、X 法定义 tool1； 5. 移动工具参考点，以四种不同的姿态靠近固定点（第四个点用工具参考点垂直于固定点），并依次记录位置； 6. 利用第四个点的姿态，从固定点向设定的 X 负方向移动，并记录位置； 7. 利用第四个点的姿态，从固定点向设定的 Z 负方向移动，并记录位置； 8. 确认修改位置，观察 tool1 的平均误差，误差值小于 1mm 的范围即可。
任务总结	

项目三　工业机器人工件坐标系

知识目标

1. 掌握机器人工件坐标系的定义；
2. 了解机器人工件坐标系测量的意义。

能力目标

1. 会工件坐标系 wobjdata 的设定；
2. 会通过工件坐标系进行轨迹偏移。

任务1　认识工件数据 wobjdata

任务要求

以已测工件坐标系 wobj1 为参考，示教编辑三角形轨迹程序。若工件坐标系 wobj1 偏移到 wobj2，那么该轨迹的外形不变，位置却发生了改变，只需要改变工件坐标系即可。

知识储备

工件坐标对应工件，它定义工件相对于大地坐标的位置。机器人可以有若干工件坐标系，或者表示不同工件，或者表示同一工件在不同位置的若干副本。

对机器人进行编程时就是在工件坐标中创建目标和路径，这带来很多优点：

（1）重新定位工作站中的工件时，只需更改工件坐标的位置，所有路径将即刻随之更新。

（2）允许操作以外部轴或传送导轨移动的工件，因为整个工件可连同其路径一起移动。

如图 3–36 所示，A 是机器人的大地坐标系，为了方便编程，给第一个工件建立了一个工件坐标 B，并在这个工件坐标 B 中进行轨迹编程。如果台子上还有一个一样的工件需要走一样的轨迹，那只需建立一个工件坐标 C，将工件坐标 B 中的轨迹复制一份，然后将工件坐标从 B 更新为 C，无需对一样的工件进行重复轨迹编程了。

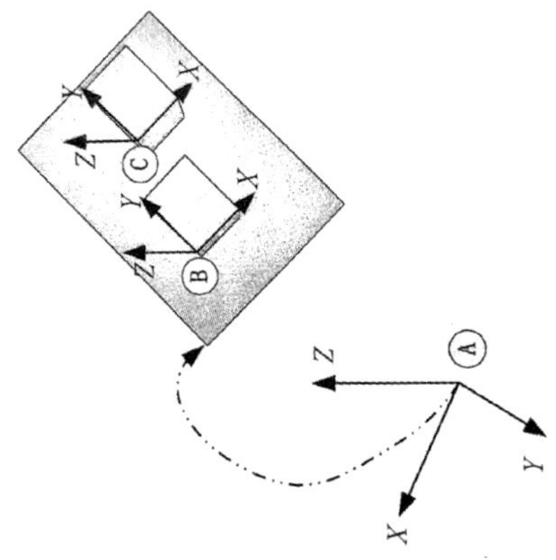

图 3–36　工件坐标系的定义

如图 3–37 所示，如果在工件坐标 B 中对 A 对象进行了轨迹编程，当工件坐标位置变化成工件坐标 D 后，只需在机器人系统重新定义工件坐标 D，则机器人的轨迹就自动更新到 C，不需要再次轨迹编程。因 A 相对于 B，C 相对于 D 的关系是一样的，并没有因为整体偏移而发生变化。

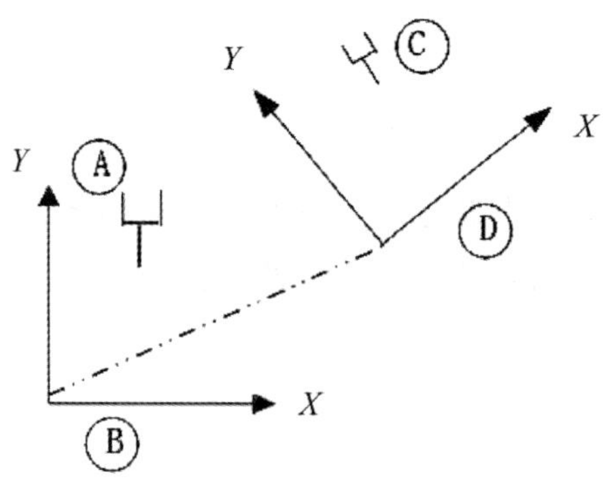

图 3–37　工件坐标系的偏移

工件坐标系设定时，通常采用三点法。只需在对象表面位置或工件边缘角位置上定义三个点位置，来创建一个工件坐标系。其中 X1 点确定工件的原点，X1、X2 确定工件坐标系 X 正方向，Y1 确定工件坐标系 Y 正方向。

任务实施与总结

任务实施	通过工件坐标系进行轨迹偏移。 1. 利用三点法测量工件坐标系 wobj1 和 wobj2； 2. 以工件坐标系 wobj1 为参照坐标系，示教编辑三角形轨迹程序； 3. 将轨迹程序中每行指令的工件坐标系 wobj1 修改为 wobj2； 4. 执行更改后的程序，机器人运行轨迹不变，但位置改变至 wobj2 坐标系下。
任务总结	

任务 2　设置工件数据 wobjdata

任务要求

利用三点法建立工件坐标系 wobj1。

知识储备

采用三点法设定工件坐标系，其设定原理如下：

（1）手动操纵机器人，在工件表面或边缘找到一点 X1，作为坐标系的原点；

（2）手动操纵机器人，沿着工具表面或边缘找到另一点 X2，X1、X2 确定工件坐标系的 X 轴正方向（X1 和 X2 的距离越远，定义的坐标系轴向越精准）；

（3）手动操纵机器人，在 XY 平面上并且 Y 值为正的方向找到一点 Y1，确定坐标系的 Y 轴的正方向。

下面以三点法为例创建一个工件坐标系 wobj1：

（1）在手动操纵界面中，选择“工件坐标”，如图 3-38 所示。

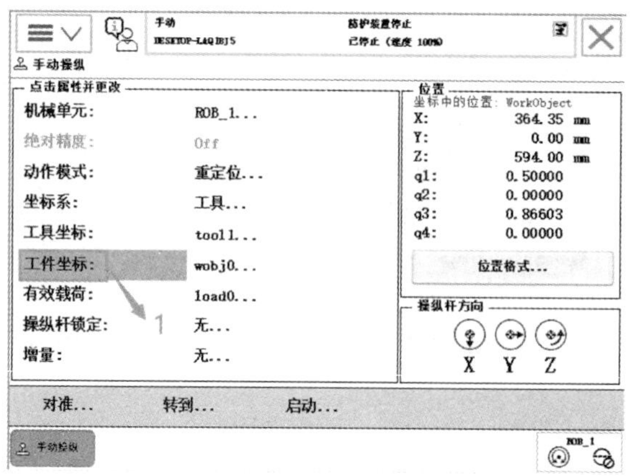

图 3-38　选择“工件坐标”

（2）点击“新建 ...”，如图 3-39 所示。

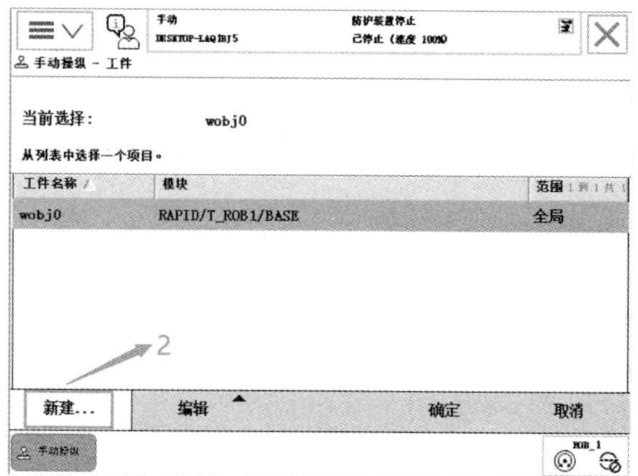

图 3-39　单击“新建 ...”

（3）对工件数据属性进行设定后，单击“确定”，如图 3-40 所示。

图 3-40　单击“确定”

（4）选中 wobj1，打开编辑菜单选择“定义”，如图 3-41 所示。

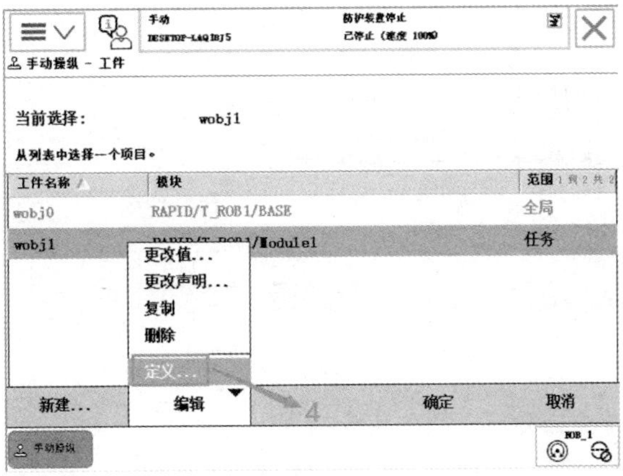

手动　DESKTOP-LAQ IBJ5　防护装置停止　已停止（速度 100%）
手动操纵 - 工件
当前选择：　wobj1
从列表中选择一个项目。

工件名称	模块	范围 1 到 2 共 2
wobj0	RAPID/T_ROB1/BASE	全局
wobj1	RAPID/T_ROB1/Module1	任务

更改值...
更改声明...
复制
删除
定义...
新建...　编辑　确定　取消
4
手动操纵　ROB_1

图 3-41　选择“定义 ...”

（5）将用户方法设定为“3 点”，如图 3-42 所示。

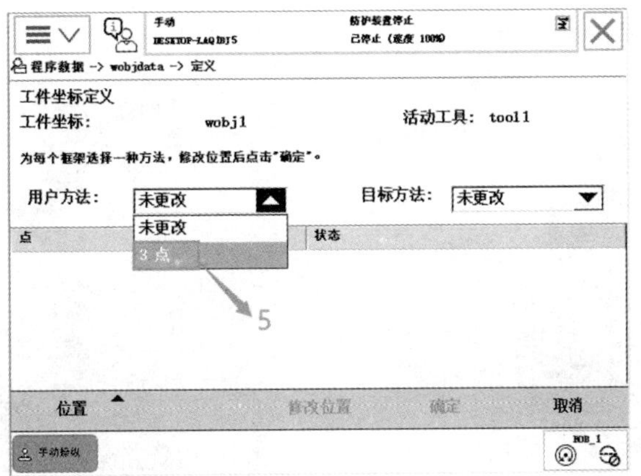

图 3-42　选择“3 点”法

（6）手动操纵机器人使工具参考点靠近工件坐标系的 X1 点，如图 3-43 所示。

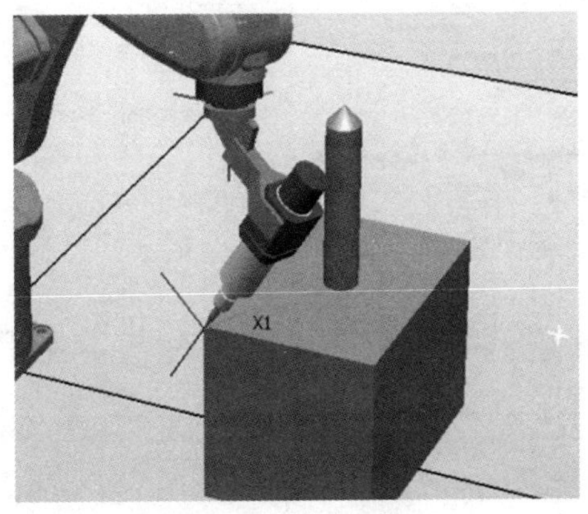

图 3-43　X1 点位置

（7）单击“修改位置”，将 X1 点位置记录下来，如图 3-44 所示。

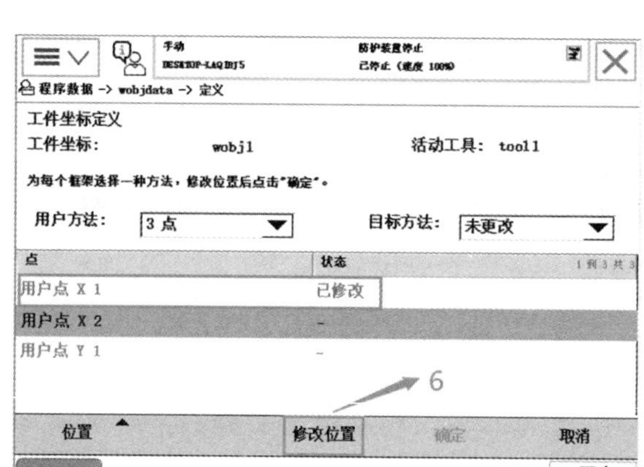

图 3-44　单击“修改位置”

（8）用同样的方法分别使工具参考点靠近定义工件坐标系的 X2 点、Y1 点，并分别在示教器中完成位置修改，如图 3-45、图 3-46 所示。

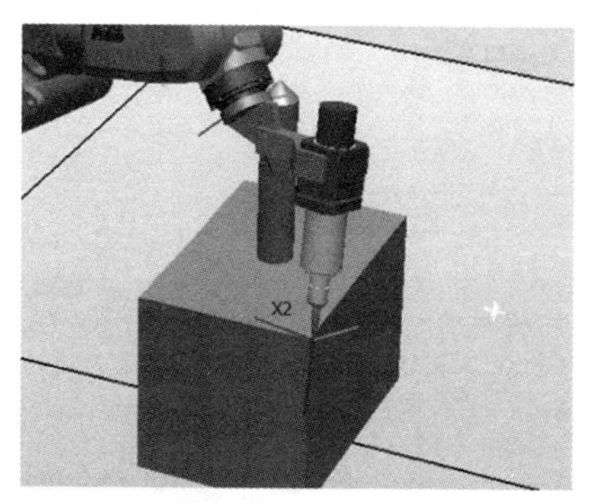

图 3-45　X2 点位置

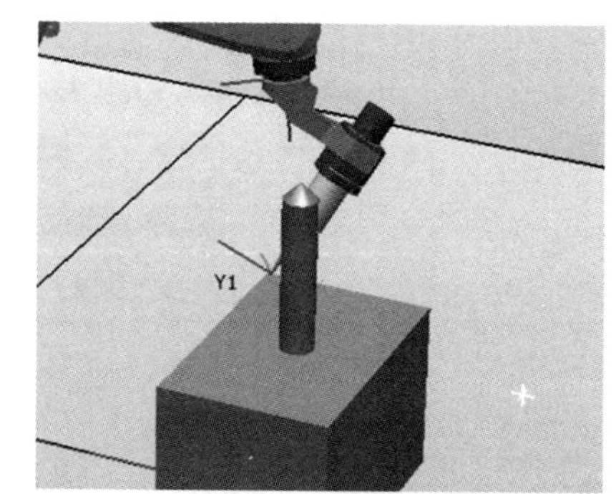

图 3-46　X3 点位置

（9）位置修改完成后，在窗口中单击“确定”，如图 3-47 所示。

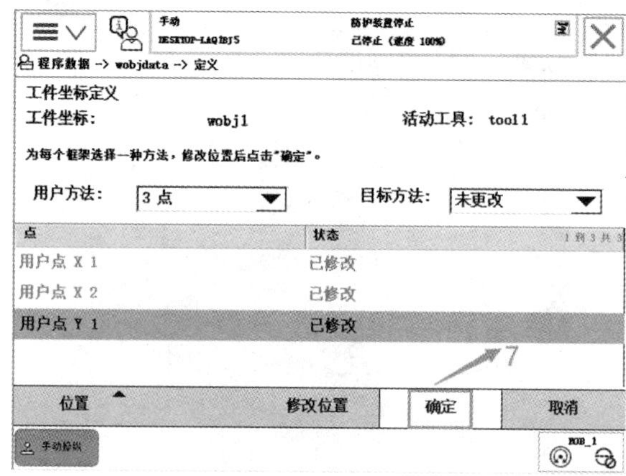

图 3-47　单击“确定”

（10）对工件位置进行确认后，再次单击“确定”，如图 3-48 所示。

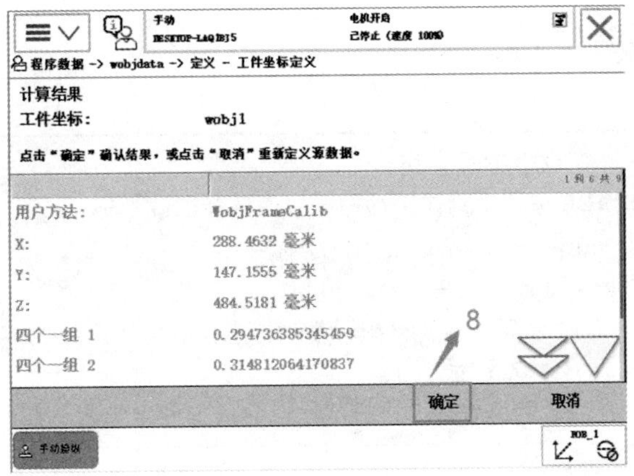

图 3–48　单击“确定”

（11）选中“wobj1”，单击“确定”，如图 3–49 所示。

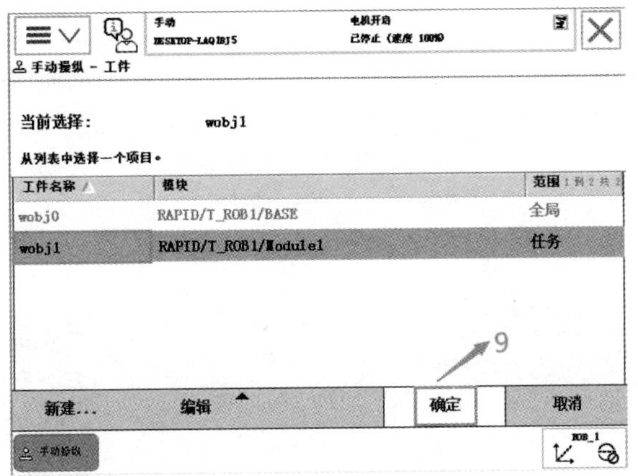

图 3–49　单击“确定”

（12）按照图 3–50 所示的窗口设置，选择工件坐标系，使用线性动作模式，观察在工件坐标系下移动的方式。

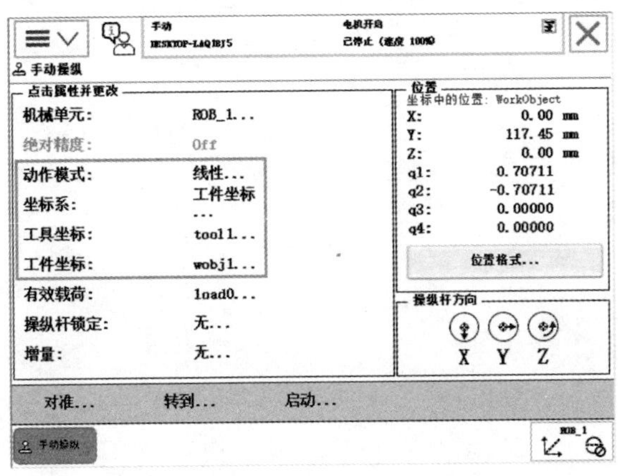

图 3–50　选择线性动作模式运行

任务实施与总结

任务实施	建立一个工件坐标系 wobj1。 1. 进入 ABB 主菜单，在手动操纵界面选择工件坐标； 2. 新建一个名称为 wobj1 的工件坐标系； 3. 用户方法选择 3 点法来定义 wobj1； 4. 用户点 X1 位置确定工件坐标系的原点位置，用户点 X2 和 Y1 分别确定坐标系的 X 轴方向和 Y 轴方向； 5. 对记录完成的位置数据进行确定，完成工件坐标系 wobj1 的测量。
任务总结	

项目四　工业机器人有效载荷

知识目标

1. 掌握有效载荷 loaddata 的定义；
2. 了解有效载荷数据 tooldata 设定的意义。

能力目标

会有效载荷数据 tooldata 的设置方法。

任务　设置机器人的有效载荷

任务要求

在了解机器人有效载荷定义以及设置方法的基础上，能够在机器人示教器上进行有效载荷的设置。

知识储备

如果机器人是用于搬运，就需要设置有效载荷 loaddata。因为对于搬运机器人，手臂承受的重量是不断变化的，所以不仅要正确设定夹具的质量和重心数据 tooldata，还要设置搬运对象的质量和重心数据 loaddata。有效载荷数据 loaddata 就记录了搬运对象的质量、重心的数据。如果机器人不用于搬运，则 loaddata 设置就是默认的 load0。

下面介绍通过示教器设置有效载荷的一般步骤。

（1）在手动操纵窗口中选择“有效载荷”，如图 3–51 所示。

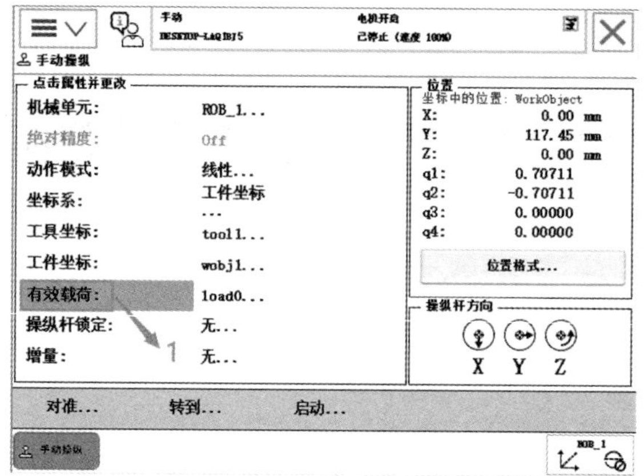

图 3–51　选择“有效载荷”

（2）选择“新建 ...”，如图 3–52 所示。

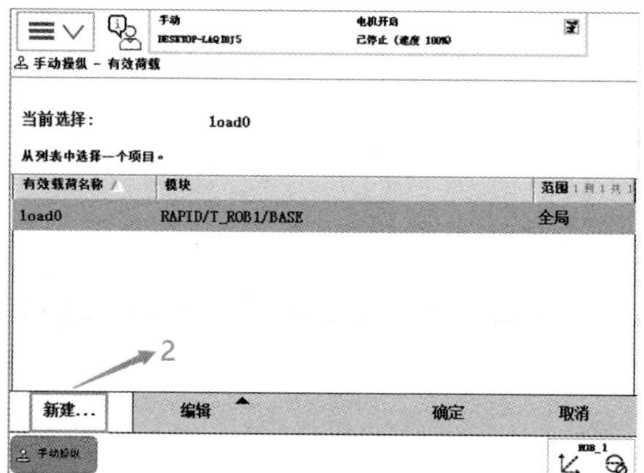

图 3–52　选择“新建 ...”

（3）单击“初始值”，如图 3–53 所示。

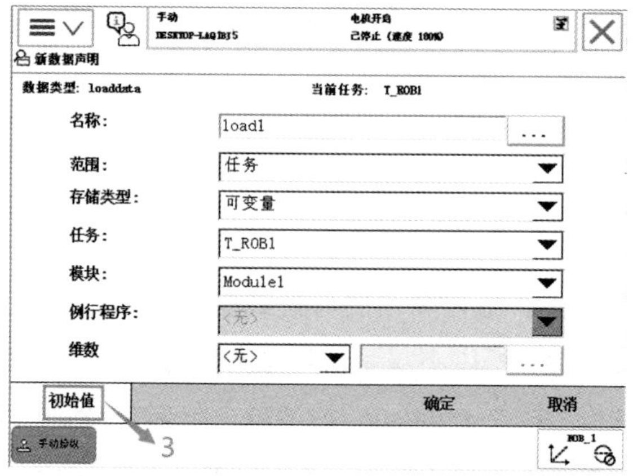

图 3–53　单击“初始值”

（4）对有效载荷进行实际数据设置，如图 3–54 所示。

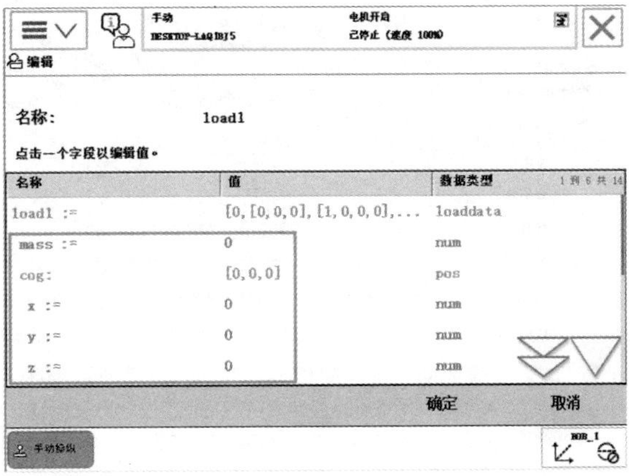

图 3–54　初始值设置

（5）设置完有效载荷后，单击“确定”，如图 3–55 所示。

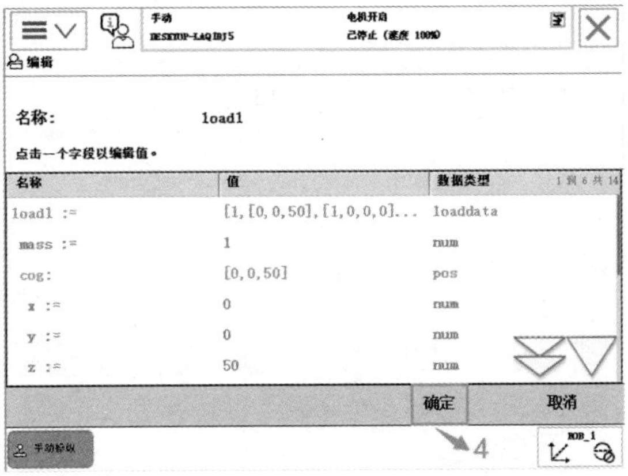

图 3–55　单击“确定”

有关载荷参数说明如下表 3–1 所示。

表 3–1　载荷参数说明

名称	参数	单位
有效载荷质量	load.mass	kg
有效载荷重心	load.cog.x load.cog.y load.cog.z	mm
力矩轴方向	load.aom.q1 load.aom.q2 load.aom.q3 load.aom.q4	
有效载荷的转动惯量	ix iy iz	$kg \cdot m^2$

（6）返回新数据声明界面，单击“确定”，如图 3-56 所示。

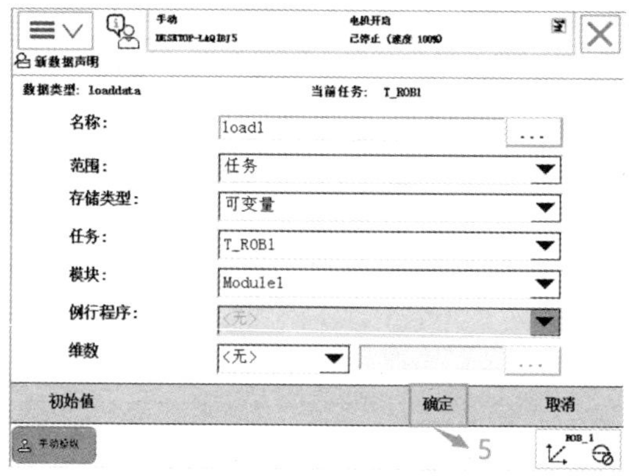

图 3-56　单击“确定”

（7）有效载荷设定完成后，在 RAPID 程序中，根据实际情况进行实时调整，以实际搬运应用为例，do1 为夹具控制信号，如图 3-57 所示。

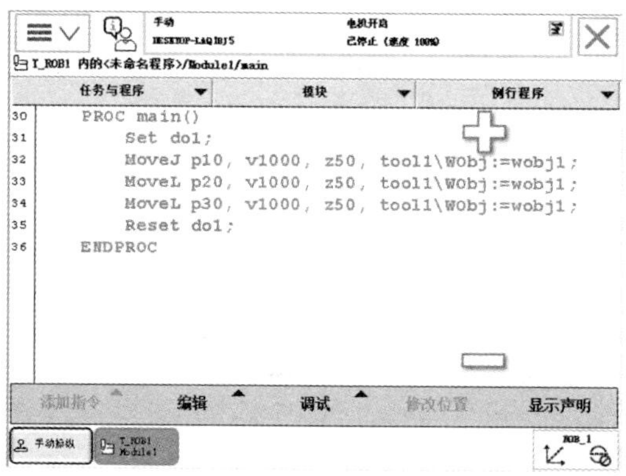

图 3-57　实际搬运程序

（8）打开指令表，添加 Gripload 指令，如图 3-58 所示。

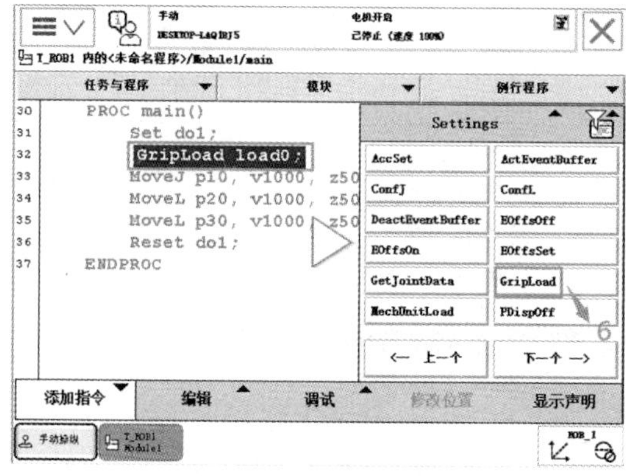

图 3-58　添加“Gripload”指令

（9）双击 load0，选择新载荷数据 load1，然后单击“确定”，如图 3-59 所示。

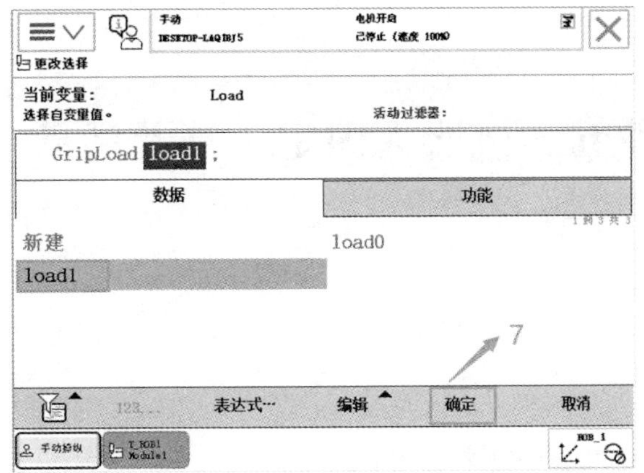

图 3-59　选择载荷 load1

（10）在搬运完成后，同样需要将搬运对象清除为 load0，如图 3-60 所示。

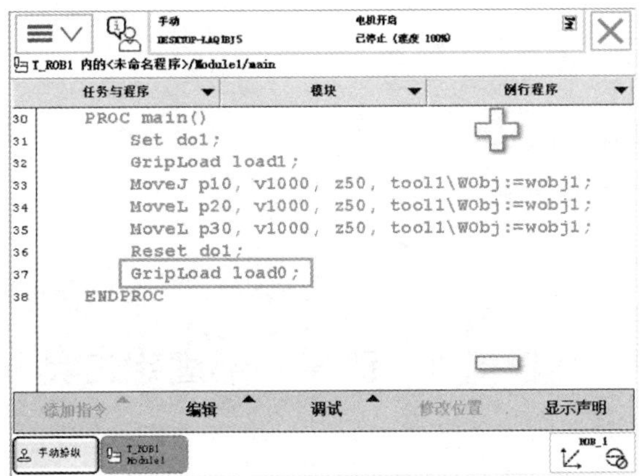

图 3-60　清除载荷数据

任务实施与总结

任务实施	理解有效载荷的意义，并定义一个有效载荷 load1。
任务总结	

项目五　机器人固定工具及活动工件

知识目标

1. 了解外部固定工具的定义及作用；
2. 了解活动工件坐标系的定义及作用。

能力目标

1. 会外部固定工具的测量；
2. 会活动工件坐标系的测量。

任务1　测量外部固定工具

任务要求

以已测工具（尖触头 1，名称为 tool01）为参照工具，按照外部固定工具的测量方法测定外部固定工具（尖触头 2，名称设为 tool02），如图 3-61 所示，左为尖触头 1，右为尖触头 2。

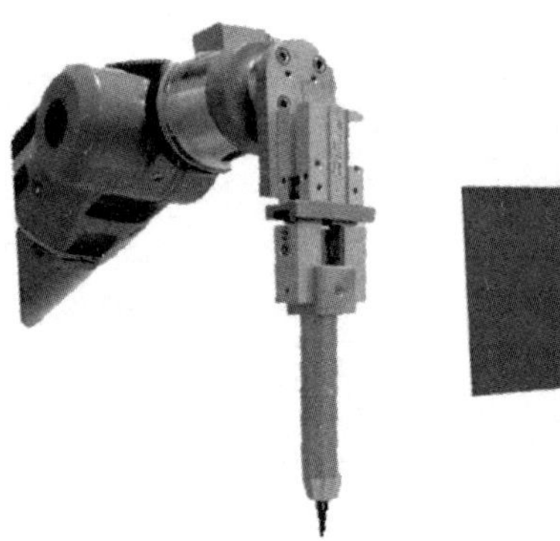

图 3-61　已测工具与外部固定工具

知识储备

测量外部固定工具通常采用“TCP 和 Z、X”六点法，即确定外部 TCP 相对于基坐标系（默认为 wobj0）原点的位置和根据外部 TCP 确定该坐标系的姿态。

（1）确定外部固定工具 TCP。

首先以已测工具为参考工具，然后在固定工具上确定一个参考点（最好是工具的中心点），使用手动操纵机器人的方法，使已测工具上的参考点以四种不同的机器人姿态靠近固定工具上的参考点，来确定外部 TCP 相对于基坐标系（默认为 wobj0）的位置。如图 3-62 所示。

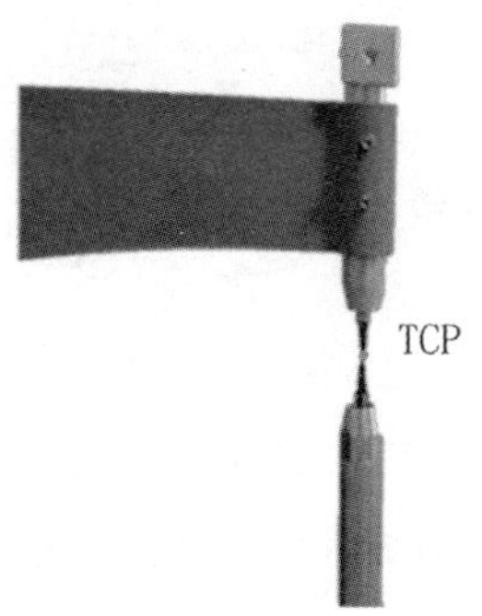

图 3-62　以不同姿态靠近固定工具参考点

（2）确定外部工具的姿态。

确定好 TCP 位置后，还需要确定其姿态方向。利用 Z 和 X 方向上的点确定坐标系，如图 3-63 所示，方法为：

使已测工具参考点从固定工具参考点沿设定的 Z 方向移动（距离最好大于 100mm），确定坐标系的 Z 轴；

使已测工具参考点从固定工具参考点沿设定的 X 方向移动（距离最好大于 100mm），确定坐标系的 X 轴。

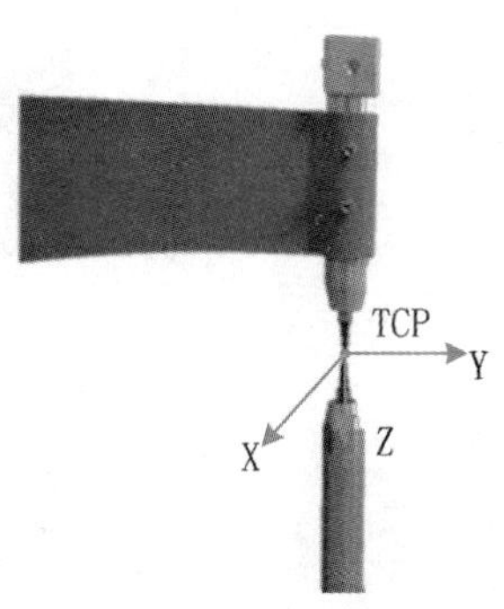

图 3-63　确定坐标系 Z 轴方向和 X 轴方向

任务实施与总结

任务实施	定义外部固定工具和活动工件坐标系。 1. 进入 ABB 主菜单，选择“手动操纵”选项； 2. 选择工具坐标，显示可用工具列表； 3. 新建工具坐标，名称设为 tool02； 4. 单击“编辑”菜单，选择“更改值”，对 tool02 的初始值进行更改； 5. 选择“robhold”选项，将 TRUE 改为 FALSE； 6. 确定后返回工具列表； 7. 再次单击“编辑”菜单，选择“定义 ...”，采用“TCP 和 Z、X”法测定外部固定工具； 8. 保存测量后所得的数据。
任务总结	

任务2　测量由机器人引导的活动工件

任务要求

以已测的外部固定工具（tool02）为参考工具，按照工件的测量方法（三点法）测定由机器人引导的活动工件的坐标系（名称设为wobj02），并将测量数据进行保存。如图3-64所示，左为已测外部工具尖触头2（tool02），右为待测由机器人引导的活动工件（wobj02）。

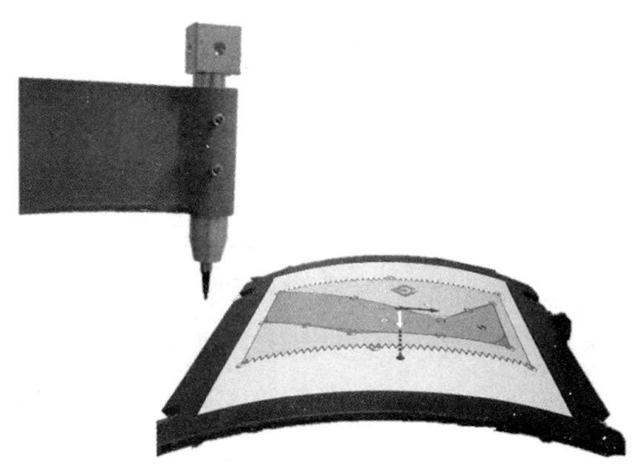

图3-64　活动工件的坐标系

知识储备

测量由机器人引导的活动工件之前有几个约定条件：

（1）工件安装在法兰上；

（2）外部固定工具已测定；

（3）确定工件位置的点均在机器人可达范围内。

测量原理：

（1）将活动工件的原点移至外部固定工具的TCP处，确定工件坐标系的原点，如图3-65所示。

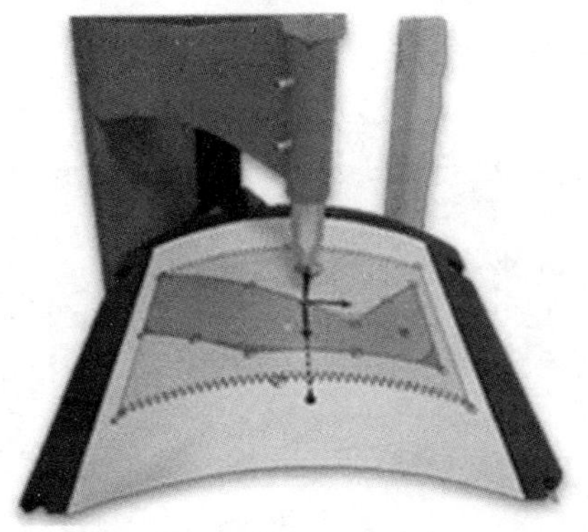

图 3-65　确定工件坐标系的原点

（2）将活动工件上 +X 上一点移至外部固定工具的 TCP 处，确定坐标系的 X 轴方向，如图 3-66 所示。

图 3-66　确定坐标系的 X 轴方向

（3）将活动工件上 +Y 上一点移至外部固定工具的 TCP 处，确定坐标系的 Y 轴方向，如图 3-67 所示。

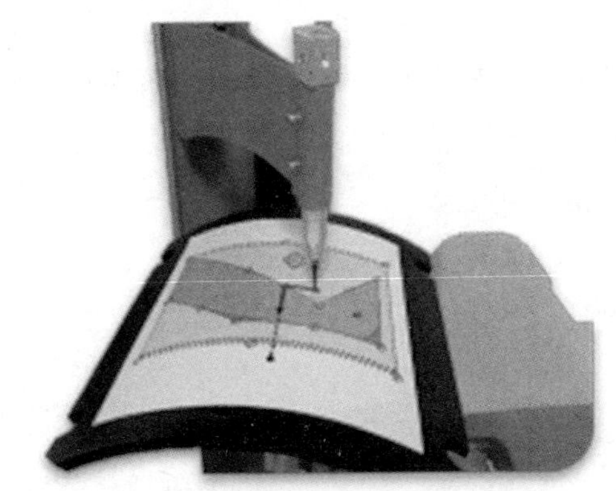

图 3-67　确定坐标系的 Y 轴方向

（4）测量完成后确认，并保存测量所得的数据。

任务实施与总结

任务实施	对由机器人引导的活动工件进行测量。 1. 进入 ABB 主菜单，选择“手动操纵”选项； 2. 在工具坐标选项中，工具坐标系选择已测量的外部固定工具 tool02； 3. 单击工件坐标，显示可用工件列表； 4. 新建工件坐标，名称设为 wobj02； 5. 单击“编辑”菜单，选择“更改值”选项； 6. 选择 robhold 选项，将 FALSE 改为 TRUE； 7. 确定后返回可用工件列表； 8. 再次单击“编辑”菜单，选择“定义…”选项； 9. 使用工件测量的方法（三点法）进行操作； 10. 确定后保存测量的数据。
任务总结	

【名人名言】

于敏，著名核物理学家，在氢弹原理突破中解决热核武器物理中一系列基础问题，提出了比美国 T–U 构型更高效实用的于敏构型。获得“两弹一星”功勋奖章、“共和国勋章”，被誉为中国“氢弹之父”。

我自幼对民族所受欺压有切肤之痛，为了祖国的安全，我愿意为国家和民族的事业贡献自己的一切。

——于敏

模块四

工业机器人编程控制

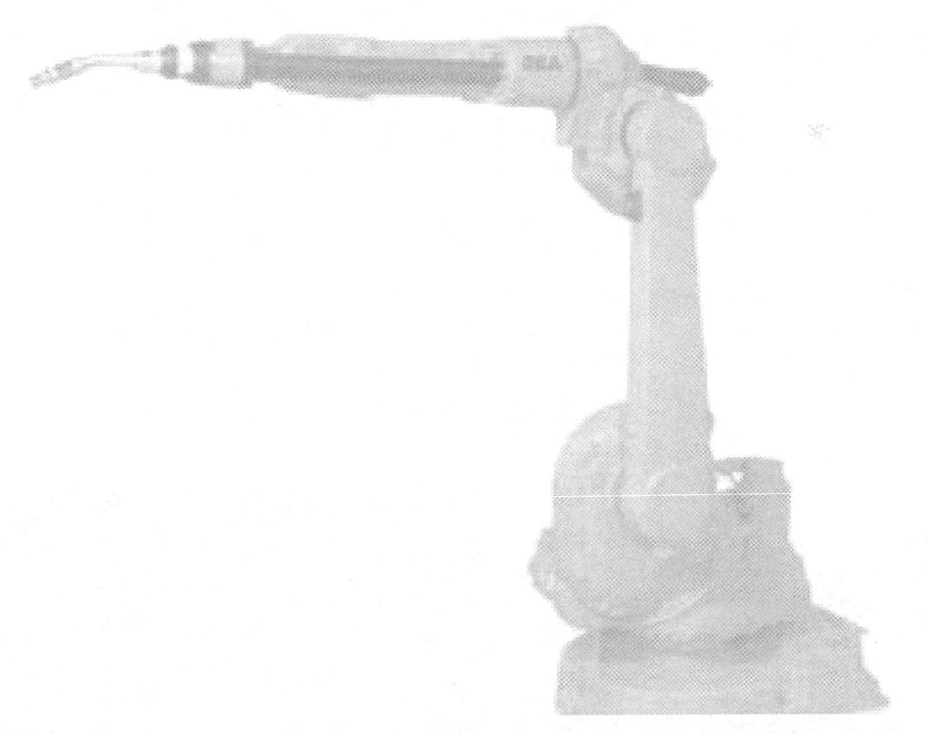

项目一　ABB 工业机器人的 I/O 通信

知识目标

1. 了解 ABB 的标准 I/O 板的主要构成及作用；
2. 掌握 DSQC651 和 DSQC652 的端子接口及地址分配。

能力目标

1. 会 ABB 标准 I/O 板的配置；
2. 会系统输入输出与 I/O 信号的关联操作。

任务 1　认识 ABB 标准 I/O 板

任务要求

认识 ABB 常用 I/O 板主要构成及作用，了解 DSQC651 和 DSQC652 上不同的端子接口及地址分配。

知识储备

ABB 工业机器人提供了丰富的 I/O 通信接口，可以方便地实现与周边设备进行通信。ABB 标准 I/O 板提供的常用信号处理有数字输入 DI、数字输出 DO、模拟输入 AI、模拟输出 AO，以及输送链跟踪，常用的标准 I/O 板有 DSQC651 和 DSQC652。ABB 机器人可以选配标准 ABB 的 PLC，省去了与外部 PLC 进行通信设置的麻烦，并且可以在机器人的示教器上实现与 PLC 相关的操作。表 4–1 所示为 ABB 标准 I/O 板的接口说明。

表 4–1　ABB 标准 I/O 板

序　号	型　号	说　明
1	DSQC651	分布式 I/O 模块 DI8、DO8、AO2
2	DSQC652	分布式 I/O 模块 DI16、DO16
3	DSQC653	分布式 I/O 模块 DI8、DO8 带继电器
4	DSQC355A	分布式 I/O 模块 AI4、AO4
5	DSQC377A	输送链跟踪单元

1．ABB 标准 I/O 板 DSQC651

DSQC651 板主要提供 8 个数字输入信号、8 个数字输出信号和 2 个模拟输出信号的处理，如图 4–1 所示。

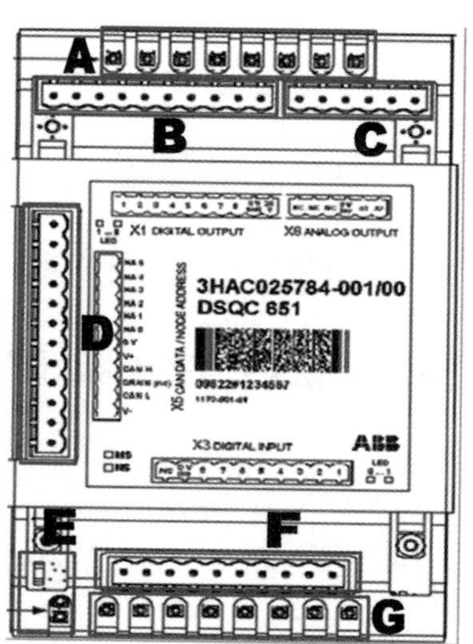

A- 数字输出信号指示灯；B-X1 数字输出接口；C-X6 模拟输出接口；
D-X5 是 DeviceNet 接口；E- 模块状态指示灯；F-X3 数字输入接口；G- 数字输入信号指示灯

图 4–1　DSQC651 板端口组成

（1）X1 端子。

X1 端子接口包括 8 个数字输出，地址分配如表 4–2 所示。

表 4–2　X1 端子接口定义

X1 端子编号	使用定义	地址分配
1	OUTPUT CH1	32
2	OUTPUT CH2	33

续表

X1 端子编号	使用定义	地址分配
3	OUTPUT CH3	34
4	OUTPUT CH4	35
5	OUTPUT CH5	36
6	OUTPUT CH6	37
7	OUTPUT CH7	38
8	OUTPUT CH8	39
9	0V	
10	24V	

（2）X3 端子。

X3 端子接口包括 8 个数字输入，地址分配如表 4-3 所示。

表 4-3　X3 端子接口定义

X3 端子编号	使用定义	地址分配
1	INPUT CH1	0
2	INPUT CH2	1
3	INPUT CH3	2
4	INPUT CH4	3
5	INPUT CH5	4
6	INPUT CH6	5
7	INPUT CH7	6
8	INPUT CH8	7
9	0V	
10	未使用	

（3）X6 端子。

X6 端子接口包括 2 个模拟输出，地址分配如表 4-4 所示。

表 4-4　X6 端子接口定义

X6 端子编号	使用定义	地址分配
1	未使用	
2	未使用	
3	未使用	

续表

4	0V	
5	模拟输出 AO1	0–15
6	模拟输出 AO2	16–31

（4）X5 端子。

X5 端子是 DeviceNet 接口，地址分配如表 4–5 所示。

表 4–5　X5 端子接口定义

X5 端子编号	使用定义
1	0V BLACK（黑色）
2	CAN 信号线 low BLUE（蓝色）
3	屏蔽线
4	CAN 信号线 high WHITE（白色）
5	24V RED（红色）
6	GND 地址选择公共端
7	模块 ID bit 0 （LSB）
8	模块 ID bit 1 （LSB）
9	模块 ID bit 2 （LSB）
10	模块 ID bit 3 （LSB）
11	模块 ID bit 4 （LSB）
12	模块 ID bit 5 （LSB）

ABB 标准 I/O 板是挂在 DeviceNet 网络上的，所以要设定模块在网络中的地址。端子 X5 的 6~12 的跳线就是用来决定模块的地址的，地址可用范围为 10~63。如图 4–2 所示，将第 8 脚和第 10 脚的跳线剪去，2+8=10 就可以获得 10 的地址。

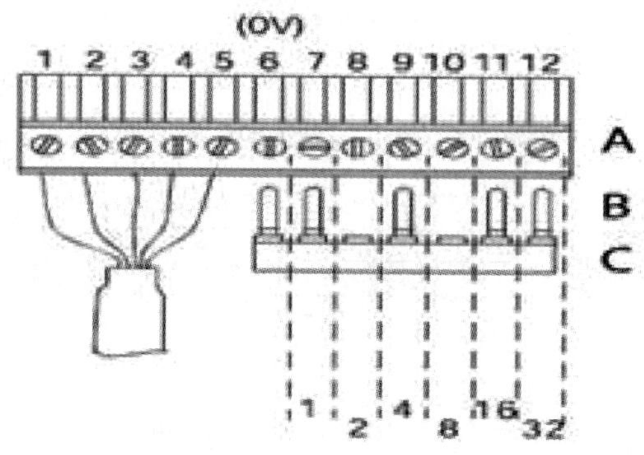

图 4–2　X5 端口接线方式

2．ABB 标准 I/O 板 DSQC652

DSQC652 板主要提供 16 个数字输入信号和 16 个数字输出信号的处理，如图 4–3 所示。

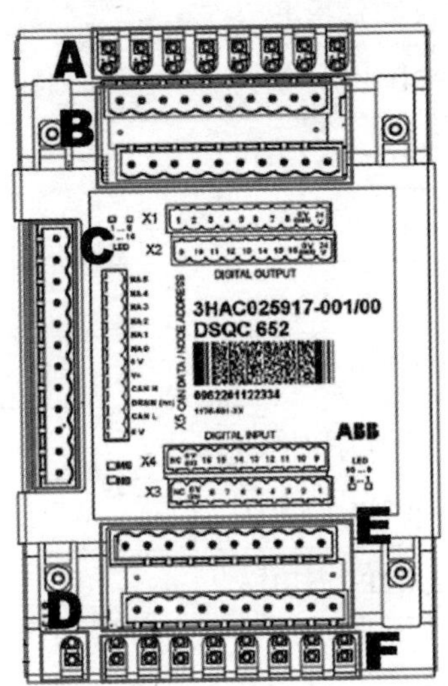

A- 数字输出信号指示灯；B-X1，X2 数字输出接口；C-X5 是 DeviceNet 接口；

D- 模块状态指示灯；E-X3、X4 数字输入接口；F- 数字输入信号指示灯

图 4–3　DSQC652 板端口组成

（1）X1 端子。

X1 端子接口包括 8 个数字输出，地址分配如表 4–6 所示。

表 4–6　X1 端子接口定义

X1 端子编号	使用定义	地址分配
1	OUTPUT CH1	0
2	OUTPUT CH2	1
3	OUTPUT CH3	2
4	OUTPUT CH4	3
5	OUTPUT CH5	4
6	OUTPUT CH6	5
7	OUTPUT CH7	6
8	OUTPUT CH8	7
9	0V	
10	24V	

（2）X2 端子。

X2 端子接口包括 8 个数字输出，地址分配如表 4–7 所示。

表 4–7　X2 端子接口定义

X2 端子编号	使用定义	地址分配
1	OUTPUT CH9	8
2	OUTPUT CH10	9
3	OUTPUT CH11	10
4	OUTPUT CH12	11
5	OUTPUT CH13	12
6	OUTPUT CH14	13
7	OUTPUT CH15	14
8	OUTPUT CH16	15
9	0V	
10	24V	

（3）X3 端子。

X3 端子接口包括 8 个数字输入，地址分配如表 4–8 所示。

表 4–8　X3 端子接口定义

X3 端子编号	使用定义	地址分配
1	INPUT CH1	0
2	INPUT CH2	1
3	INPUT CH3	2
4	INPUT CH4	3
5	INPUT CH5	4
6	INPUT CH6	5
7	INPUT CH7	6
8	INPUT CH8	7
9	0V	
10	未使用	

（4）X4 端子。

X4 端子接口包括 8 个数字输入，地址分配如表 4–9 所示。

表 4-9　X4 端子接口定义

X4 端子编号	使用定义	地址分配
1	INPUT CH9	8
2	INPUT CH10	9
3	INPUT CH11	10
4	INPUT CH12	11
5	INPUT CH13	12
6	INPUT CH14	13
7	INPUT CH15	14
8	INPUT CH16	15
9	0V	
10	未使用	

（5）X5 端子。X5 端子是 DeviceNet 接口，地址分配如表 4-10 所示。

表 4-10　X5 端子接口定义

X5 端子编号	使用定义
1	0V BLACK（黑色）
2	CAN 信号线 low BLUE（蓝色）
3	屏蔽线
4	CAN 信号线 high WHITE（白色）
5	24V RED（红色）
6	GND 地址选择公共端
7	模块 ID bit 0 （LSB）
8	模块 ID bit 1 （LSB）
9	模块 ID bit 2 （LSB）
10	模块 ID bit 3 （LSB）
11	模块 ID bit 4 （LSB）
12	模块 ID bit 5 （LSB）

任务实施与总结

任务实施	学习 DSQC651 和 DSQC652 主板上的不同端子接口及地址分配。
任务总结	

任务 2　配置 ABB 标准 I/O 板

任务要求

以常用的 ABB 标准 I/O 板 DSQC651 板的配置为例，完成 DeviceNet 现场总线的连接，数字输入信号 DI、数字输出信号 DO、组输入信号 GI1、组输出信号 GO1 和模拟输出信号 AO 的配置。

知识储备

ABB 常用标准 I/O 板有 DSQC651、DSQC652、DSQC653、DSQC355A、DSQC377A 五种，除分配地址不同外，其配置方法基本相同。DSQC651 是最为常用的模块，下面介绍其总线和信号的配置。

1. 定义 DSQC651 板的总线连接

ABB 标准 I/O 板下挂在 DeviceNet 总线下，通过 X5 端口与 DeviceNet 现场总线进行通信。定义 DSQC651 板总线连接的相关参数说明如表 4-11 所示。

表 4-11　DSQC651 板的总线连接

参数名称	设定值	说　明
DeviceNet Device		设定 DeviceNet 总线连接单元

续表

参数名称	设定值	说　明
Name	D651	设定 I/O 板在系统中的名字
Address	10	设定 I/O 板在总线中的地址

其总线连接操作步骤如下：

（1）进入 ABB 主菜单，单击“控制面板”选项，如图 4–4 所示。

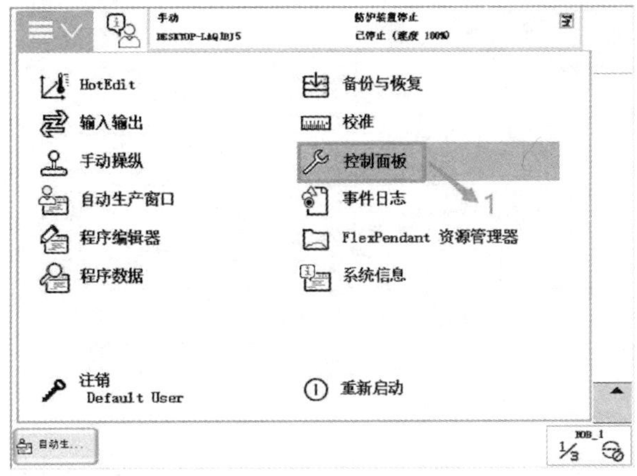

图 4–4　单击“控制面板”

（2）单击“配置”选项，如图 4–5 所示。

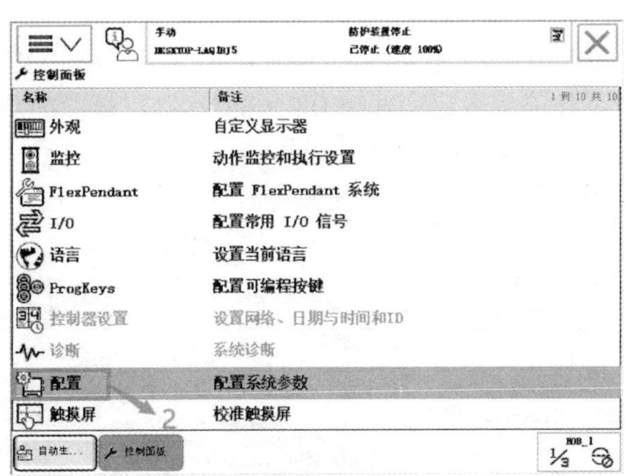

图 4–5　单击“配置”

（3）双击“DeviceNet Device”，进行 DSQC651 模块的选择及其地址设定，如图 4–6 所示。

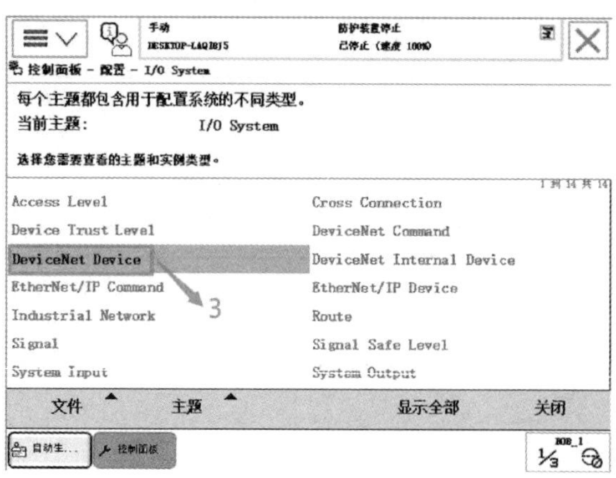

图 4-6 双击“Devicenet Device”

（4）单击“添加”，如图 4-7 所示。

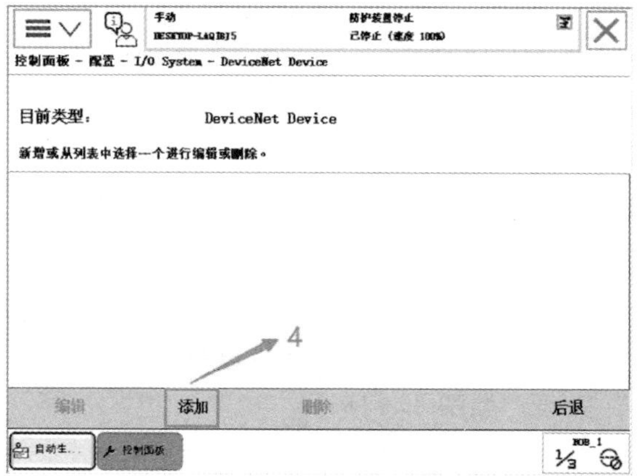

图 4-7 单击“添加”

（5）单击右上方下拉箭头图标，选择 DSQC651 型 I/O 板，如图 4-8 所示。

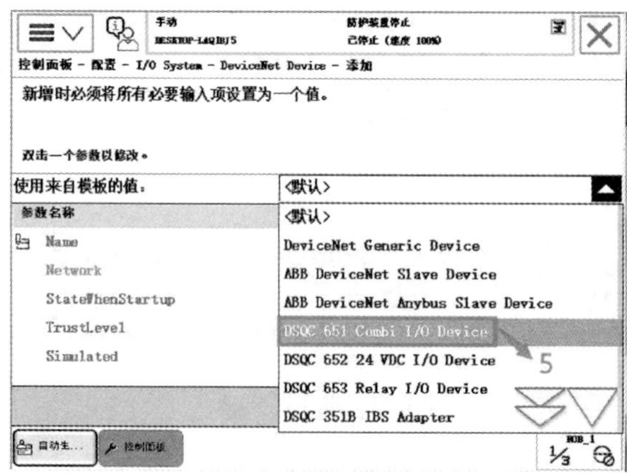

图 4-8 选择 DSQC651 I/O 板

（6）双击“Address”选项，只需将 Address 的值改为 10（10 代表此模块在总线中

的地址，ABB 机器人出厂默认值），如图 4-9 所示。

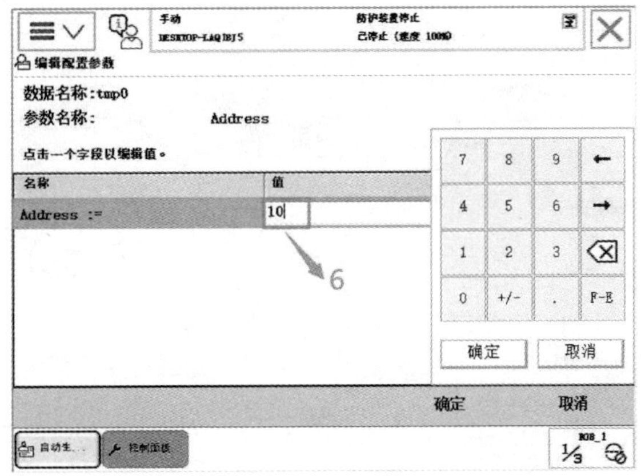

图 4-9　修改“Address”的值为 10

（7）单击“确定”，返回参数设定界面，如图 4-10 所示。

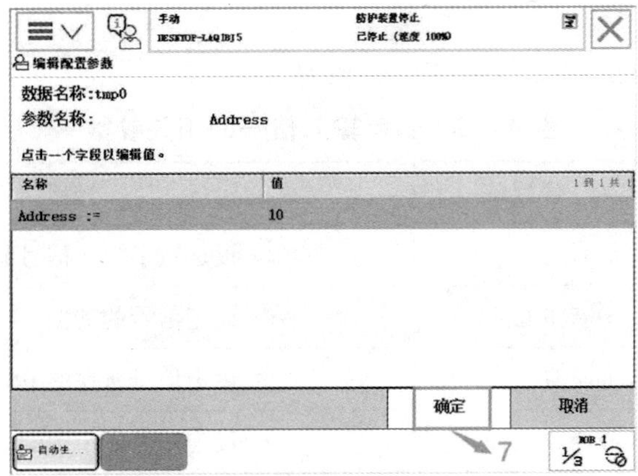

图 4-10　单击“确定”

（8）参数设定完毕，单击“确定”，如图 4-11 所示。

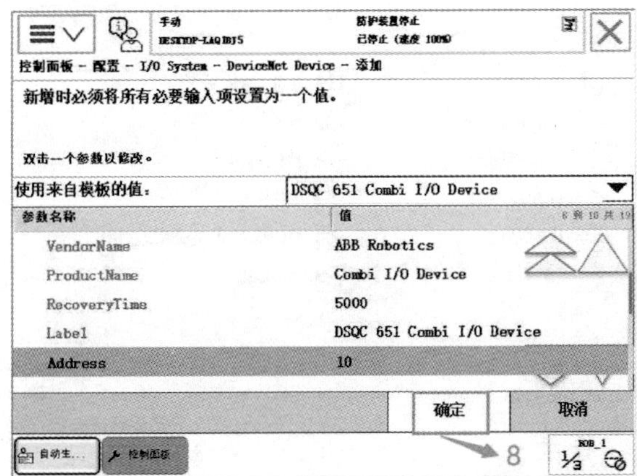

图 4-11　参数设定完成单击“确定”

（9）单击“是”重新启动控制系统，如图 4–12 所示。

图 4–12　单击“是”重启控制系统

2. 定义数字输入信号 di1

数字输入信号 di1 的相关参数如表 4–12 所示。

表 4–12　数字输入信号的相关参数

参数名称	设定值	说明
Name	di1	设定数字输入信号的名字
Type of Signal	Digital Input	设定信号的类型
Assigned to Device	board10	设定信号所在的 I/O 模块
Device Mapping	0	设定信号所占用的地址

数字输入信号 di1 的操作步骤如下：

（1）选择“控制面板”如图 4–13 所示。

图 4–13　选择“控制面板”

（2）选择“配置”，如图 4–14 所示。

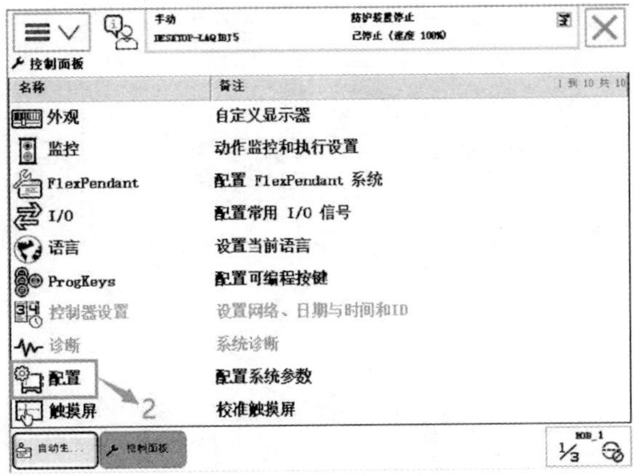

图 4–14 选择“配置”

（3）双击“Signal”，如图 4–15 所示。

图 4–15 双击“Signal”

（4）单击“添加”，如图 4–16 所示。

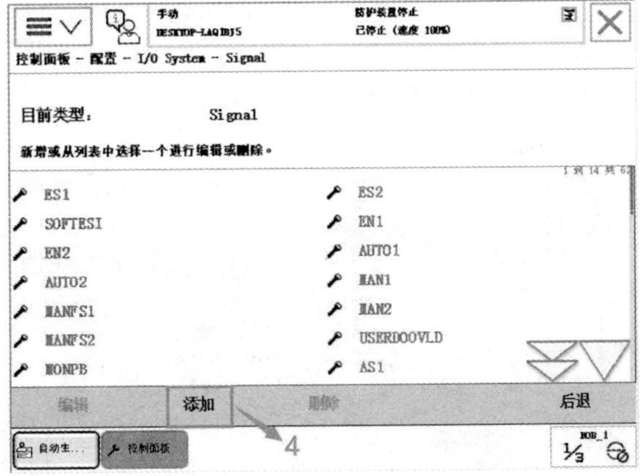

图 4–16 单击“添加”

（5）双击“Name”，如图 4–17 所示。

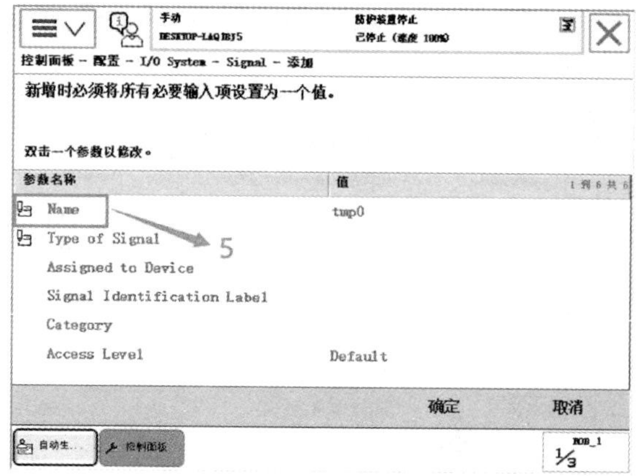

图 4–17　双击“Name”

（6）输入“di1”，然后单击“确定”，如图 4–18 所示。

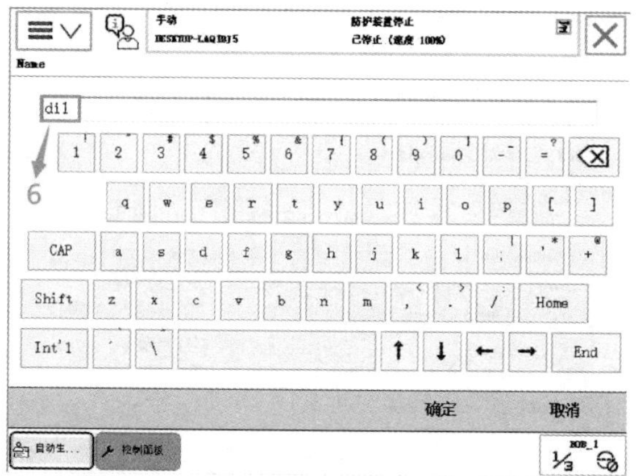

图 4–18　输入“di1”后单击“确定”

（7）双击“Type of Signal”，选择“Digital Input”，如图 4–19 所示。

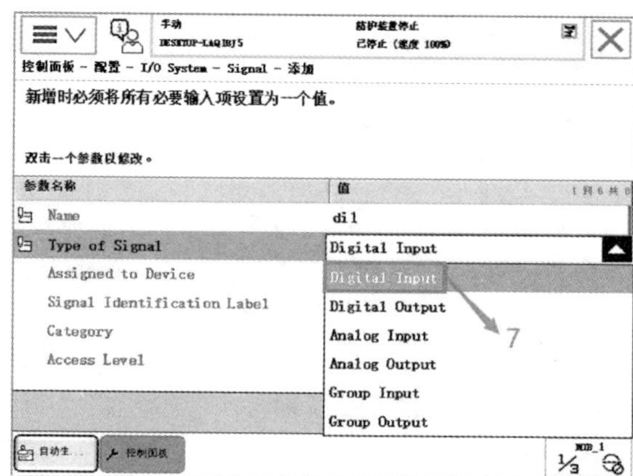

图 4–19　选择“Digital Input”

（8）双击“Assigned to Device”，选择“board10”，如图 4–20 所示。

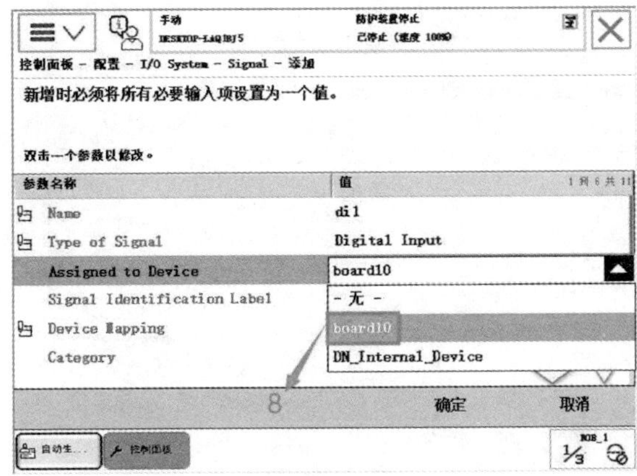

图 4–20　选择“board10”

（9）双击“Device Mapping”，如图 4–21 所示。

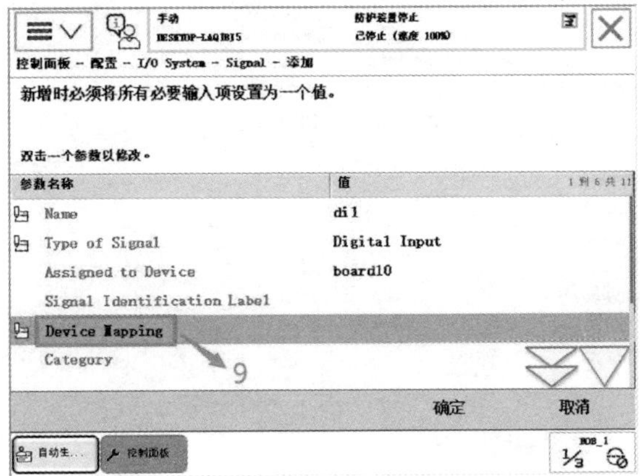

图 4–21　双击“Device Mapping”

（10）输入“1”，单击“确定”，如图 4–22 所示。

图 4–22　输入“1”，单击“确定”

（11）单击“确定”，如图 4-23 所示。

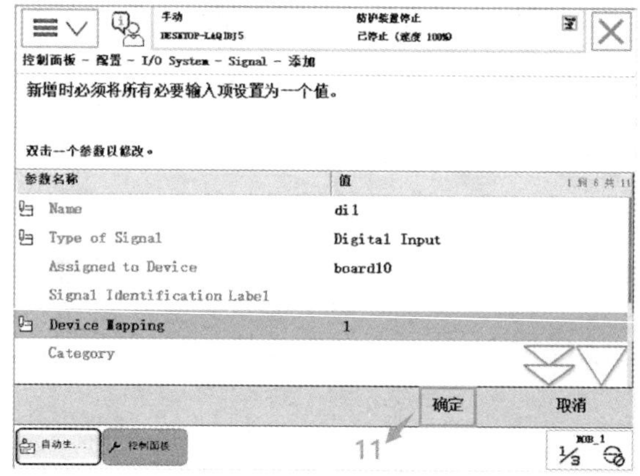

图 4-23　单击“确定”

（12）在弹出的重启窗口中，单击“是”重新启动控制器以完成设置，如图 4-24 所示。

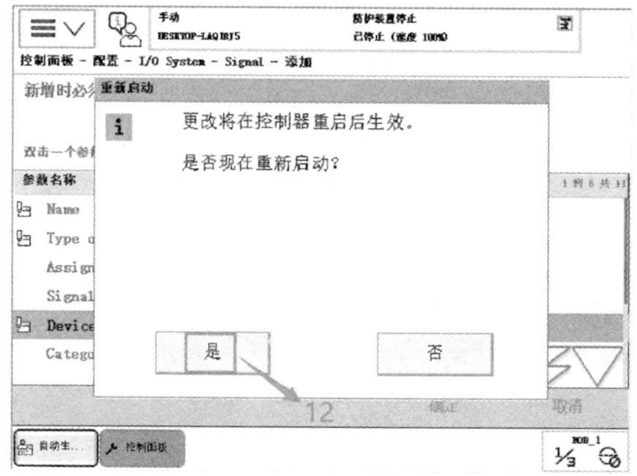

图 4-24　单击“是”重启控制器

3. 定义数字输出信号 do1

数字输出信号 do1 的相关参数如表 4-13 所示。

表 4-13　数字输出信号的相关参数

参数名称	设定值	说明
Name	do1	设定数字输出信号的名字
Type of Signal	Digital Output	设定信号的类型
Assigned to Device	board10	设定信号所在的 I/O 模块
Device Mapping	32	设定信号所占用的地址

数字输出信号 do1 的定义如下：

（1）选择“控制面板”，如图 4–25 所示。

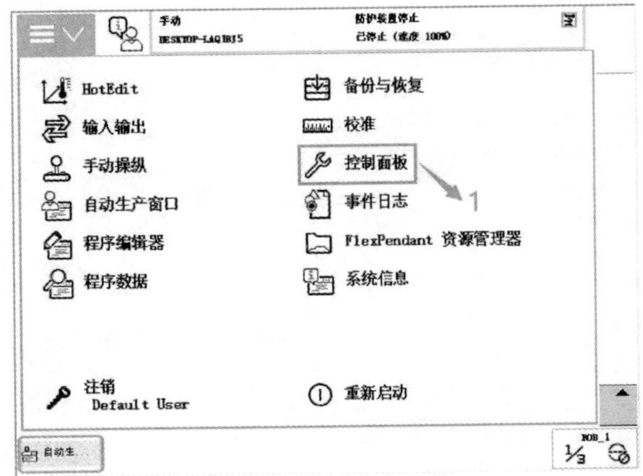

图 4–25　选择“控制面板”

（2）单击“配置”，如图 4–26 所示。

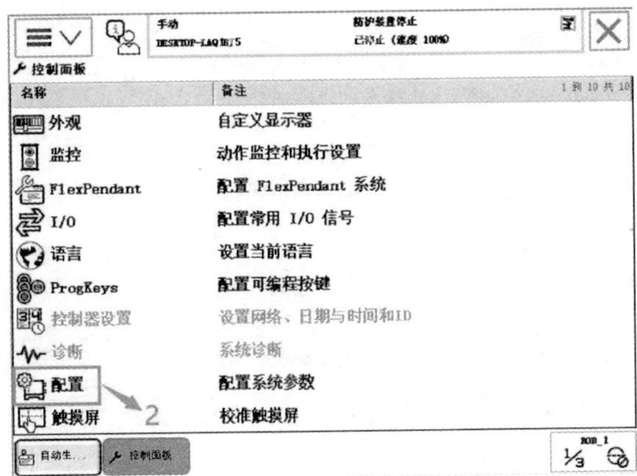

图 4–26　单击“配置”

（3）双击“Signal”，如图 4–27 所示。

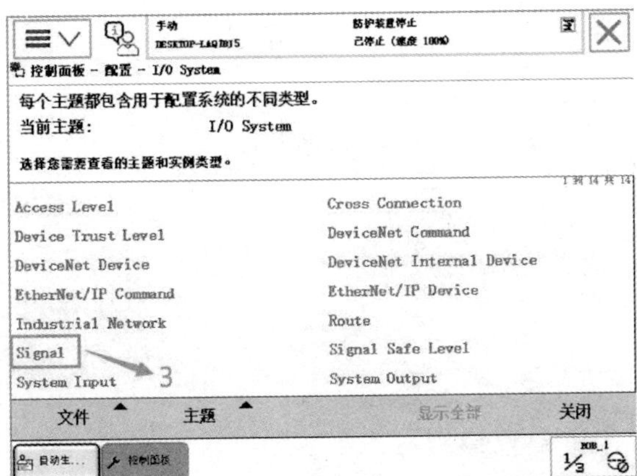

图 4–27　双击“Signal”

（4）单击“添加”，如图 4–28 所示。

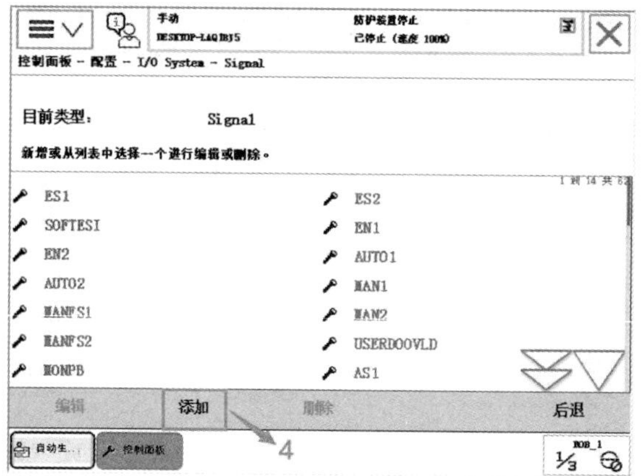

图 4–28　单击“添加”

（5）双击“Name”，如图 4–29 所示。

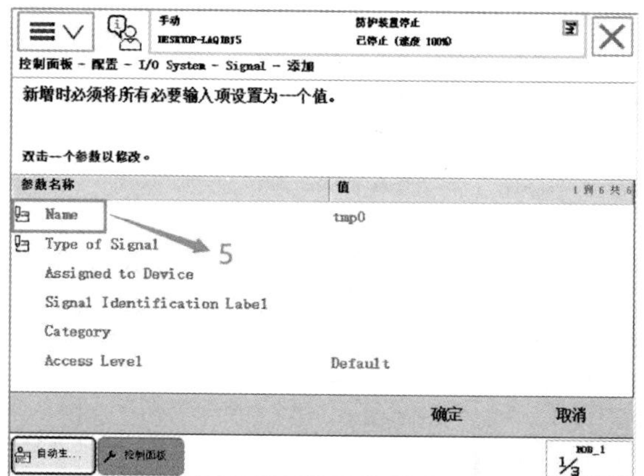

图 4–29　双击“Name”

（6）输入“do1”，然后单击“确定”，如图 4–30 所示。

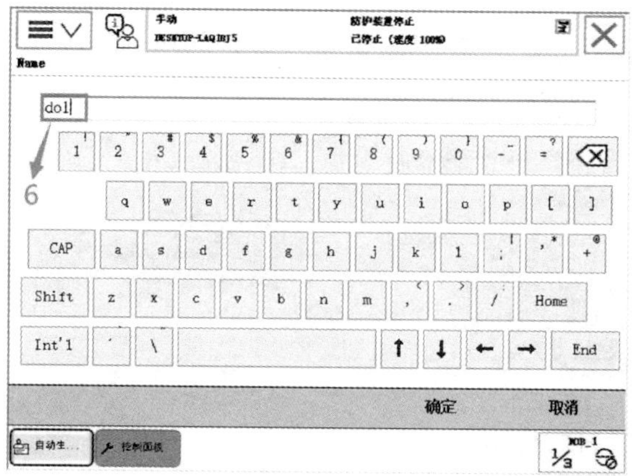

图 4–30　输入“do1”后单击“确定”

（7）双击“Type of Signal”，选择“Digital Output”，如图 4–31 所示。

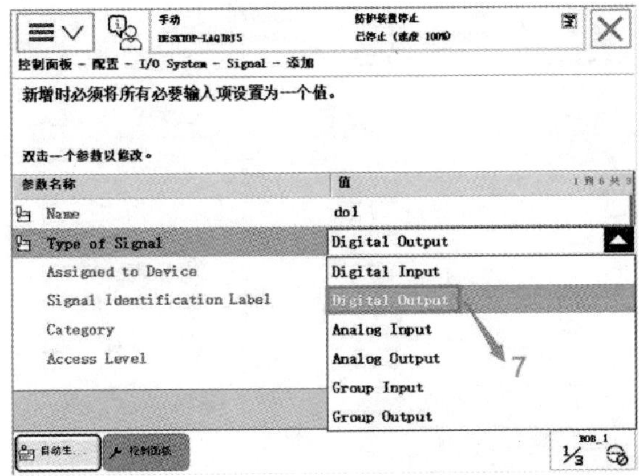

图 4–31 选择“Digital Output”

（8）双击“Assigned to Device”，选择“board10”，如图 4–32 所示。

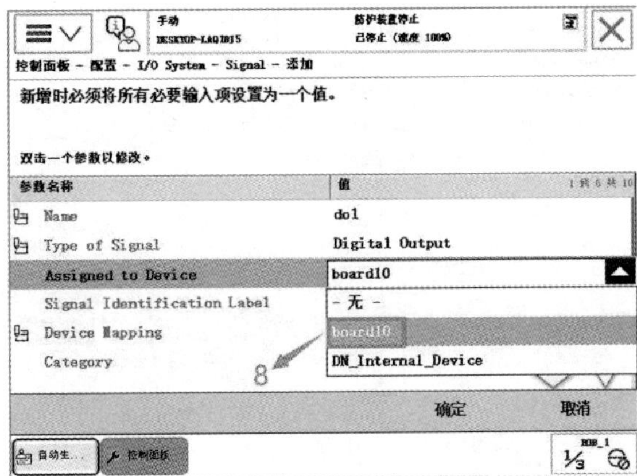

图 4–32 选择“board10”

（9）双击“Device Mapping”，如图 4–33 所示。

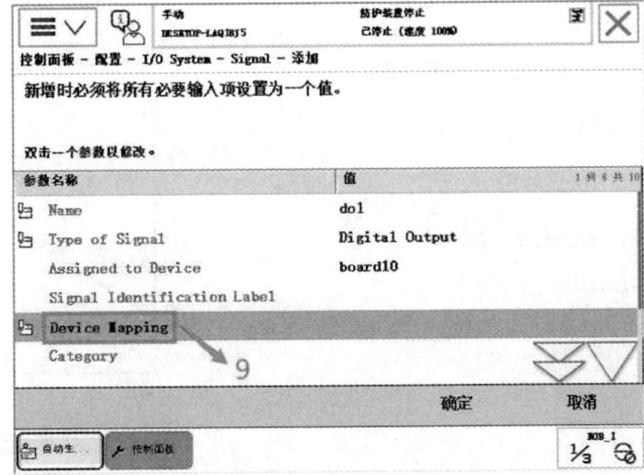

图 4–33 双击“Device Mapping”

（10）输入“32”，单击“确定”，如图 4-34 所示。

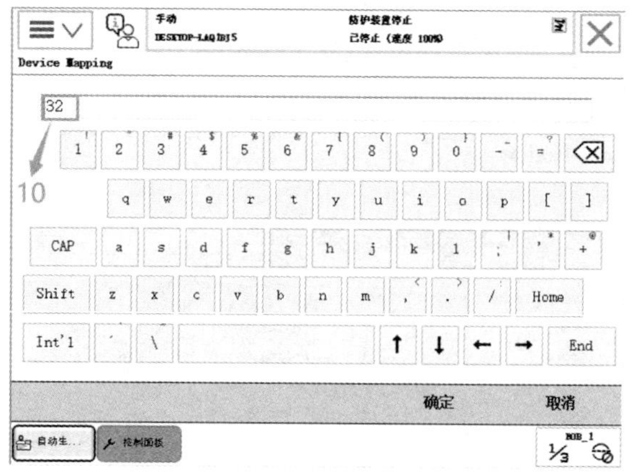

图 4-34　输入“32”，单击“确定”

（11）单击“是”重启控制器以完成设置，如图 4-35 所示。

图 4-35　单击“是”重启控制器

4. 定义模拟输出信号 ao1

模拟输出信号常见应用于控制焊接电源电压。这里以创建焊接电源电压输出与机器人输出电压的线性关系为例。如图 4-36 所示，定义模拟输出信号 ao1，相关参数见表 4-14。

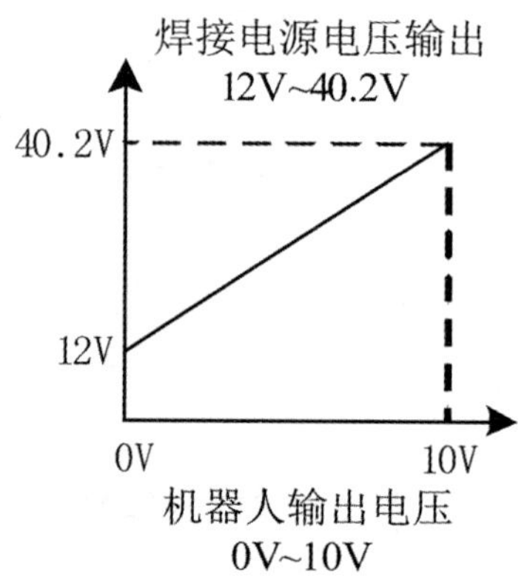

图 4-36　焊接电源电压与机器人输出电压线性关系

表 4-14　模拟输出信号的相关参数

参数名称	设定值	说明
Name	ao1	设定模拟输出信号的名字
Type of Signal	Analog Output	设定信号的类型
Assigned to Device	board10	设定信号所在的 I/O 模块
Device Mapping	0–15	设定信号所占用的地址
Default Value	12	默认值，不得小于最小逻辑值
Analog Encoding Type	Unsigned	默认值，不得小于最小逻辑值
Maximum Logical Value	40.2	最大逻辑值，焊机最大输出电压 40.2V
Maximum Physical Value	10	最大物理值，焊机最大输出电压时所对应 I/O 板卡最大输出电压值
Maximum Physical Value Limit	10	最大物理限值，I/O 板卡端口最大输出电压值
Maximum Bit Value	65535	最大逻辑位值，16 位
Minimum Logical Value	12	最小逻辑值，焊机最小输出电压 12V
Minimum Physical Value	0	最小物理值，焊机最小输出电压时所对应 I/O 板卡最小输出电压值
Minimum Physical Value Limit	0	最小物理限值，I/O 板卡端口最小输出电压
Minimum Bit Value	0	最小逻辑位值

模拟输出信号 ao1 的操作如下：

（1）选择“控制面板”，如图 4-37 所示。

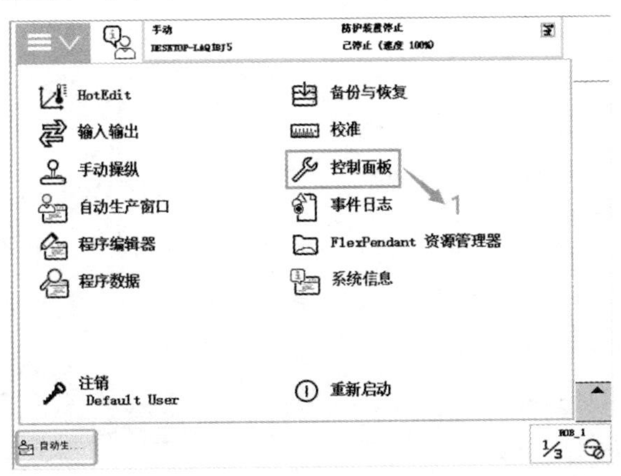

图 4-37　选择“控制面板”

（2）单击“配置”，如图 4-38 所示。

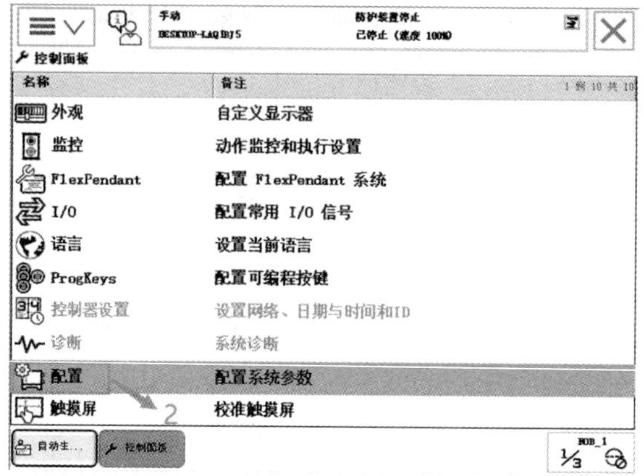

图 4-38　选择“配置”

（3）双击“Signal”，如图 4-39 所示。

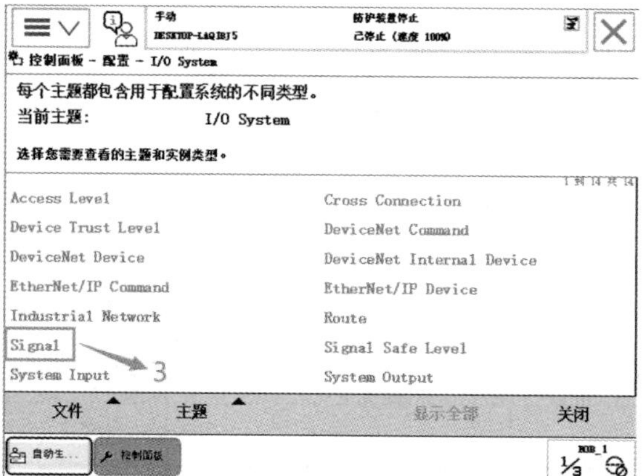

图 4-39　双击“Signal”

（4）单击“添加”，如图 4-40 所示。

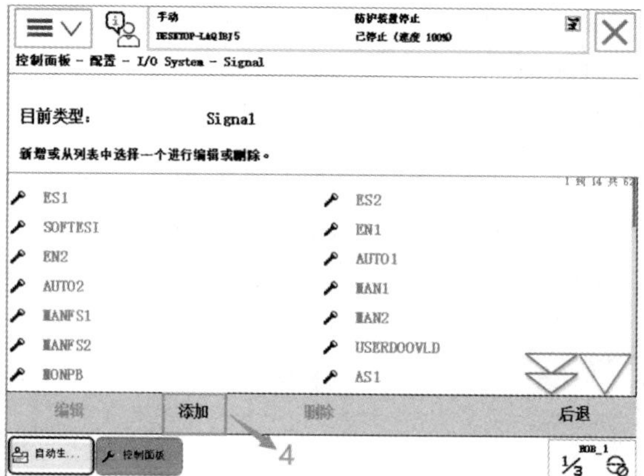

图 4-40　单击“添加”

（5）双击“Name”，如图 4-41 所示。

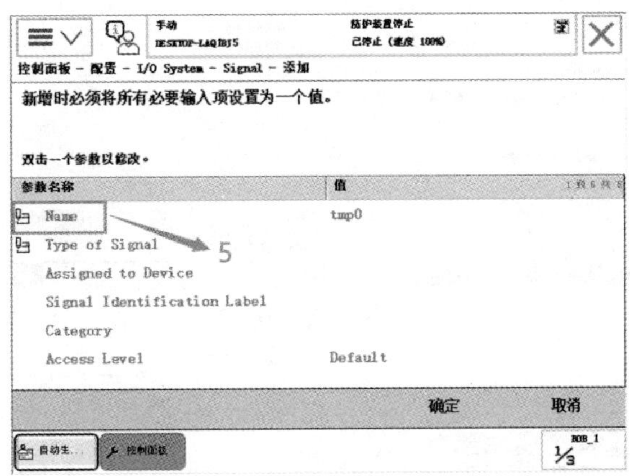

图 4–41　双击“Name”

（6）输入“ao1”，然后单击“确定”，如图 4–42 所示。

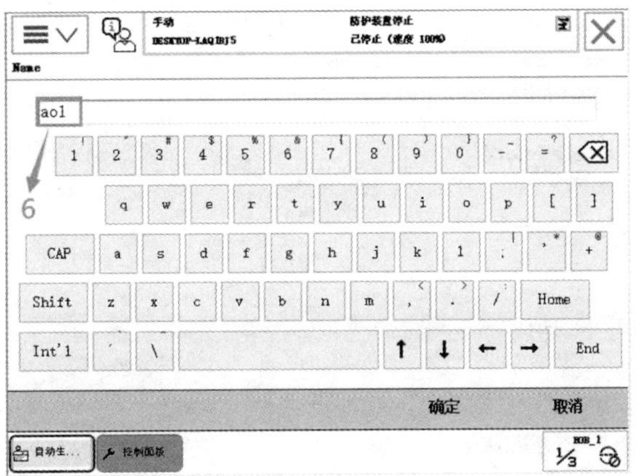

图 4–42　输入“ao1”

（7）双击“Type of Signal”，选择“Analog Output”，如图 4–43 所示。

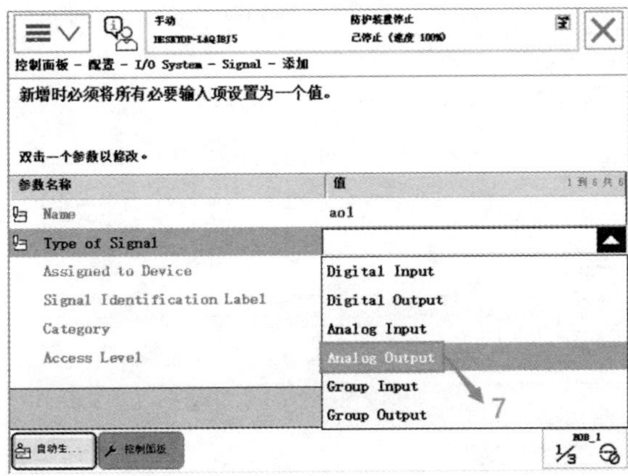

图 4–43　选择“Analog Output”

（8）双击“Assigned to Device”，选择“board10”，如图 4–44 所示。

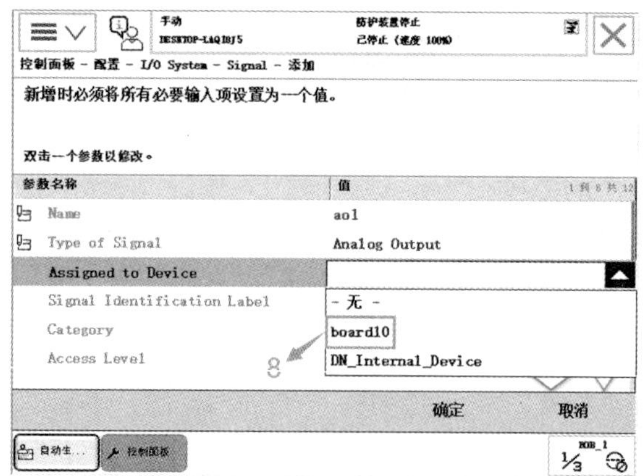

图 4–44　选择“board10”

（9）双击“Device Mapping”，如图 4–45 所示。

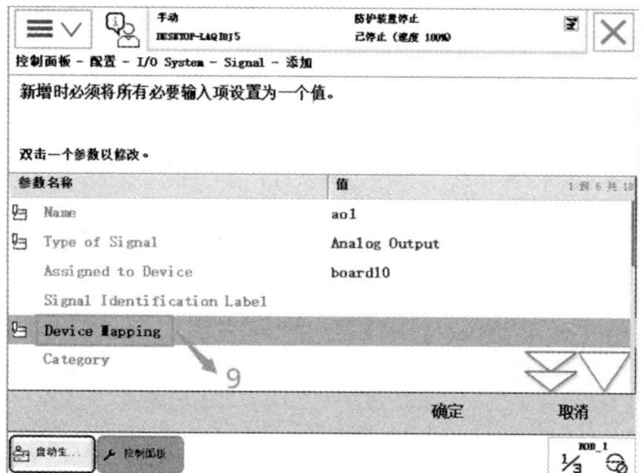

图 4–45　双击“Device Mapping”

（10）输入“0–15”，然后单击“确定”，如图 4–46。

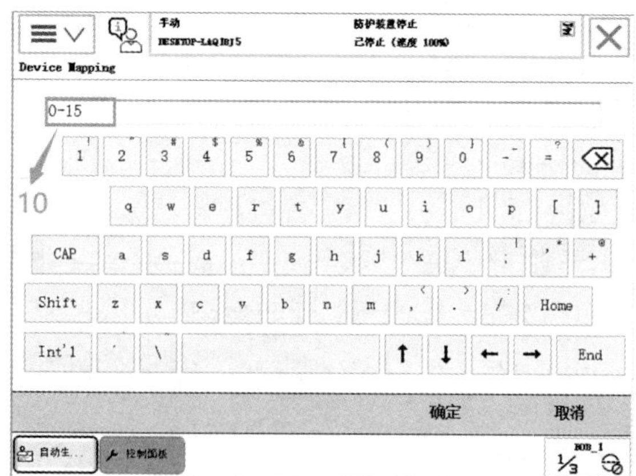

图 4–46　确定修改

（11）双击“Default Value”，输入“12”，如图 4–47 所示。

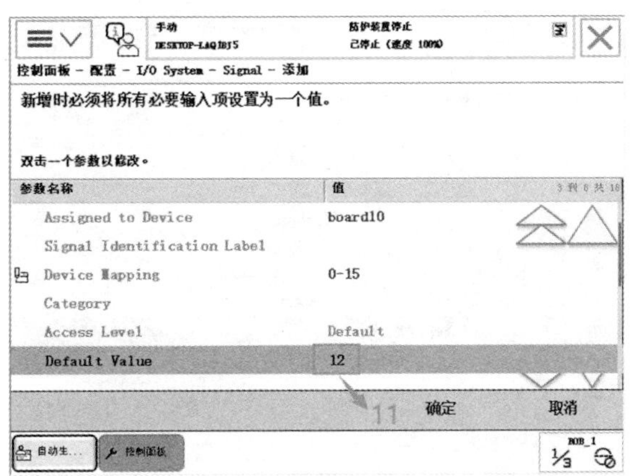

图 4-47　双击“Default Value”，输入“12”

（12）双击“Analog Encoding Type”，选择“Unsigned”，如图 4-48 所示。

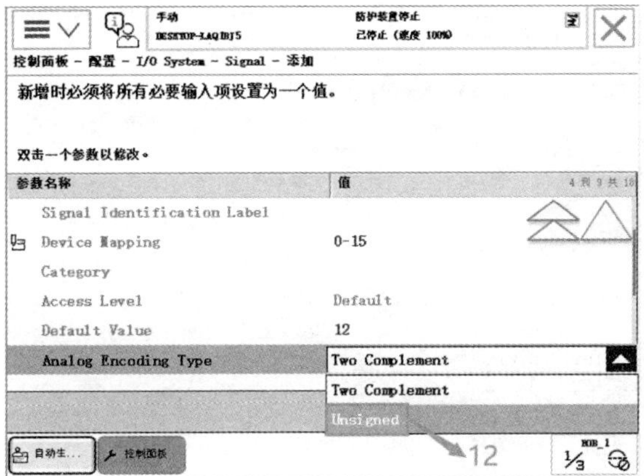

图 4-48　选择“Unsigned”

（13）双击“Maximum Logical Value”，然后输入“40.2”，如图 4-49 所示。

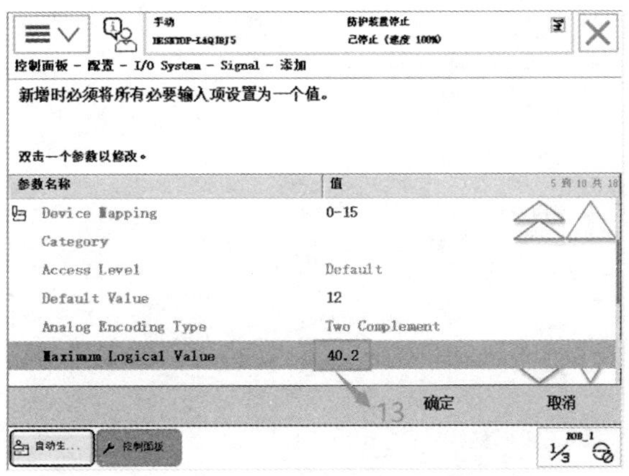

图 4-49　双击“Maximum Logical Value”

（14）双击“Maximum Physical Value”，然后输入“10”，如图 4-50 所示。

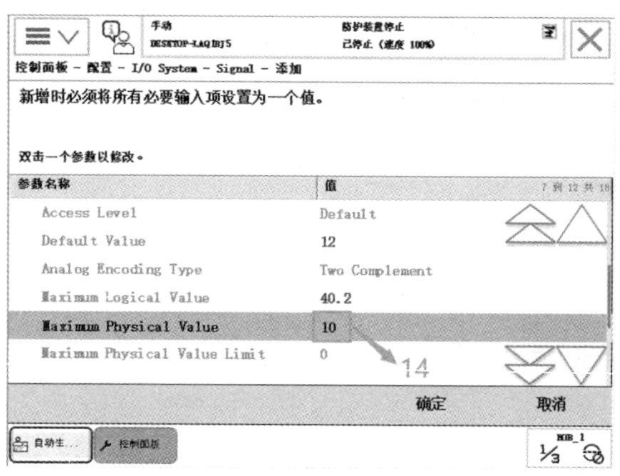

图 4-50 双击“Maximun Physical Value”

（15）双击“Maximun Physical Value Limit”，输入“10”，如图 4-51 所示。

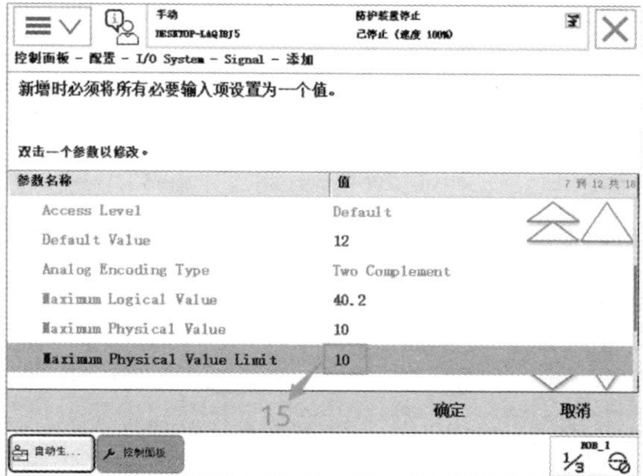

图 4-51 双击“Maximun Physical Value Limit”

（16）双击“Maximum Bit Value”，输入“65535”，如图 4-52 所示。

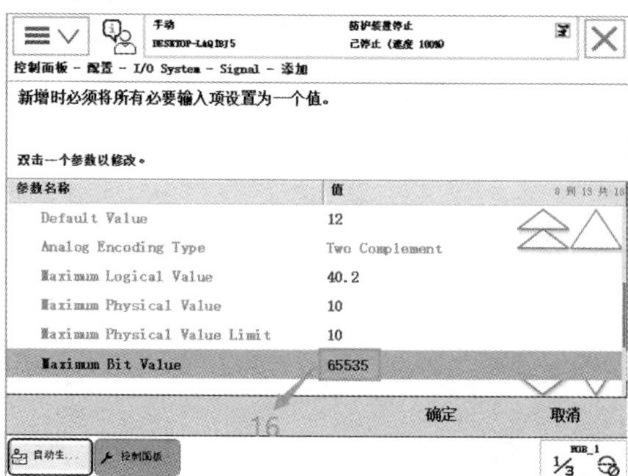

图 4-52 双击“Maximun Bit Value”

（17）双击“Minimum Logical Value”，输入“12”，如图 4-53 所示。

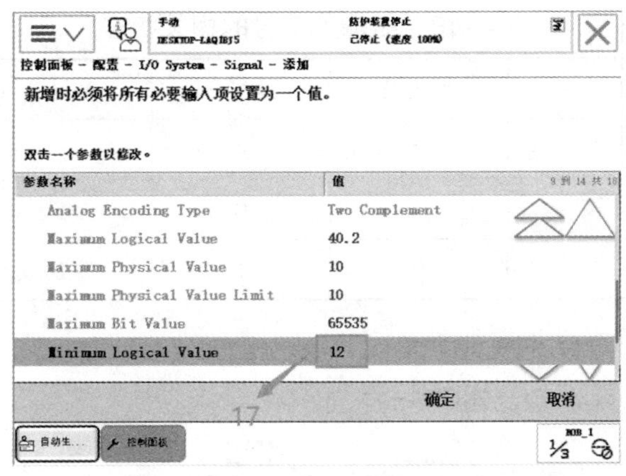

图 4-53　双击“Minimum Logical Value”

（18）单击“是”，重启控制器以完成设置，如图 4-54 所示。

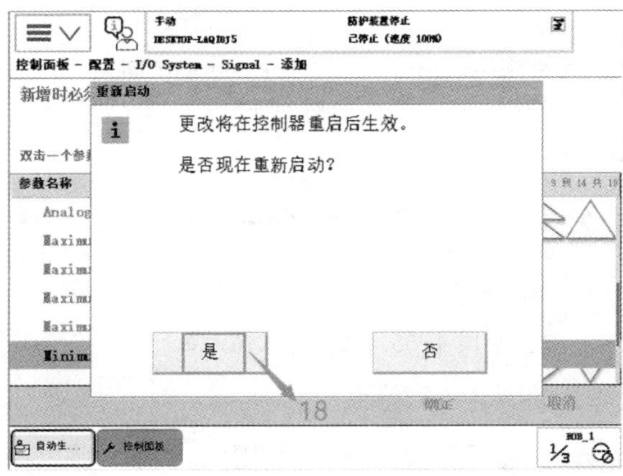

图 4-54　重启控制器

5. 定义组输入信号 gi1

组输入信号就是将几个数字输入信号组合起来使用，用于接受外围设备输入的 BCD 编码的十进制数。如果 gi1 占用地址 1–4 共 4 位，可以代表十进制数 0~15。以此类推，如果占用地址 5 位的话，可以代表十进制数 0~31。表 4–15、表 4–16 所示分别为组输入信号 gi1 的相关参数和状态。

表 4–15　组输入信号的相关参数

参数名称	设定值	说明
Name	gi1	设定组输入信号的名字
Type of Signal	Group Input	设定信号的类型
Assigned to Device	board10	设定信号所在的 I/O 模块
Device Mapping	1–4	设定信号所占用的地址

表 4–16　组输入信号的相关状态

状态	地址 1	地址 2	地址 3	地址 4	十进制数
	1	2	4	8	
状态 1	0	1	0	1	2+8=10
状态 2	1	0	1	1	1+4+8=13

组输入信号 gi1 的操纵步骤如下：

（1）选择“控制面板”，如图 4–55 所示。

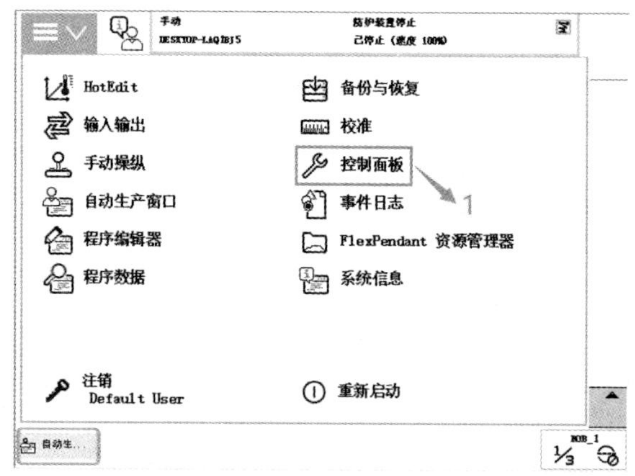

图 4–55　选择“控制面板”

（2）单击“配置”，如图 4–56 所示。

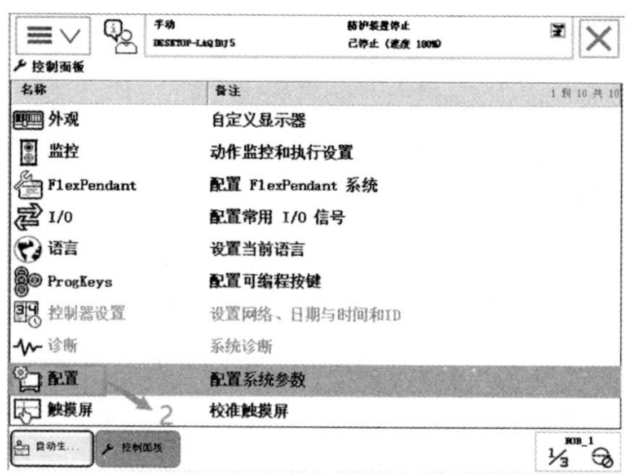

图 4–56　选择“配置”

（3）双击“Signal”，如图 4–57 所示。

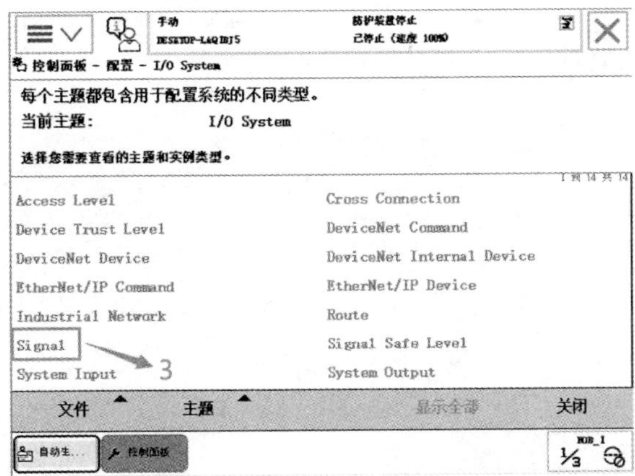

图 4–57　双击“Signal”

（4）单击“添加”，如图 4–58 所示。

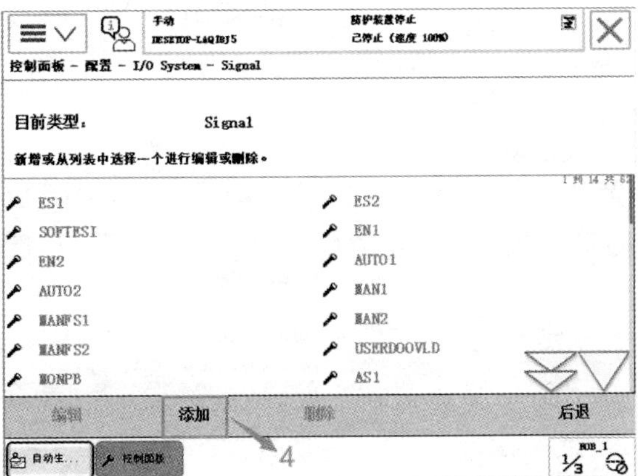

图 4–58　单击“添加”

（5）双击“Name”，如图 4–59 所示。

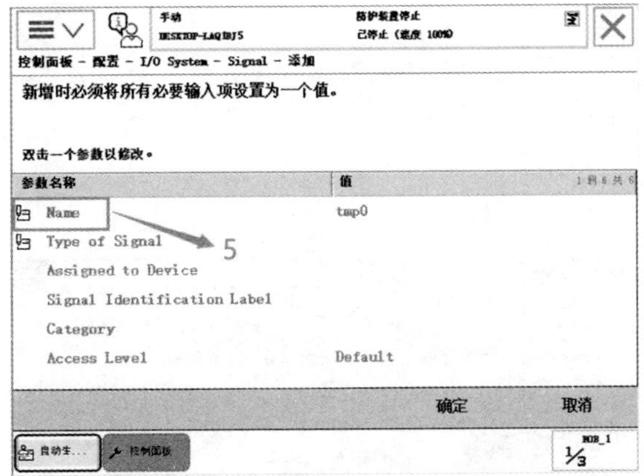

图 4–59　双击“Name”

（6）输入“gi1”，单击“确定”，如图 4–60 所示。

图 4-60　输入“gi1”

（7）双击“Type of Signal”，选择“Group Input”，如图 4-61 所示。

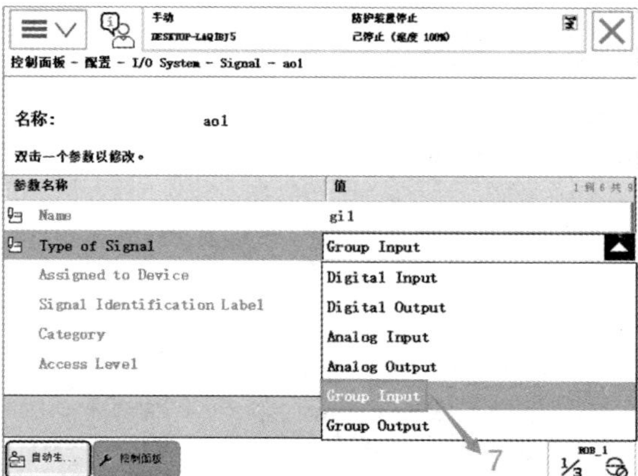

图 4-61　选择“Group Input”

（8）双击“Assigned to Device”，选择“board10”，如图 4-62 所示。

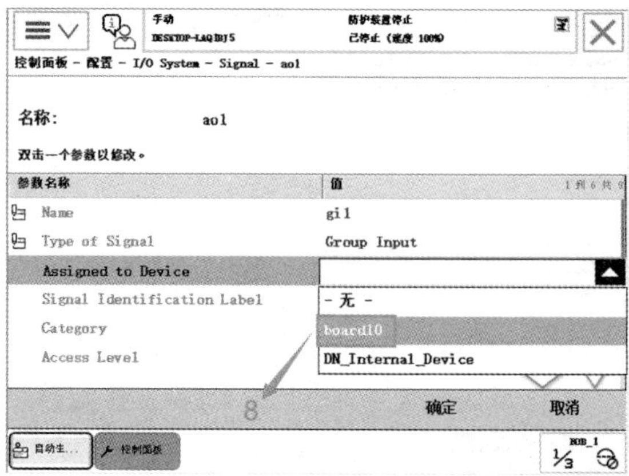

图 4-62　选择“board10”

（9）双击“Device Mapping”，输入“1-4”，如图 4-63 所示。

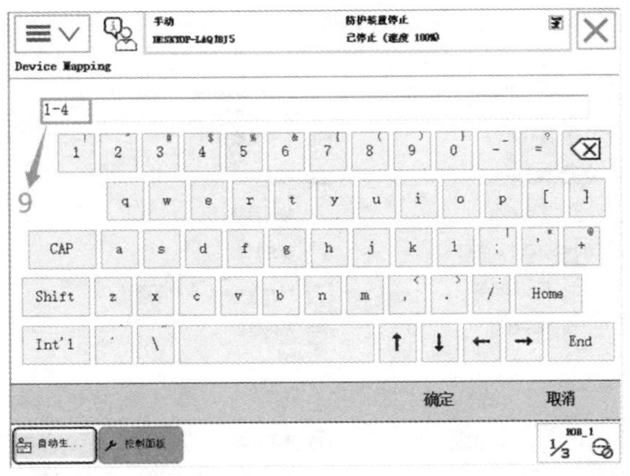

图 4-63　双击“Device Mapping”

（10）单击“是”，重启控制器以完成设置，如图 4-64 所示。

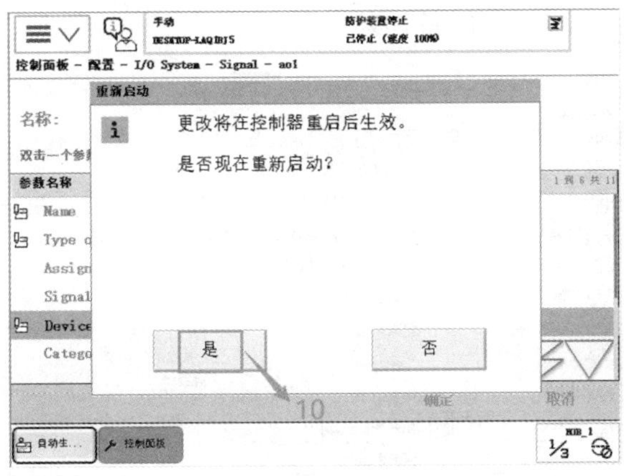

图 4-64　重启控制器

6. 定义组输出信号 go1

组输出信号就是将几个数字输出信号组合起来使用，用于输出 BCD 编码的十进制数。组输出信号 go1 的相关参数如表 4-17 所示。

表 4-17　组输出信号的相关参数

参数名称	设定值	说明
Name	go1	设定组输出信号的名字
Type of Signal	Group Output	设定信号的类型
Assigned to Device	board10	设定信号所在的 I/O 模块
Device Mapping	33–36	设定信号所占用的地址

组输出信号 go1 的操作步骤如下：

（1）选择“控制面板”，如图 4–65 所示。

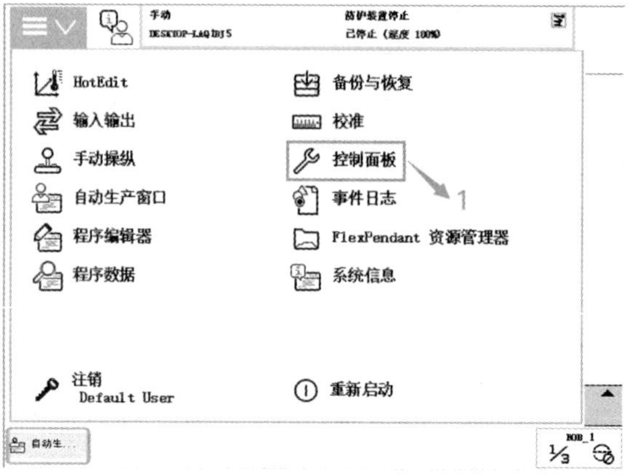

图 4–65　选择“控制面板”

（2）单击“配置”，如图 4–66 所示。

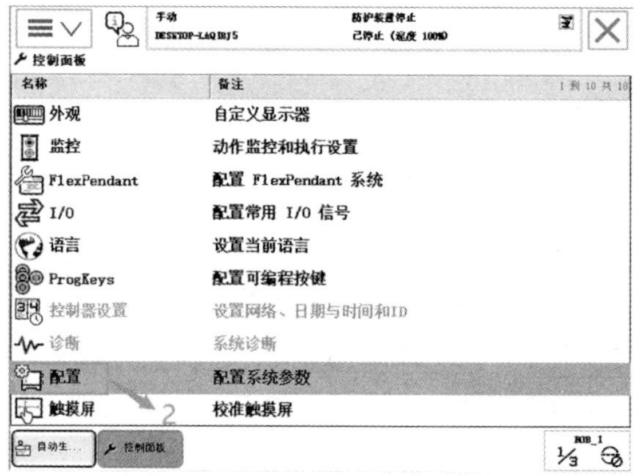

图 4–66　选择“配置”

（3）双击“Signal”，如图 4–67 所示。

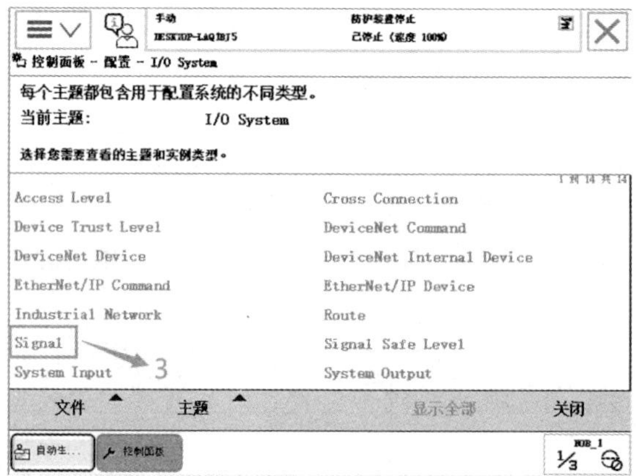

图 4–67　双击“Signal”

（4）单击“添加”，如图 4–68 所示。

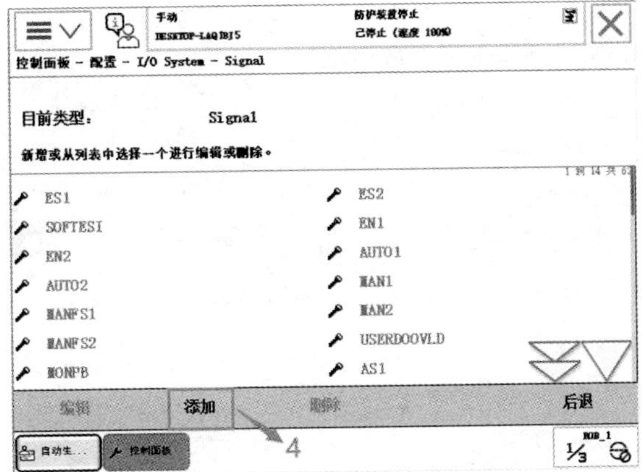

图 4–68　单击“添加”

（5）双击“Name”，如图 4–69 所示。

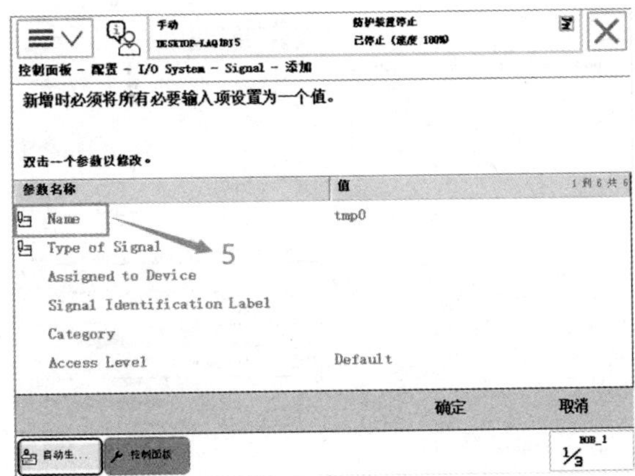

图 4–69　双击“Name”

（6）输入“go1”，单击“确定”，如图 4–70 所示。

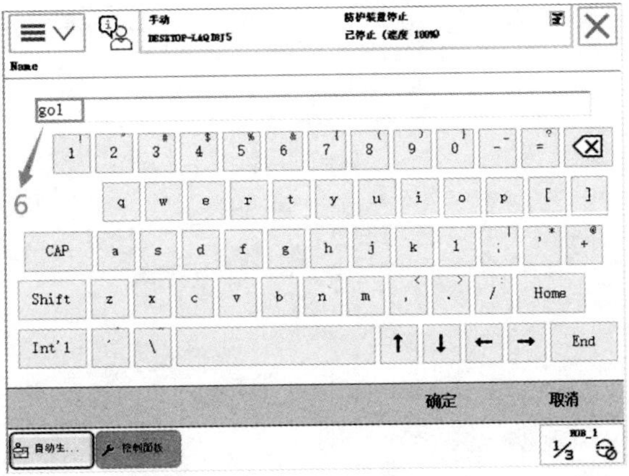

图 4–70　输入“go1”

（7）双击“Type of Signal”，选择“Group Output”，如图 4-71 所示。

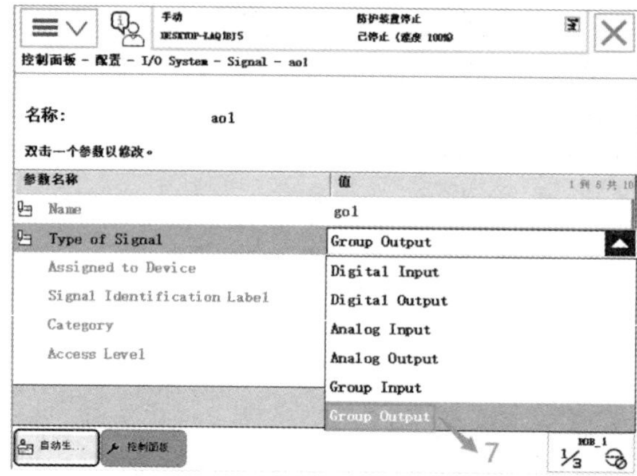

图 4-71　选择“Group Input”

（8）双击“Assigned to Device”，选择“board10”，如图 4-72 所示。

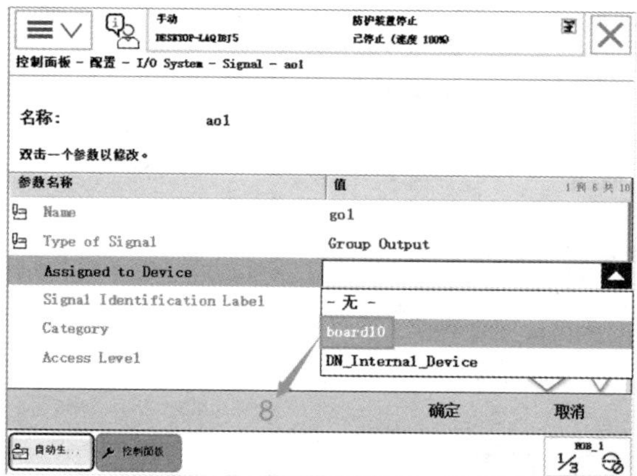

图 4-72　选择“board10”

（9）双击“Device Mapping”，输入“33-36”，如图 4-73 所示。

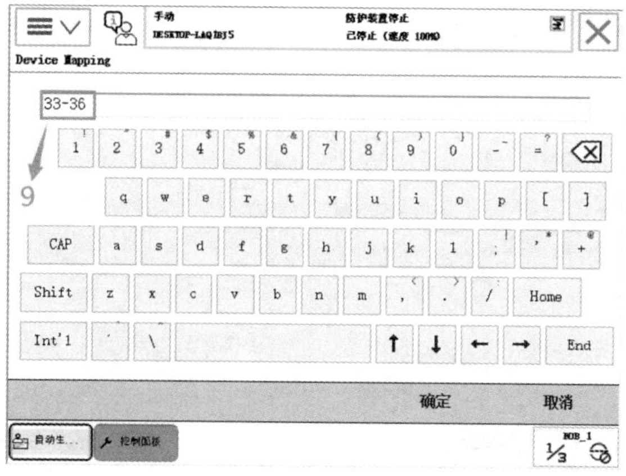

图 4-73　双击“Device Mapping”

（10）单击“是”，重启控制器以完成设置，如图 4–74 所示。

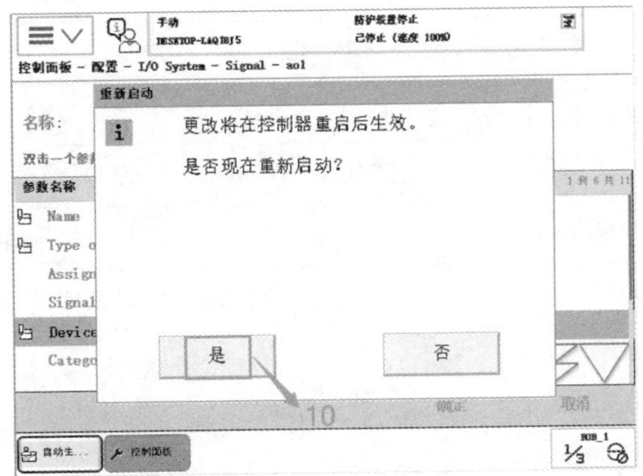

图 4–74　重启控制器

任务实施与总结

任务实施

定义 DSQC651 板总线连接，相关参数说明如下：

DSQC651 板总线连接的相关参数

参数名称	设定值	说明
DeviceNet Device		设定 DeviceNet 总线连接单元
Name	D651	设定 I/O 板在系统中的名字
Address	10	设定 I/O 板在总线中的地址

定义数字输入信号 di1，相关参数说明如下：

定义数字输入信号的相关参数

参数名称	设定值	说明
Name	di1	设定数字输入信号的名字
Type of Signal	Digital Input	设定信号的类型
Assigned to Device	board10	设定信号所在的 I/O 模块
Device Mapping	0	设定信号所占用的地址

定义数字输出信号 do1，相关参数说明如下：

<table>
<tr><td rowspan="1">任务实施</td><td>

定义数字输出信号的相关参数

参数名称	设定值	说明
Name	do1	设定数字输出信号的名字
Type of Signal	Digital Output	设定信号的类型
Assigned to Device	board10	设定信号所在的IO模块
Device Mapping	32	设定信号所占用的地址

定义模拟输出信号ao1，相关参数说明如下：

定义模拟输出信号的相关参数

参数名称	设定值	说明
Name	ao1	设定模拟输出信号的名字
Type of Signal	Analog Output	设定信号的类型
Assigned to Device	board10	设定信号所在的I/O模块
Device Mapping	0-15	设定信号所占用的地址
Analog Encoding Type	Unsigned	默认值，不得小于最小逻辑值
Maximum Logical Value	10	设定最大逻辑值
Maximum Physical Value	10	设定最大物理值
Maximum Bit Value	65535	最大逻辑位值，16位

定义组输入信号gi1，相关参数说明如下：

定义组输入信号的相关参数

参数名称	设定值	说明
Name	gi1	设定组输入信号的名字
Type of Signal	Group Input	设定信号的类型
Assigned to Device	board10	设定信号所在的I/O模块
Device Mapping	1-4	设定信号所占用的地址

定义组输出信号go1，相关参数说明如下：

</td></tr>
</table>

	定义组输出信号的相关参数		
	参数名称	**设定值**	**说明**
	Name	go1	设定组输出信号的名字
	Type of Signal	Group Output	设定信号的类型
	Assigned to Device	board10	设定信号所在的 I/O 模块
	Device Mapping	33-36	设定信号所占用的地址
任务总结			

任务3 系统输入输出与 I/O 信号的关联操作

任务要求

建立系统输入输出信号与 I/O 的连接，可实现对机器人系统的控制，比如电机开启、程序启动等；也可实现对外围设备的控制，比如电主轴的转动、夹具的开启等。建立系统输入电动机开启与数字输入信号 di1 的关联。建立系统输出电动机开启与数字输出信号 do1 的关联。

知识储备

系统输入输出与 I/O 信号关联操作

建立系统输入输出信号与 I/O 的连接，可实现对机器人系统的控制，比如电机开启、程序启动等；也可实现对外围设备的控制，比如电主轴的转动、夹具的开启等。

1. 系统输入“电机启动”与数字输入信号 di1 的关联

（1）选择“控制面板”，如图 4-75 所示。

图 4-75 选择“控制面板”

（2）单击“配置”，如图 4-76 所示。

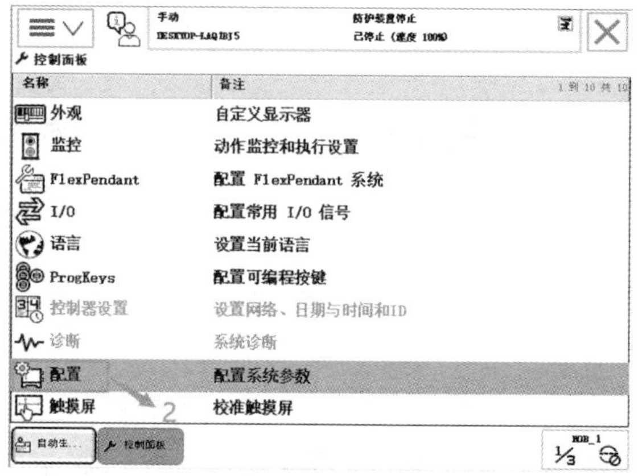

图 4-76 选择“配置”

（3）双击“System Input”选项，如图 4-77 所示。

图 4-77 双击“System Input”

（4）单击“添加”，如图 4–78 所示。

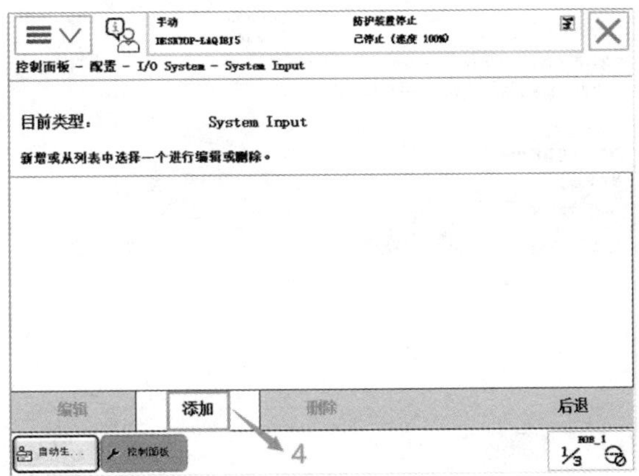

图 4–78　单击“添加”

（5）单击“Signal Name”，如图 4–79 所示。

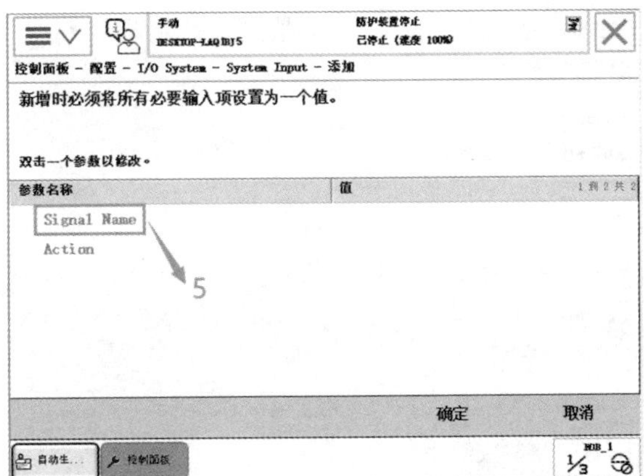

图 4–79　单击“Signal Name”

（6）选择输入信号“di1”，如图 4–80 所示。

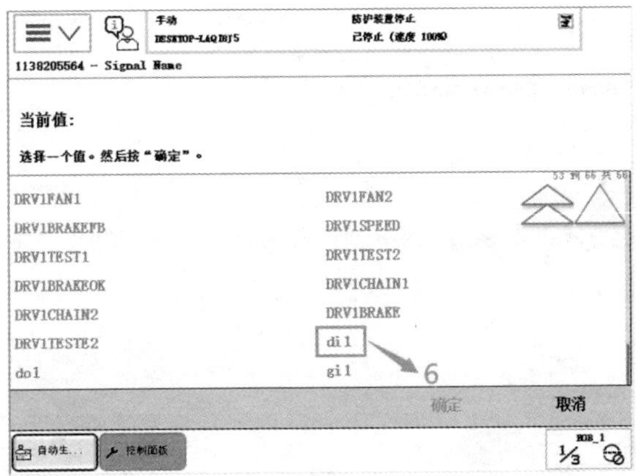

图 4–80　选择“di1”

（7）双击“Action”，如图 4-81 所示。

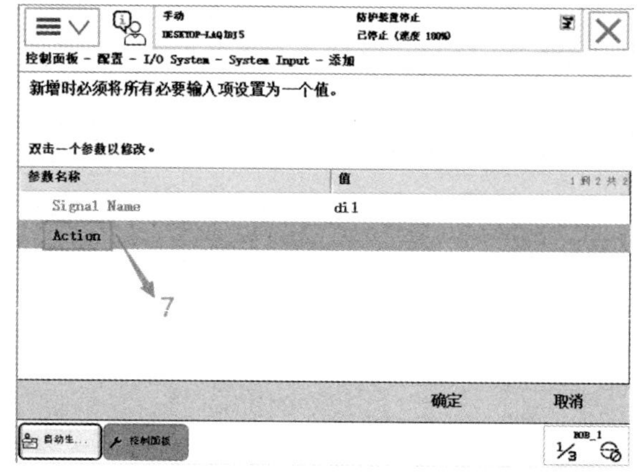

图 4-81　双击“Action”

（8）选择“Motors On”，然后单击“确定”返回，如图 4-82 所示。

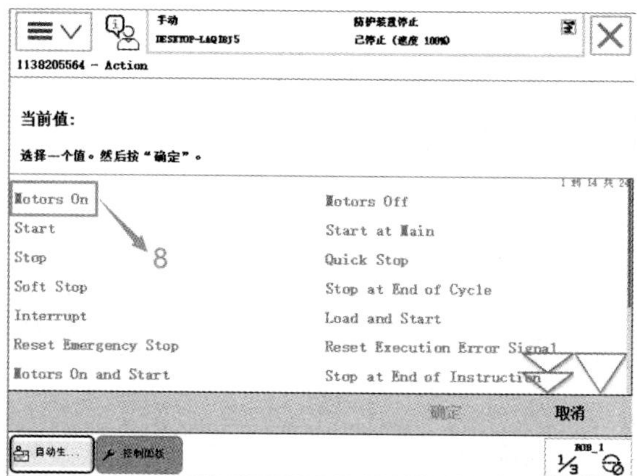

图 4-82　选择“Motors On”

（9）单击“确定”确认设定，如图 4-83 所示。

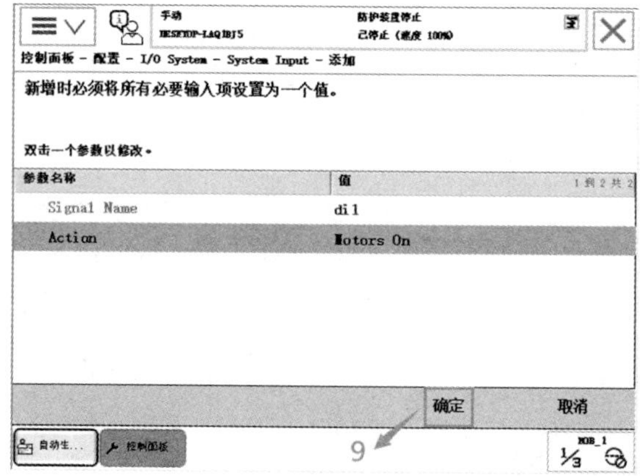

图 4-83　确定修改

（10）单击“是”重新热启动控制器，完成设定，如图 4–84 所示。

图 4–84　重启控制器

2. 系统输出“电机开启”与数字输出信号 do1 的关联

（1）选择“控制面板”，如图 4–85 所示。

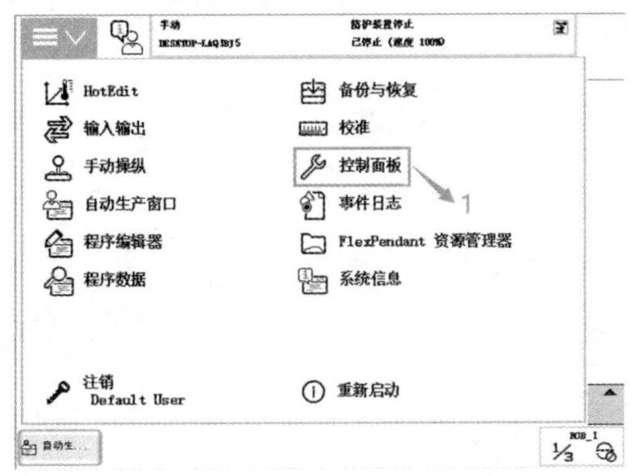

图 4–85　选择“控制面板”

（2）单击“配置”，如图 4–86 所示。

图 4–86　选择“配置”

（3）双击“System Output”，如图 4-87 所示。

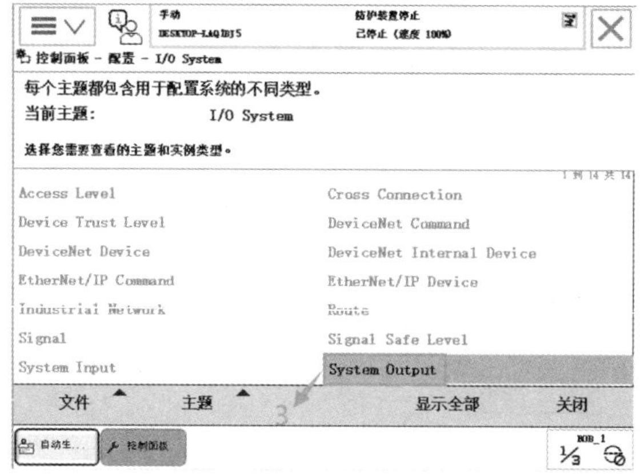

图 4-87　双击“System Output”

（4）单击“添加”，如图 4-88 所示。

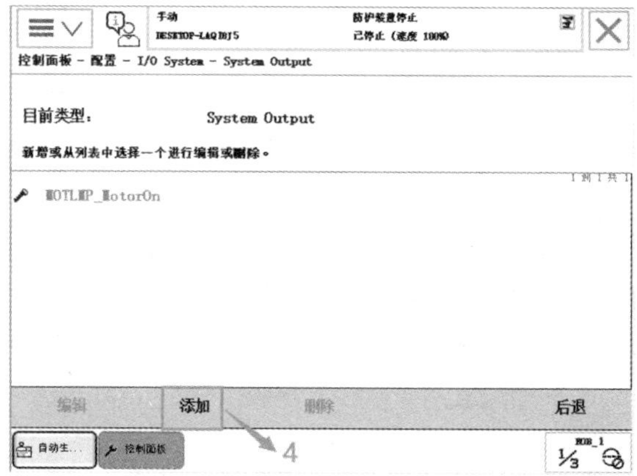

图 4-88　单击“添加”

（5）单击“Signal Name”，选择输出信号“do1”，如图 4-89 所示。

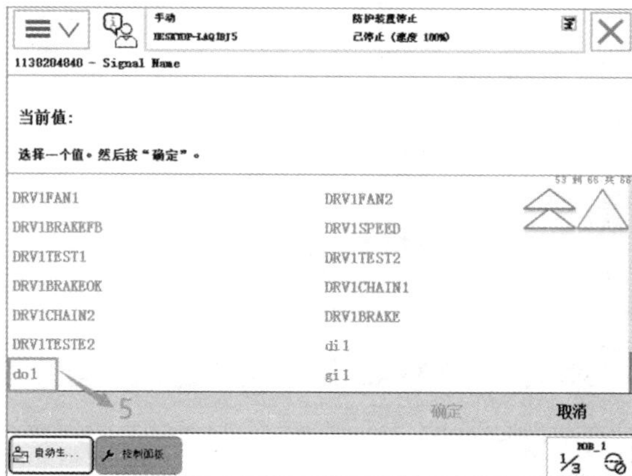

图 4-89　选择输出信号“do1”

（6）双击“Status”，如图 4–90。

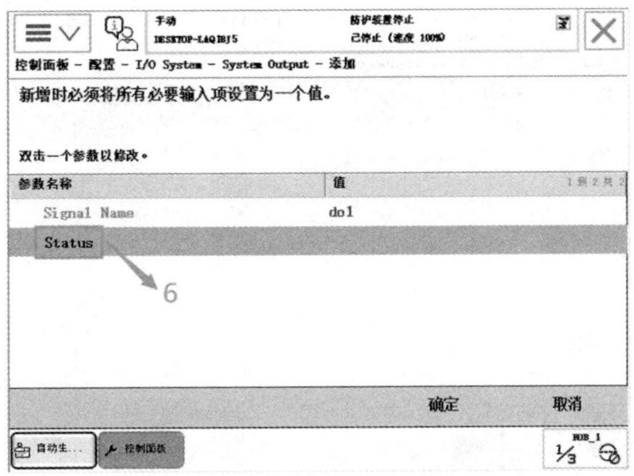

图 4–90　双击“Status”

（7）选择“Motor On”，然后单击“确定”返回，如图 4–91 所示。

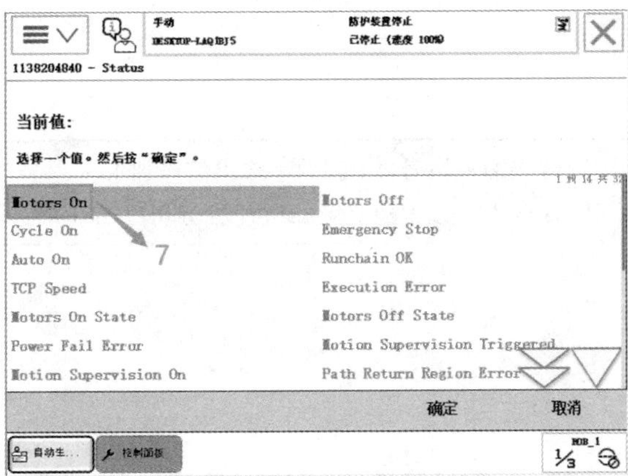

图 4–91　选择“Motor On”

（8）单击“确定”确认设定，如图 4–92 所示。

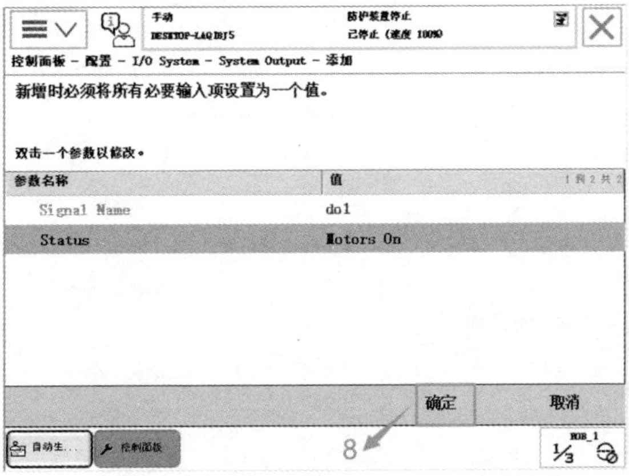

图 4–92　确定修改

（9）单击“是”重新热启动控制器，如图 4-93 所示。

图 4-93　重启控制器

任务实施与总结

任务实施	1. 分别配置数字输入信号 di1 和数字输出信号 do1； 2. 在系统输入输出参数中建立电动机开启与 di1、do1 的关联。
任务总结	

项目二　工业机器人程序数据

知识目标

1. 了解 ABB 机器人程序数据的分类方式；
2. 了解 ABB 机器人程序数据的存储类型。

能力目标

1. 会识别常用的程序数据；
2. 会常用程序数据的建立。

任务1　程序数据类型与分类

任务要求

熟悉了解 ABB 机器人程序数据的分类方式以及程序数据的存储类型，认识常用的程序数据。

知识储备

一、程序数据分类

ABB机器人的程序数据共76个，并且可以根据实际的一些情况进行程序数据的创建，为 ABB 机器人的程序编辑设计带来无限的可能和发展。可以通过示教器中的程序数据

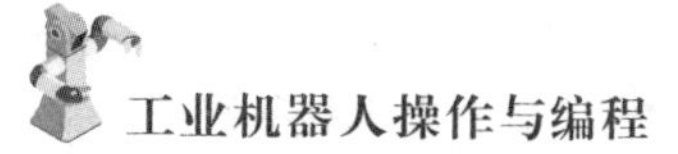

窗口查看到所需要的程序数据及类型。

首先单击 ABB 按钮，出现如图 4-94 所示的菜单界面，单击程序数据，打开程序数据，就会显示全部数据的类型，如图 4-95 所示。这样就可以根据需要从列表中选择一个数据类型。

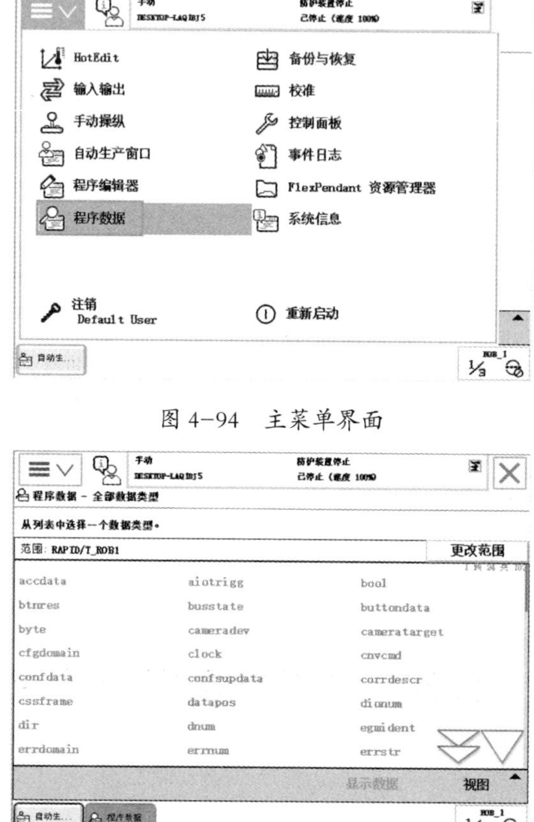

图 4-94　主菜单界面

图 4-95　程序数据界面

二、程序数据的存储类型

在全部的程序数据类型中，有一些常用的程序数据。下面对这些常用的数据类型进行详细说明，为下一步的程序编辑做好准备。

1. 变量 VAR

VAR 表示存储类型为变量。变量型数据在程序执行的过程中和停止时，都会保持着当前的值，不会改变，但如果程序指针被移动到主程序后，变量型数据的数值会丢失。这就是变量型数据的特点。

举例说明：

VAR num length：=0；代表的是名称为 length 的数字数据。

VAR string name：="John"；表示名称为 name 的字符数据。

VAR bool finished：=FALSE；表示的是名称为 finished 的布尔量数据。

定义了数字数据、字符数据和布尔量数据，在定义时，可以定义变量型数据的初始值。如例子中 length 的初始值为 0，name 的初始值是 John，finished 的初始值是 FALSE。

如果进行了数据声明，在程序编辑窗口将会显示如图 4–96 所示。

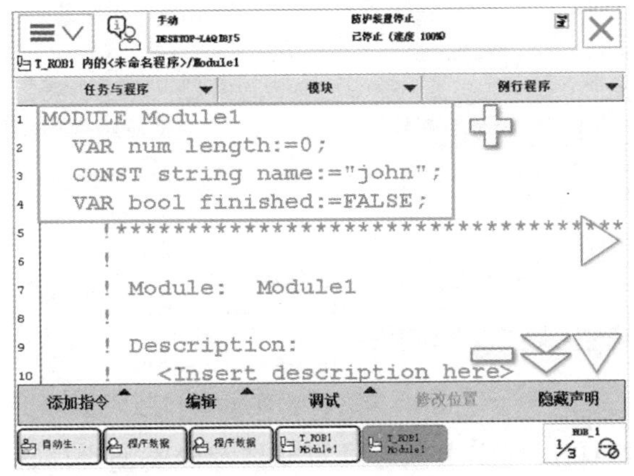

图 4–96　数据声明

在机器人执行的 RAPID 程序中也可以对变量存储类型程序数据进行赋值的操作，如图 4–97 所示，将名称为 length 的数字数据赋值为 10 – 1，将名称为 name 的字符数据赋值为 John，将名称为 finished 的布尔量数据赋值为 TURE。但是在程序中执行变量型程序数据的赋值时，在指针复位后将恢复初始值。

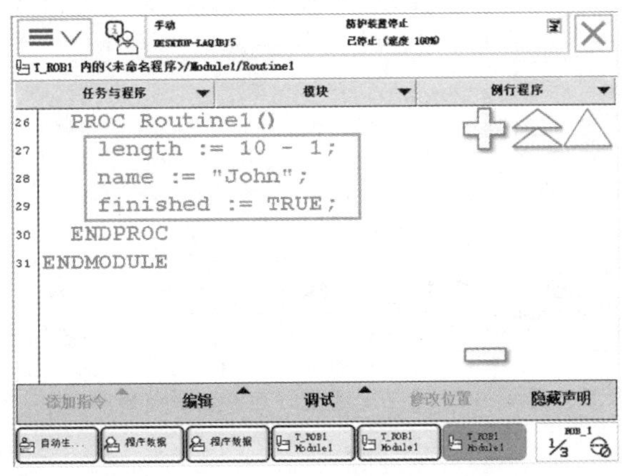

图 4–97　对变量型程序数据进行赋值

2．可变量 PERS

与变量型数据不同，可变量型数据最大的特点是无论程序的指针如何，可变量型数据都会保持最后赋予的值。PERS 表示存储类型为可变量。举例说明：

PERS num nbr：=1； 表示名称为 nbr 的数字数据。

PERS string text：="Hello"； 表示名称为 text 的字符数据。

在示教器中进行定义后，会在程序编辑窗口显示，如图 4-98 所示。

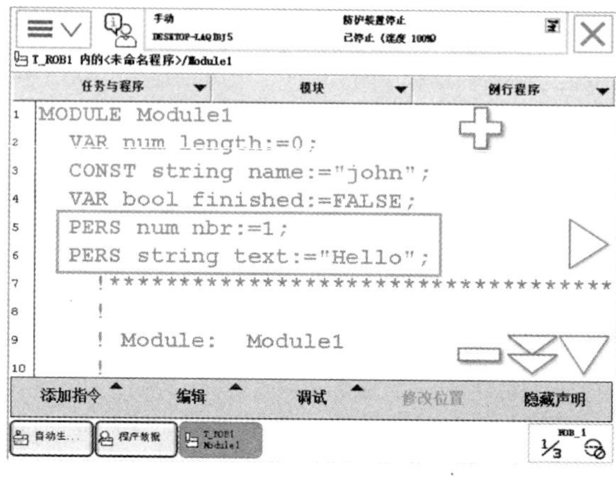

图 4-98　定义可变量

在机器人执行的 RAPID 程序中也可以对变量存储类型程序数据进行赋值操作，如图 4-99 所示，对名称为 nbr 的数字数据赋值为 8，对名称为 text 的字符数据赋值为 "hi"。但是在程序执行以后，赋值结果会一直保持不变，与程序指针的位置无关，直到对数据进行重新赋值，才会改变原来的值。

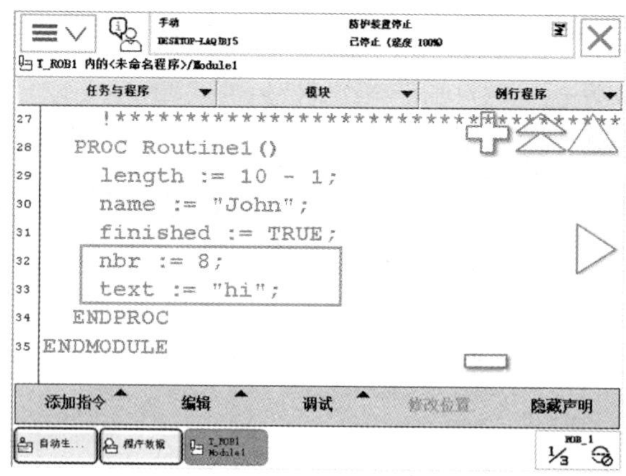

图 4-99　对可变量型程序数据进行赋值

3. 常量 CONST

还有一种数据类型就是常量型程序数据。常量的特点是定义的时候就已经被赋予了数值，并不能在程序中进行修改，除非进行手动的修改，否则数值一直不变。CONST 表示存储类型是常量。举例进行说明：

CONST num gravity：=9.81；表示名称为 gavity 的数字数据。

CONST string greating：="Hello"；表示名称为 greating 的字符数据。

当在程序中定义后，在程序编辑窗口的显示如图 4–100 所示。但是存储类型为常量的程序数据，不允许在程序中进行赋值的操作。

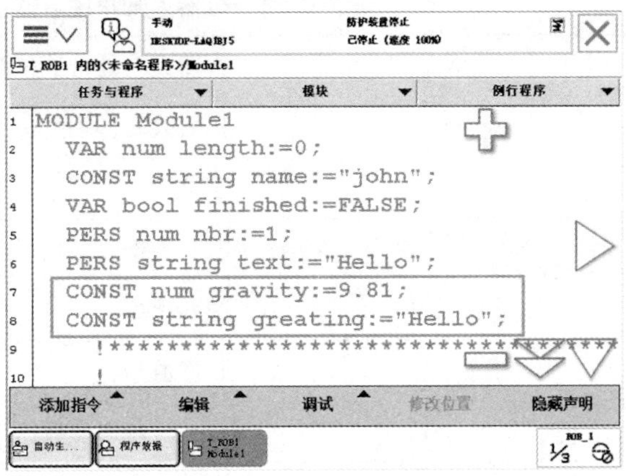

图 4–100　定义常量

常用程序数据

在程序的编辑中，根据不同的数据用途，定义了不同的程序数据。在 76 个 ABB 机器人的程序数据中，有机器人系统常用的一些程序数据，如表 4–18 所示。

表 4–18　常用程序数据

程序数据	说明
bool	布尔量
byte	整数数据 0~255
clock	计时数据
dionum	数字输入 / 输出信号
extjoint	外轴位置数据
intnum	中断标志符
jointtarget	关节位置数据
loaddata	负荷数据
mecunit	机械装置数据
num	数值数据
orient	姿态数据
pos	位置数据（只有 X，Y 和 Z）

续表

程序数据	说明
pose	坐标转换
robjoint	机器人轴角度数据
robtarget	机器人与外轴的位置数据
speeddata	机器人与外轴的速度数据
string	字符串
tooldata	工具数据
trapdata	中断数据
wobjdata	工件数据
zonedata	TCP 转弯半径数据

任务实施与总结

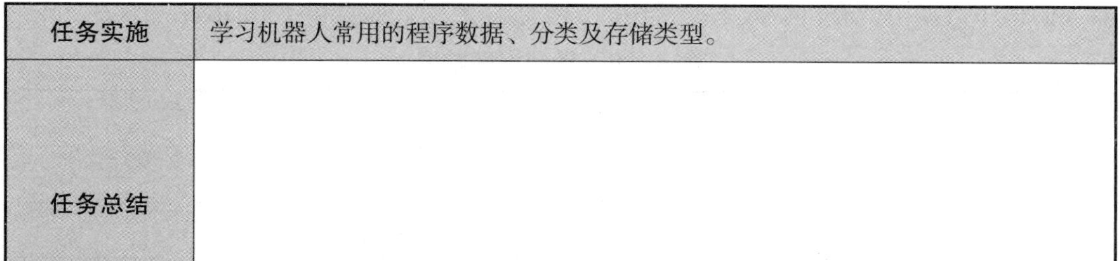

任务实施	学习机器人常用的程序数据、分类及存储类型。
任务总结	

任务 2　建立程序数据

任务要求

通过建立程序布尔数据和程序数值数据，了解机器人建立程序数据的基本方法及操

作步骤。

知识储备

1. 建立程序数据布尔数据 bool

建立程序数据布尔数据（bool）的步骤：

（1）在示教器的主菜单界面上，单击“程序数据”，如图 4–101 所示。

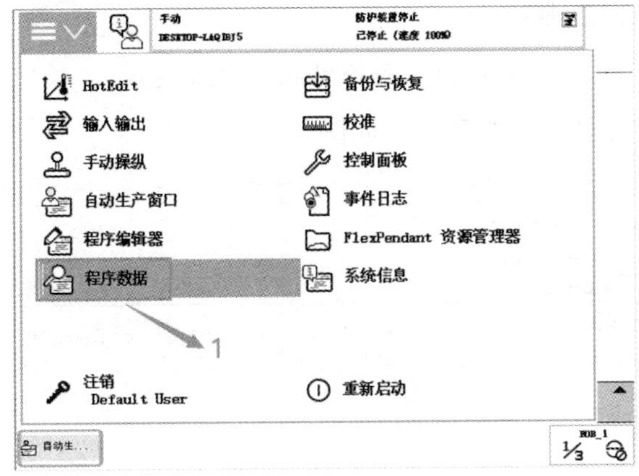

图 4–101　单击“程序数据”

（2）图 4–102 所示的界面，显示的是已用数据类型，如果需要查看全部的数据类型，单击右下角的“视图”，将全部数据类型勾选上，全部的程序数据类型都被列举出来。

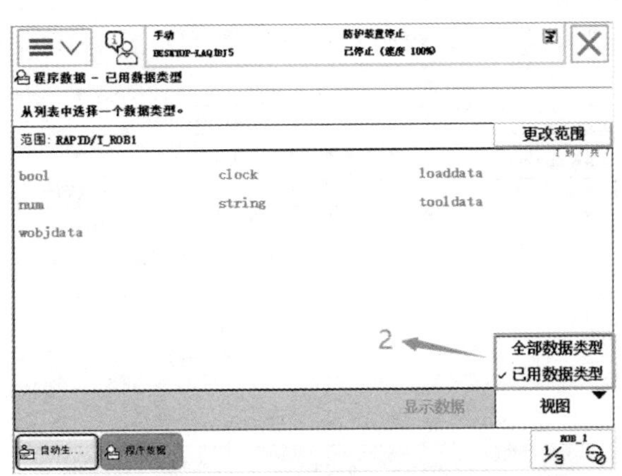

图 4–102　查看数据类型

（3）从列表中选择所需要的数据类型，在这里以选择“bool”为示例，如图 4–103 所示。

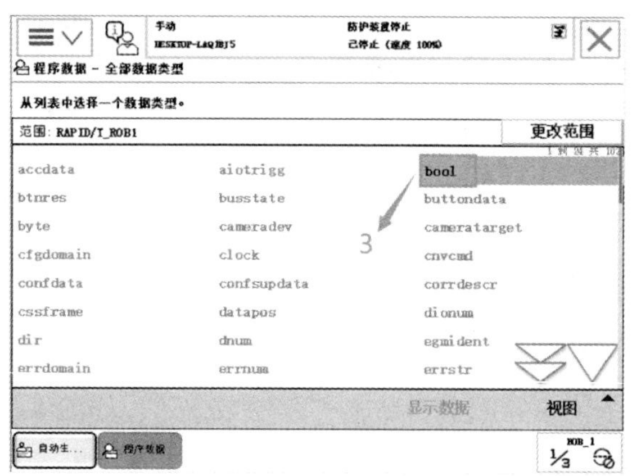

图 4-103　选择“bool”数据类型

（4）单击右下方的“显示数据”，如图 4-104 所示。

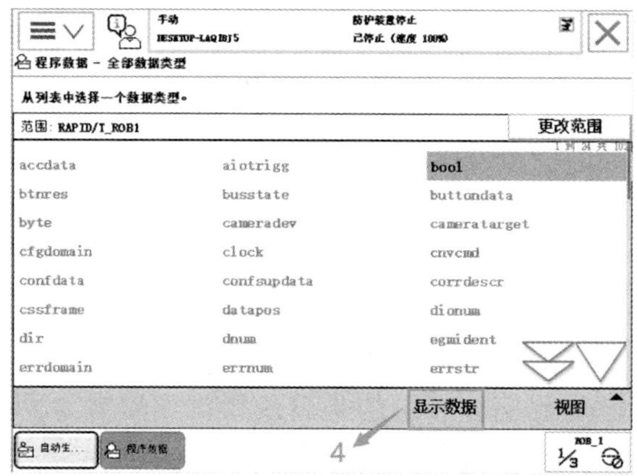

图 4-104　单击“显示数据”

（5）在下方单击“新建 ...”，进行数据的编辑，如图 4-105 所示。

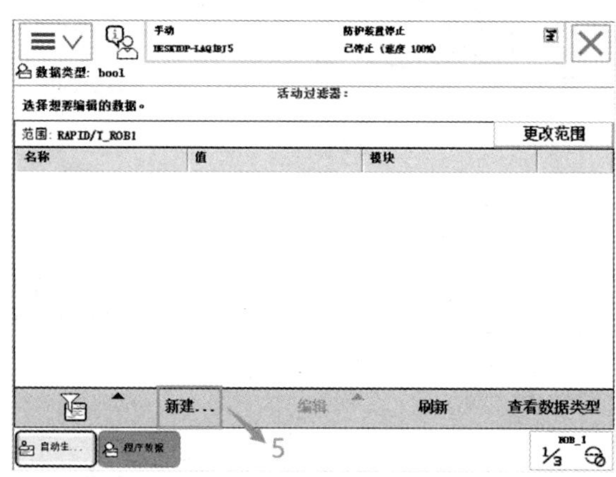

图 4-105　单击“新建 ...”

（6）进入新建数据声明的界面，会显示出如图 4-106 所示的数据类型的名称、范围、存储类型、任务、模块、例行程序以及维数的设定。数据设定参数的说明如表 4–19 所示。

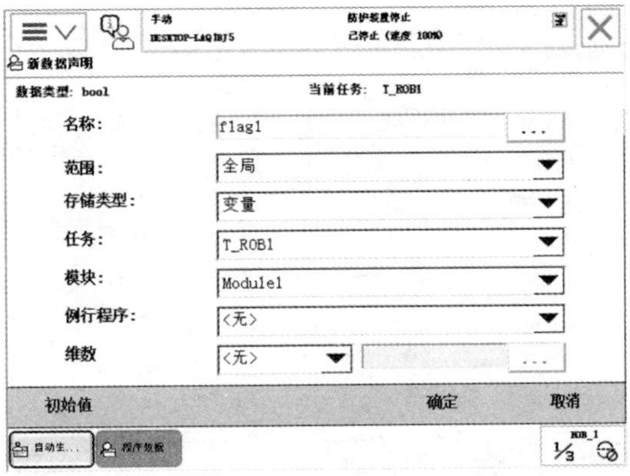

图 4–106　数据声明界面

表 4–19　数据设定参数说明

数据设定参数	说　明
名称	设定数据的名称
范围	设定数据可使用的范围，分全局、本地和任务三个选择：全局是表示数据可以应用在所有的模块中；本地是表示定义的数据只可以应用于所在的模块中；任务则是表示定义的数据只能应用于所在的任务中
存储类型	设定数据的可存储类型、变量、可变量、常量
任务	设定数据所在的任务
模块	设定数据所在的模块
例行程序	设定数据所在的例行程序
维数	设定数据的维数，数据的维数一般是指数据不相干的几种特性
初始值	设定数据的初始值，数据类型不同初始值不同，根据需要选择合适的初始值

（7）输入“finished”，单击“确定”，如图 4–107 所示。

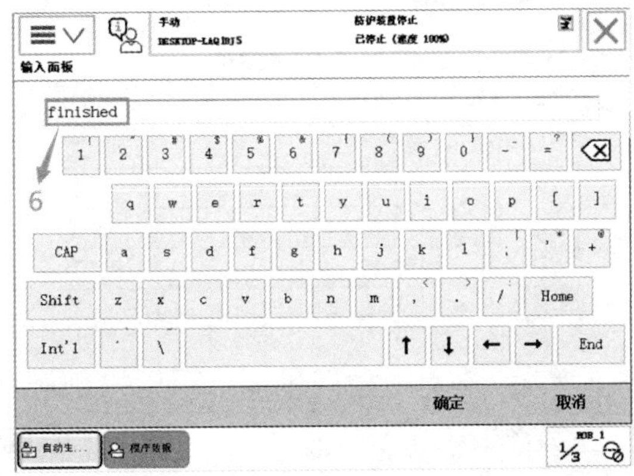

图 4–107　输入“finished”，单击“确定”

（8）范围为全局，存储类型为变量，任务和模块不用更改，如图 4–108 所示。

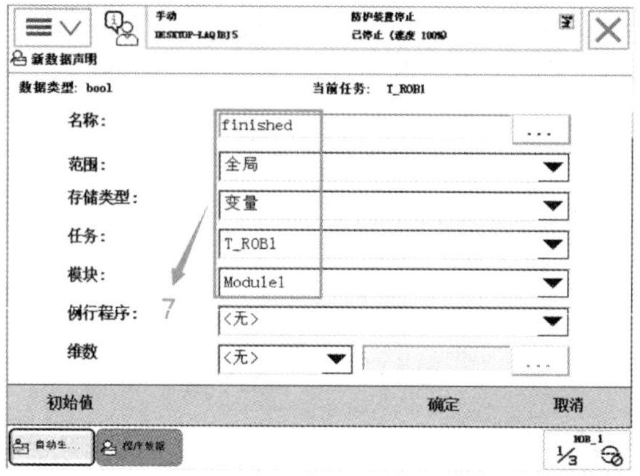

图 4–108　数据声明

（9）程序数据 bool 的初始值有 TRUE 和 FALSE 两种，可以根据需要选择初始值，假设将初始值设定为 TRUE，然后单击“确定”，如图 4–109 所示。

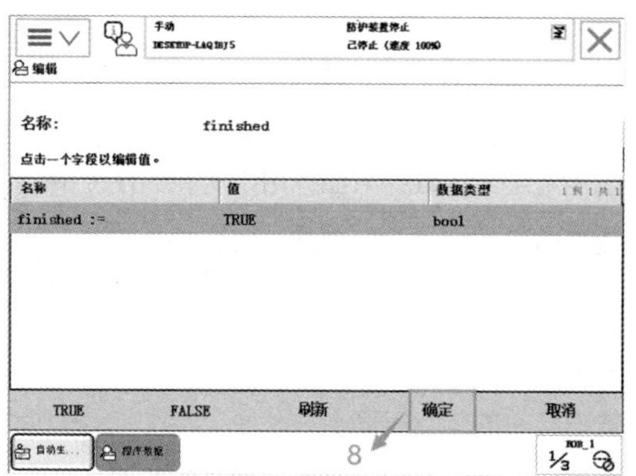

图 4–109　单击“确定”

（10）返回数据声明界面，然后单击“确定”，如图 4–110 所示。

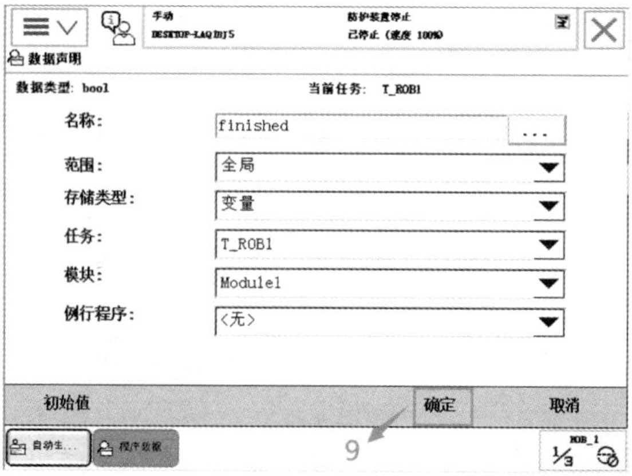

图 4–110　单击“确定”

（11）完成了建立布尔数据（bool）的操作，如图 4–111 所示。

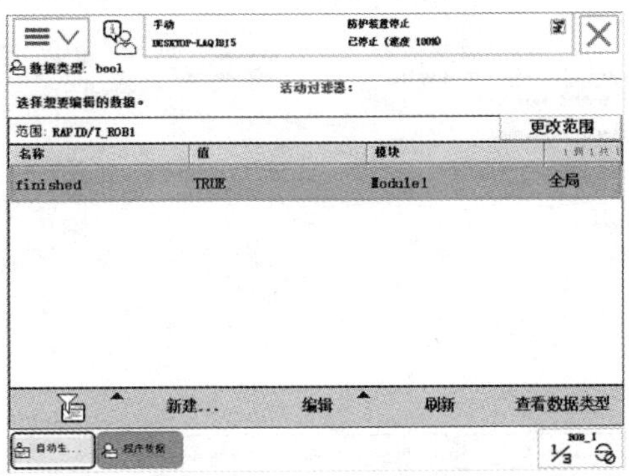

图 4–111　添加完成

2. 建立程序数值数据 num

建立程序数据 num 和建立程序数据 bool 的步骤基本相同。

（1）进入 ABB 主菜单，单击“程序数据”，如图 4–112 所示。

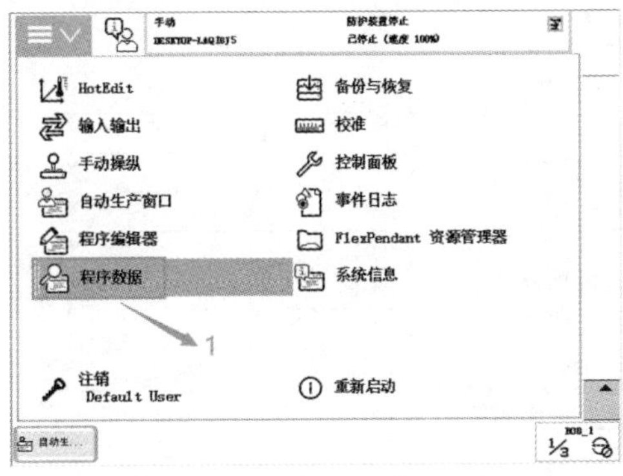

图 4–112　单击“程序数据”

（2）如果显示出已用的数据类型中没有 num，可以单击右下角视图按钮，选中全部数据类型，在全部数据类型中，选中“num”，如图 4–113 所示。

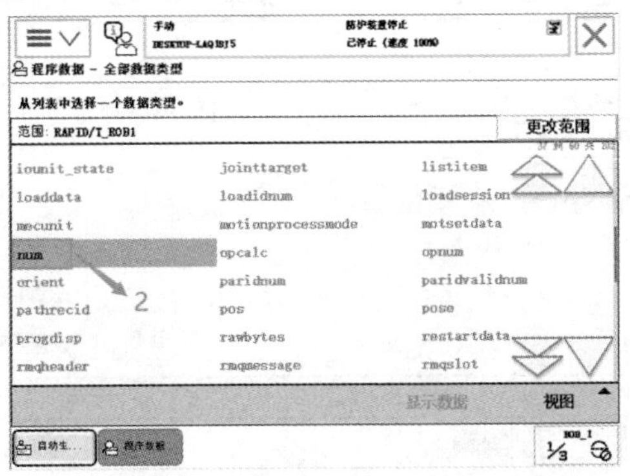

图 4–113　单击“num”

（3）单击显示数据，然后单击“新建 ...”，会进入数据参数设定的界面，如图 4–114 所示。

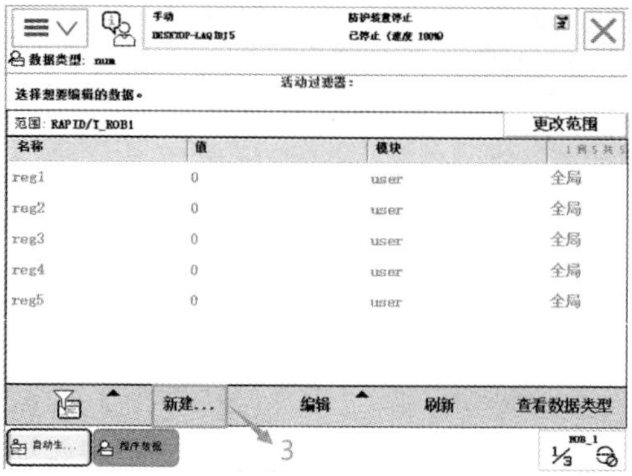

图 4–114　单击“新建 ...”

（4）与建立程序数据 bool 相同，也是要对名称、范围、存储类型等进行设定，单击下拉菜单选择我们需要设定的参数，然后单击“初始值”对初始值进行设定，如图 4–115 所示。

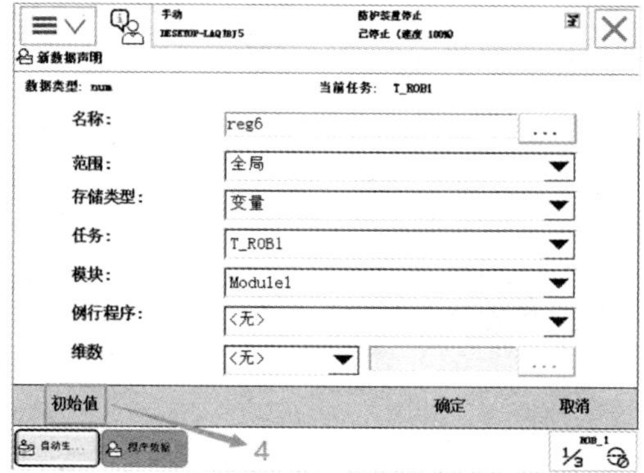

图 4–115　单击“初始值”

（5）在对应的“值”的位置单击，会出现小键盘，可以根据程序需要输入初始值，例如输入 5，然后单击“确定”，如图 4–116 所示。

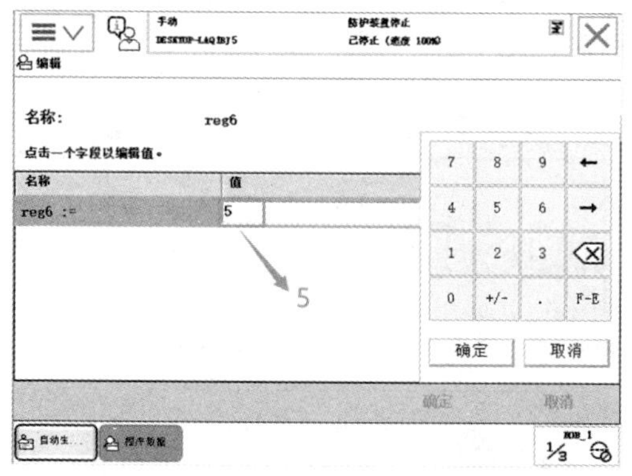

图 4–116　输入初始值“5”

（6）在新数据声明界面继续单击“确定”，完成数据的建立，如图 4–117 所示。

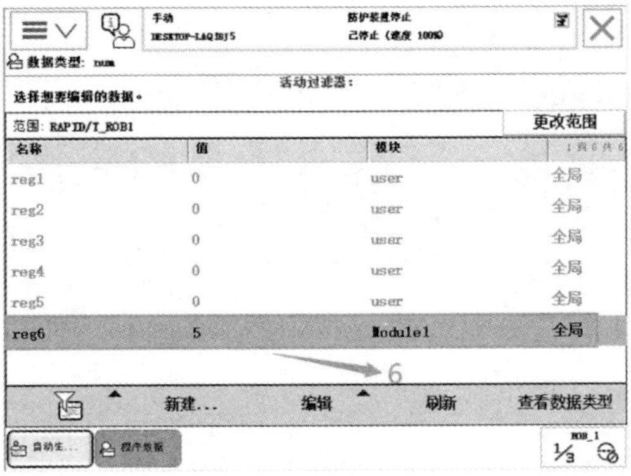

图 4–117 建立完成

（7）也可以选中其他的已编辑的数据，然后单击“编辑”按钮，更改声明或者更改值。更改声明也就是对数据名称、范围、存储类型等进行更改，更改值就是对初始值进行更改。根据程序需要进行相应的操作，如图 4–118 所示。

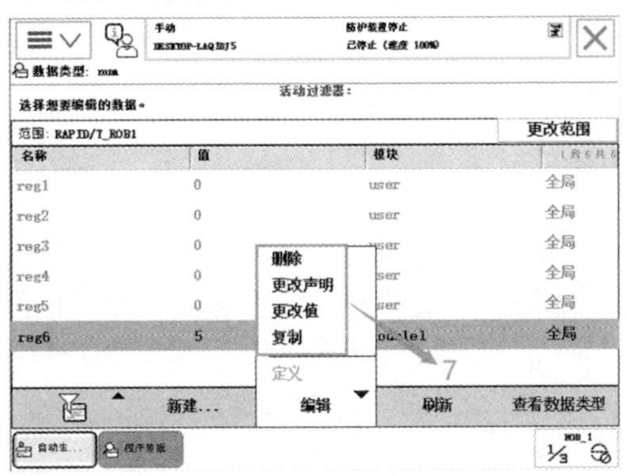

图 4–118 编辑数据

建立其他的程序数据，方法是相同的，在全部数据类型或者已用数据类型里选择所需要的数据类型，然后设定相关的参数。

任务实施与总结

任务实施	建立工业机器人布尔数据和程序数据。
任务总结	

项目三　基本指令的应用

知识目标

1. 了解 RAPID 程序的组成及架构；

2. 掌握常用的 RAPID 程序指令（运动指令、I/O 控制指令、赋值指令、条件逻辑判断指令等）的应用。

能力目标

1. 会 RAPID 程序的建立；

2. 能使用常用 RAPID 指令进行编程。

任务 1　认识 RAPID 程序

任务要求

了解 RAPID 程序的定义，认识 RAPID 程序的基本组成及架构。

知识储备

RAPID 程序中包含了一连串控制机器人的指令，执行这些指令可以实现对机器人的控制操作。

应用程序是为 RAPID 编程语言的特定词汇和语言编写而成的。RAPID 是一种英文编程语言，所包含的指令可以移动机器人、设置输出、读取输入，还能实现决策、重复

其他指令、构造程序、与系统操作人员交流等功能。RAPID 程序的基本架构如表 4–20 所示。

表 4–20　RAPID 程序的基本架构

RAPID 程序			
程序模块 1	程序模块 2	程序模块 3	系统模块
程序数据	程序数据	……	程序数据
主程序 main	例行程序	……	例行程序
例行程序	中断程序	……	中断程序
中断程序	功能	……	功能
功能		……	

RAPID 程序架构说明：

（1）RAPID 程序由程序模块与系统模块组成。一般地，只通过新建程序模块来构建机器人的程序，而系统模块多用于系统方面的控制。

（2）可以根据不同的用途创建多个程序模块，如专门用于主控制的程序模块，用于位置计算的程序模块，用于存放数据的程序模块，这样便于归类管理不同用途的例行程序与数据。

（3）每一个程序模块包含了程序数据、例行程序、中断程序和功能四种对象，但是不一定在一个模块中都有这四种对象，程序模块之间的数据、例行程序、中断程序和功能是都可以互相调用的。

（4）在 RAPID 程序中，只有一个主程序 main，并且存在于任意一个程序模块中，作为整个 RAPID 程序执行的起点。

任务实施与总结

任务实施	学习 RAPID 程序的基本架构。
任务总结	

任务2　建立 RAPID 程序

任务要求

在了解 RAPID 程序构成的基础上，能够新建程序模块及例行程序，并能够对新建立的程序进行手动调试及自动运行的操作。

知识储备

一、建立程序模块及例行程序

在大概了解 RAPID 程序编程的相关操作及基本指令的基础上，现在就通过一个实例来体验一下 ABB 机器人的程序编辑。

1. 建立 RAPID 程序实例

（1）如图 4-119 所示，单击“程序编辑器”，打开程序编辑器。

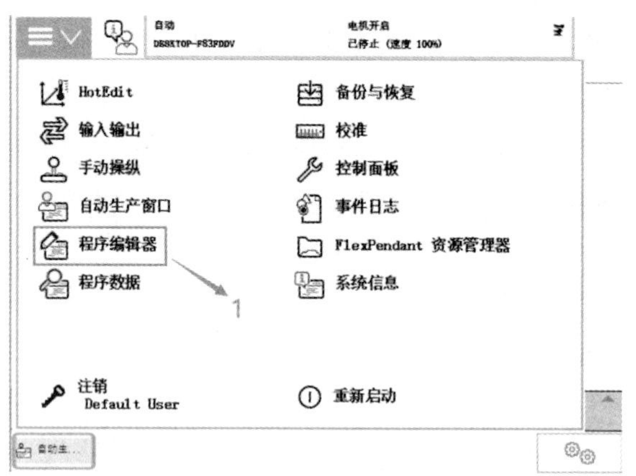

图 4-119　单击“程序编辑器”

（2）如图 4-120 所示，在弹出对话框中单击“取消”。

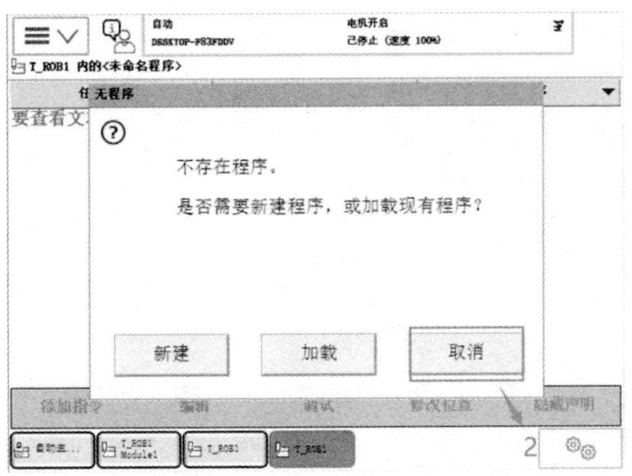

图 4–120　单击“取消”

（3）如图 4–121 所示，单击“文件”菜单，选择“新建模块”。

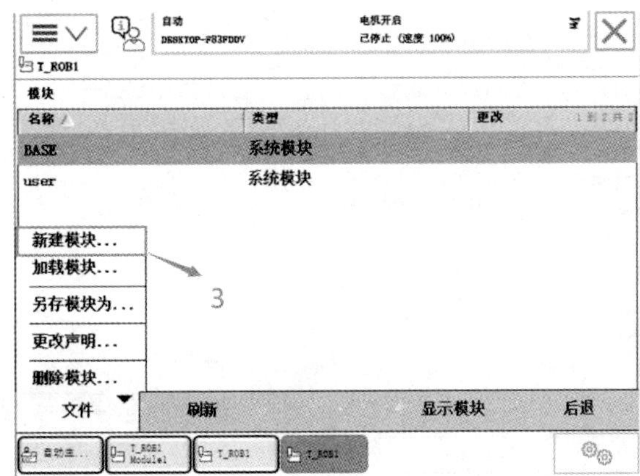

图 4–121　选择“新建模块 ...”

（4）如图 4–122 所示，在弹出对话框中单击“是”。

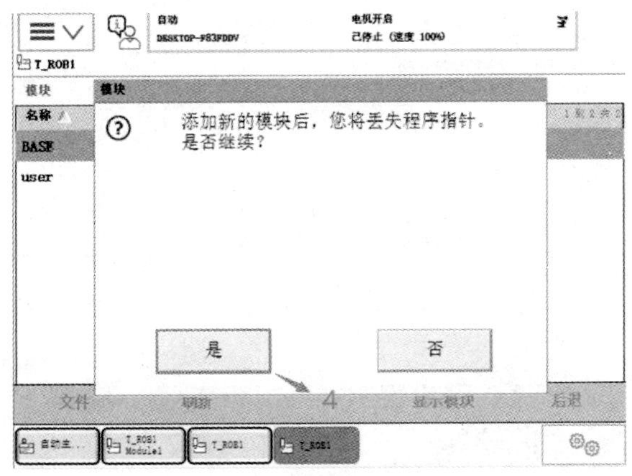

图 4–122　单击“是”

（5）如图 4–123 所示，通过按钮“ABC...”进行模块名称设定，然后单击“确定”创建。

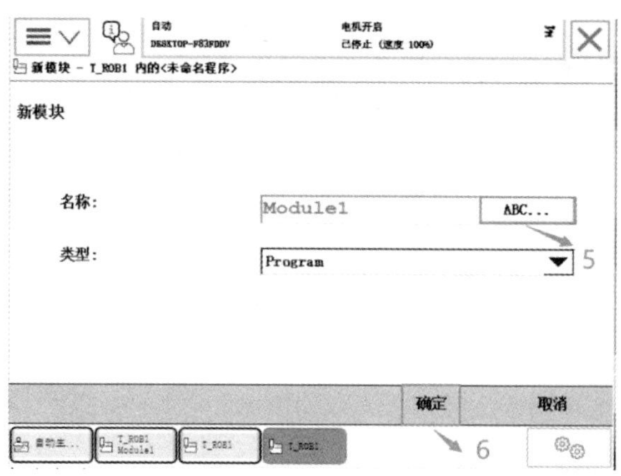

图 4-123　修改名称

（6）如图 4-124 所示，选中模块 Module1，然后单击“显示模块”。

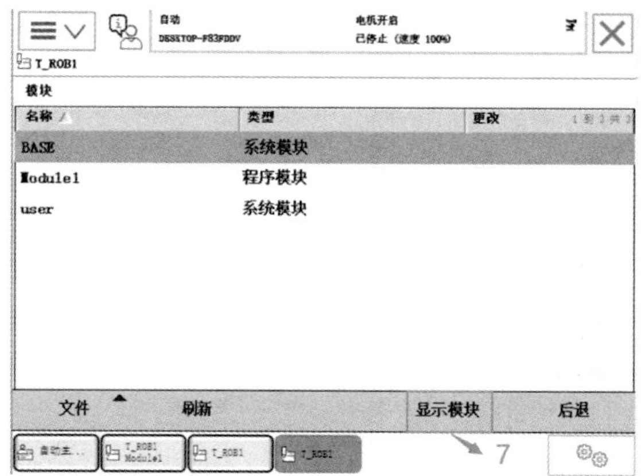

图 4-124　单击“显示模块”

（7）如图 125 所示，单击“例行程序”进行例行程序的创建。

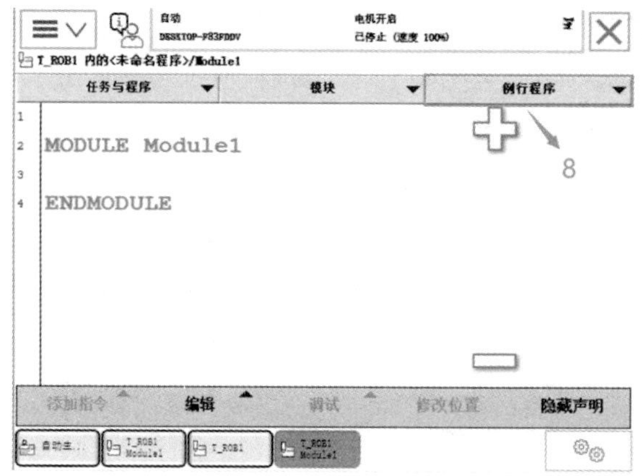

图 4-125　单击“例行程序”

（8）如图 4-126 所示，打开“文件”菜单，选择“新建例行程序 ...”。

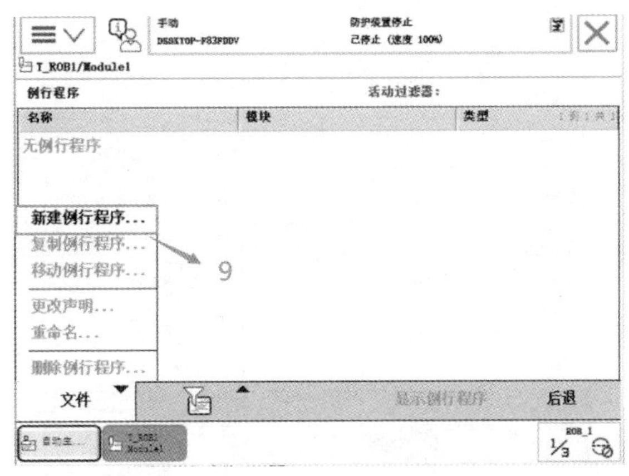

图 4-126　选择“新建例行程序 ...”

（9）如图 4-127 所示，首先创建一个主程序，将其名称设定为“main”，然后单击“确定”。

图 4-127　创建主程序

（10）根据第 8 和 9 步骤依次建立相关例行程序：rHome（）、rInitAll（）和 rMoveRoutine（）。如图 4-128 所示。

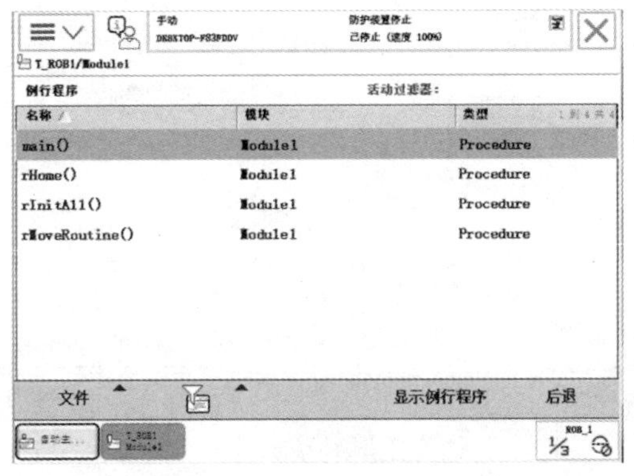

图 4-128　创建其他程序

（11）返回主菜单，进入“手动操纵”界面，确认已选择要使用的工具坐标系和工件坐标系，如图 4–129 所示。

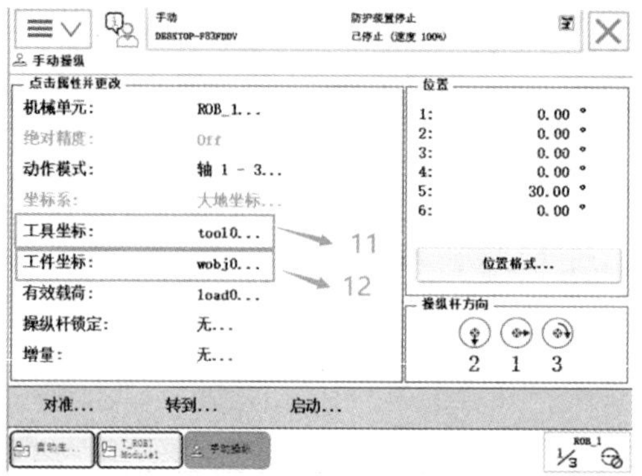

图 4–129 选择工具坐标系和工件坐标系

（12）选中“rHome（ ）”，然后单击显示例行程序，如图 4–130 所示。

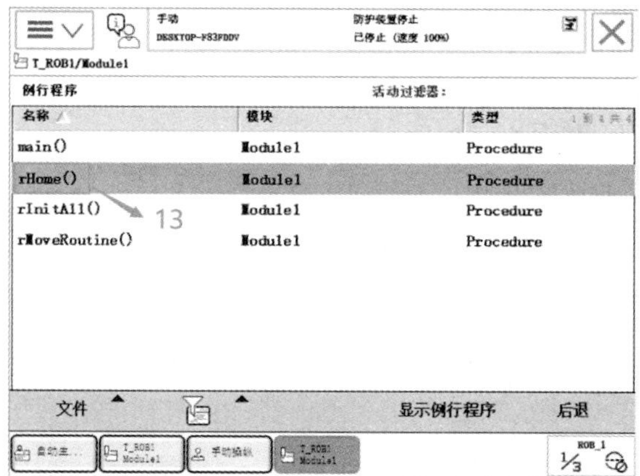

图 4–130 选择“rHome（ ）”程序

（13）单击“添加指令”，打开指令列表，如图 4–131 所示。

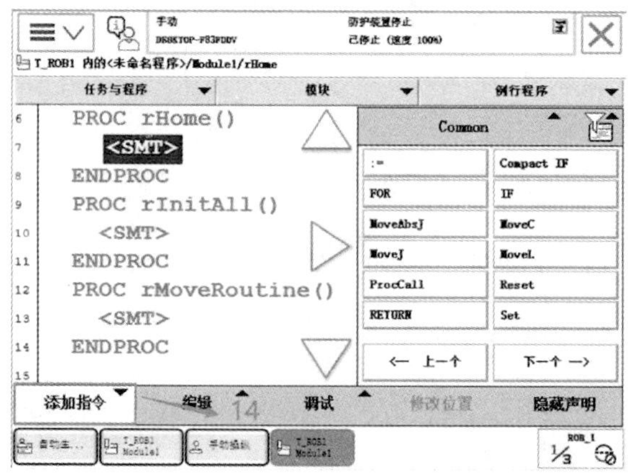

图 4–131 打开指令列表

（14）在指令列表中选择“MoveJ”，如图 4–132 所示。

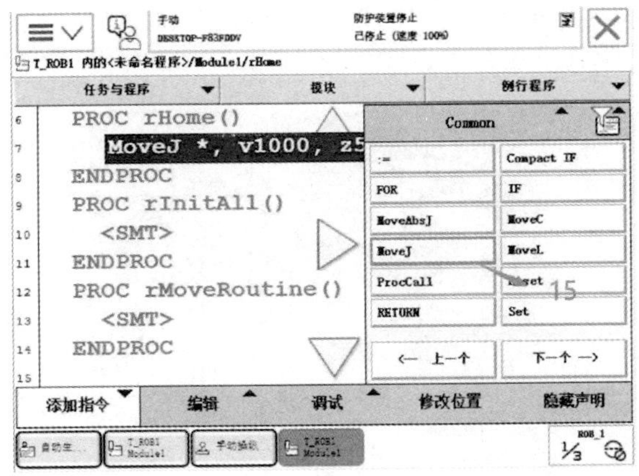

图 4-132　选择“MoveJ”

（15）关闭指令列表，双击“*”进入指令参数修改界面，如图 4-133 所示。

图 4-133　修改目标点名称

（16）通过新建或者选择对应的参数数据，设定轨迹点名称、速度、转弯半径等数据，如图 4-134 所示。

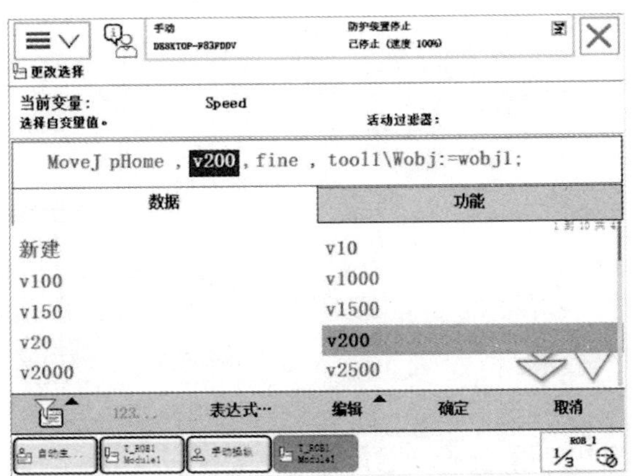

图 4-134　修改速度和转弯半径等

（17）选择合适的动作模式，将机器人移至如图 4-135 所示的位置，作为机器人的空闲等待点或者 Home 点。

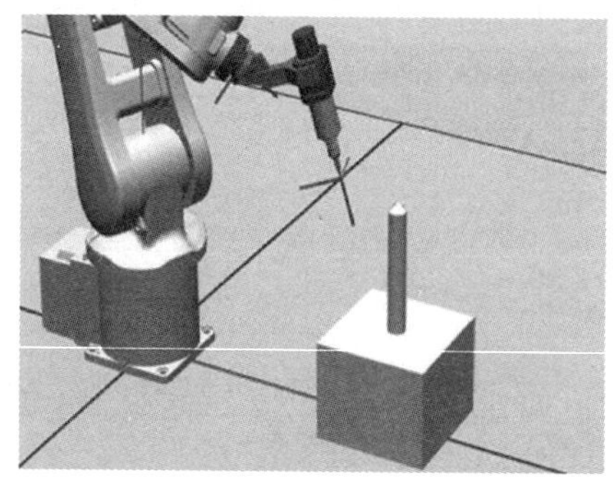

图 4-135　移动机器人到 Home 点

（18）选中该指令行，单击“修改位置”，将机器人的当前位置记录下来，如图 4-136 所示。

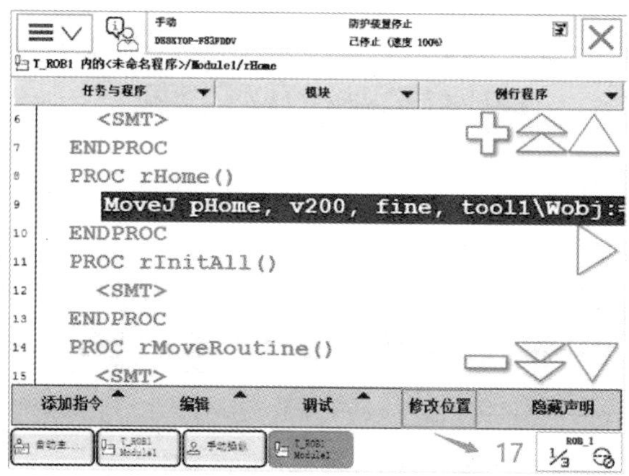

图 4-136　单击“修改位置”

（19）单击“修改”进行位置确认，如图 4-137 所示。

图 4-137　确认修改

（20）单击“例行程序”选项，返回新建例行程序的界面，如图 4–138 所示。

图 4–138　选择“例行程序”

（21）选中“rInitAll（ ）”例行程序，然后单击“显示例行程序”，如图 4–139 所示。

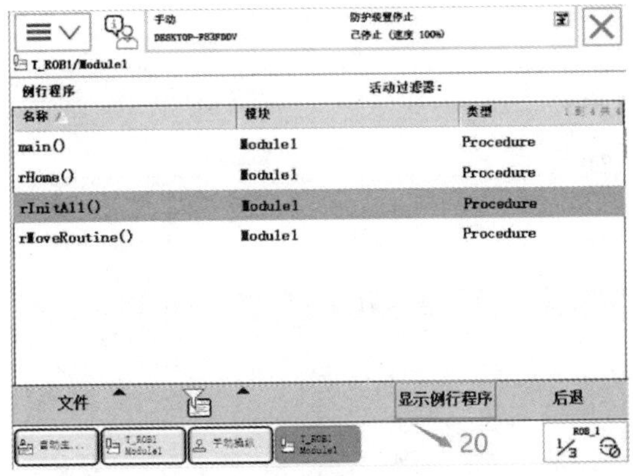

图 4–139　单击“显示例行程序”

（22）在此例行程序中，可以加入程序运行之前需要初始化的内容，比如速度参数、加速度参数、I/O 复位等，如图 4–140 所示。

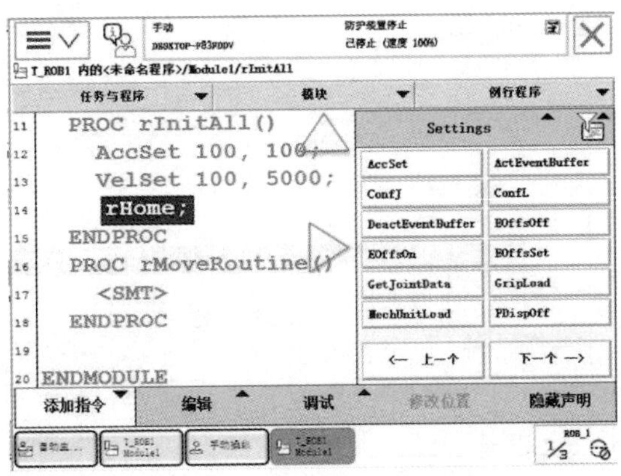

图 4–140　初始化程序界面

（23）单击“例行程序”，返回新建例行程序界面，如图 4–141 所示。

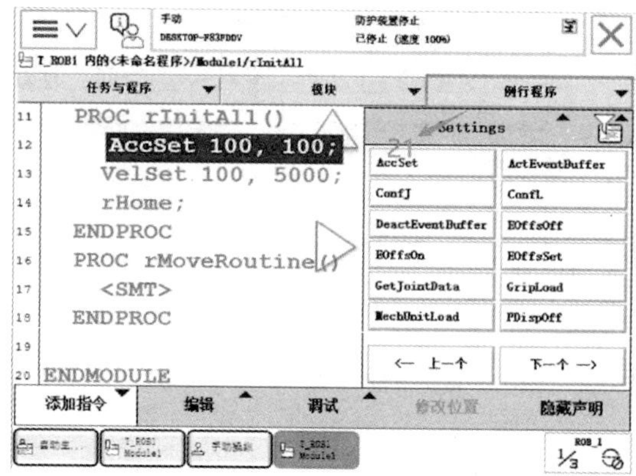

图 4–141 返回例行程序界面

（24）选中“rMoveRoutine（ ）”例行程序，然后单击“显示例行程序”，如图 4–142 所示。

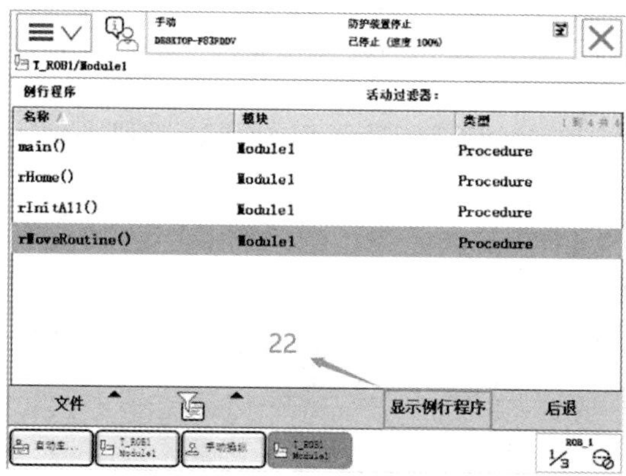

图 4–142 单击“显示例行程序”

（25）添加运动指令“MoveJ”，并将参数设定为合适的数值，如图 4–143 所示。

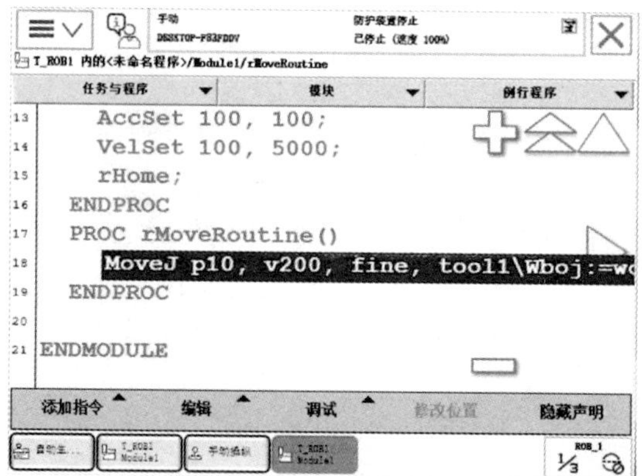

图 4–143 添加“Movej”指令

（26）手动操纵机器人，将机器人移至如图 4–144 所示的位置，作为机器人的 p10 点。

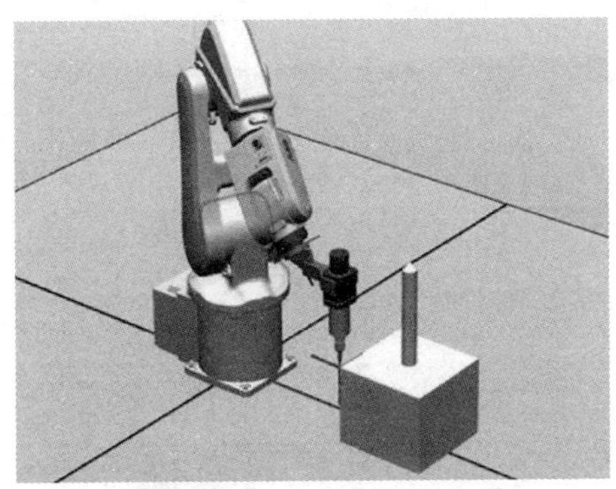

图 4–144　机器人移至 p10 点

（27）选中 p10 点，单击“修改位置”，单击“是”，将机器人的当前位置记录到 p10 中去，如图 4–145 所示。

图 4–145　确认“修改位置”

（28）添加运动指令“MoveL”，并将参数设定为合适的数值，如图 4–146 所示。

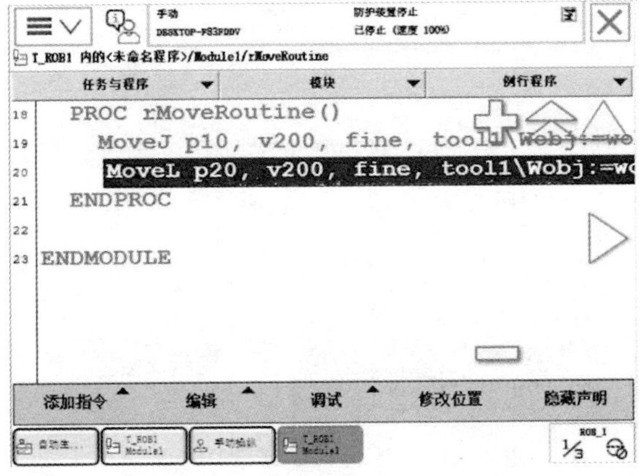

图 4–146　添加“Movel”指令

（29）手动操纵机器人，将机器人移至如图 4–147 所示的位置，作为机器人的 p20 点。

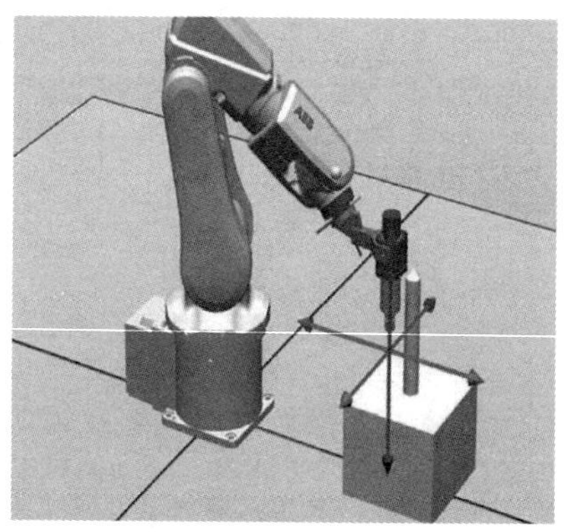

图 4–147　机器人移动至 p20 点

（30）选中 p20 点，单击“修改位置”，并单击“是”，将机器人的当前位置记录到 p20 中去，如图 4–148 所示。

图 4–148　确认修改位置

（31）单击“例行程序”，返回新建例行程序界面，如图 4–149 所示。

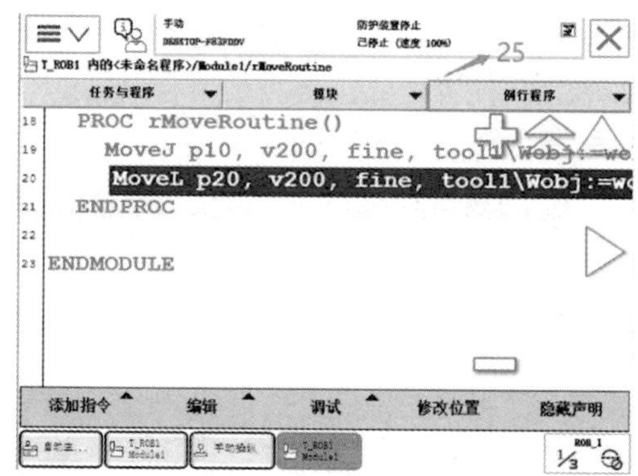

图 4–149　返回新建例行程序界面

（32）选中“main ( )”主程序，然后单击“显示例行程序”，进行程序结构的设定，如图 4–150 所示。

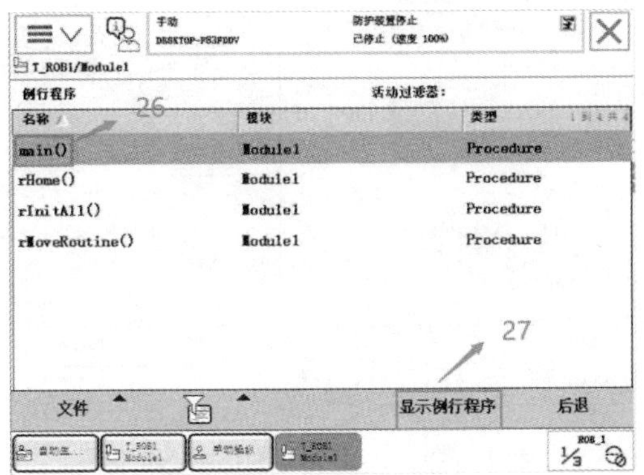

图 4–150　单击“显示例行程序”

（33）调用初始化例行程序“rInitAll( )”，打开“添加指令”列表，单击“ProcCall”，如图 4–151 所示。

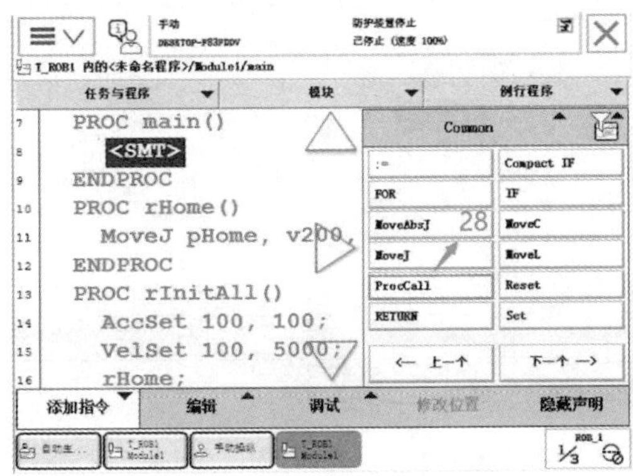

图 4–151　添加“ProcCall”指令

（34）选中“rInitAll”例行程序，然后单击“确定”，如图 4–152 所示。

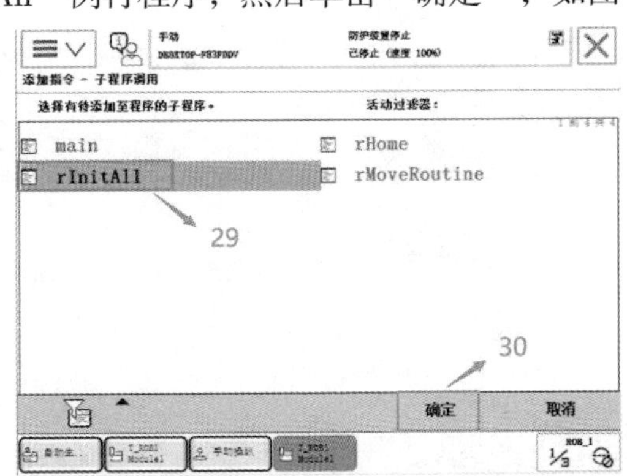

图 4–152　选中例行程序

（35）为将初始化程序隔离开，添加“WHILE”指令，并将条件设定为 TRUE，如图 4–153 所示。

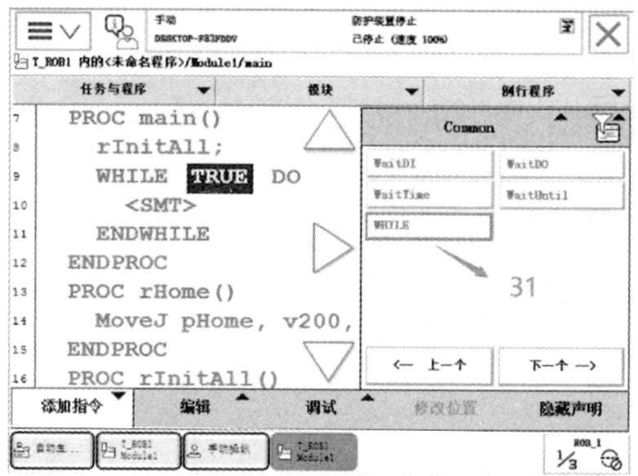

图 4-153　添加“WHILE”指令

（36）添加 IF 指令，如图 4-154 所示。

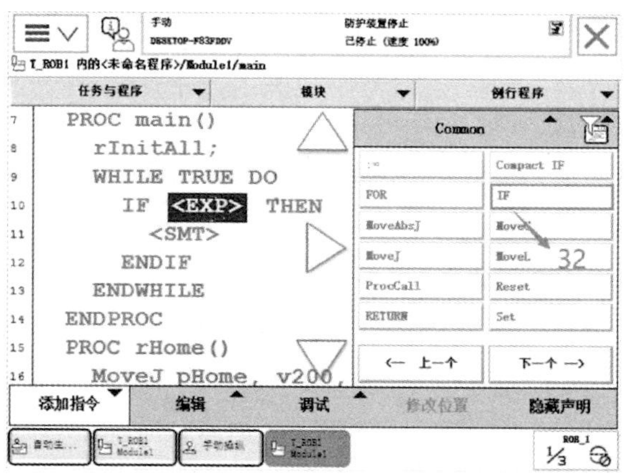

图 4-154　添加“IF”指令

（37）选用 IF 指令是为了判断 di1 的状态，当 di1=1 时，才能执行路径运动，所以选中“<EXP>”，并单击“编辑”，如图 4-155 所示。

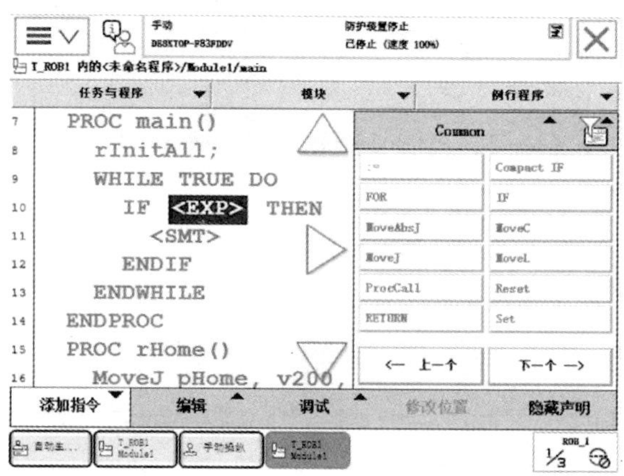

图 4-155　修改判断条件

（38）单击“ABC...”，输入“di=1”，然后单击“确定”，如图 4-156 所示。

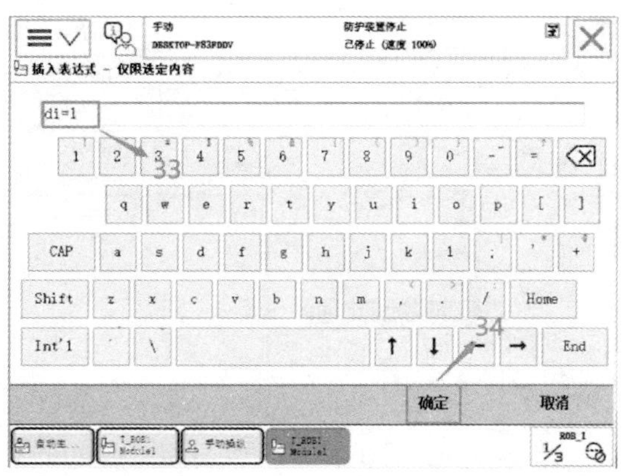

图 4-156　编辑判断条件

（39）在 IF 指令下，选中“<SMT>”，然后单击“ProcCall”，依次调用例行程序“rMoveRoutine”和“rHome”，如图 4-157 所示。

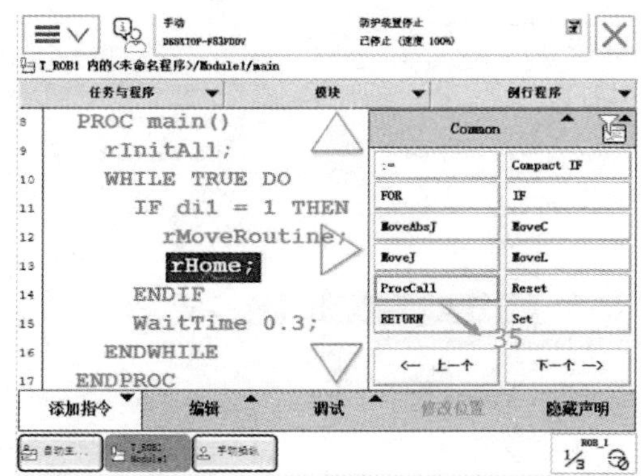

图 4-157　调用程序

（40）在 IF 指令下方添加 WaitTime 指令，值设定为 0.3s，防止 CPU 过负荷，如图 4-158 所示。

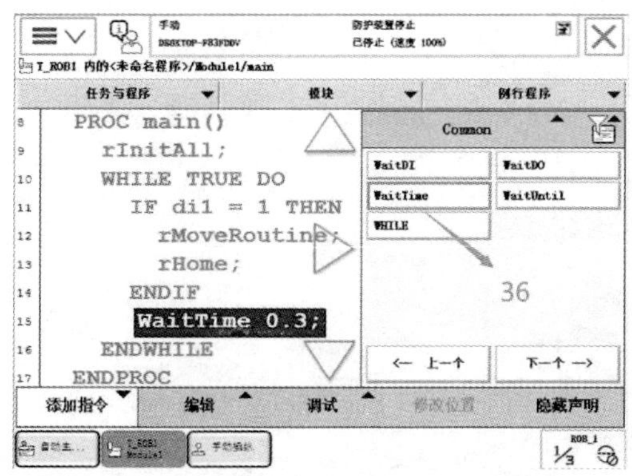

图 4-158　添加“WaitTime”指令

（41）单击“调试”，打开调试菜单，如图 4-159 所示。

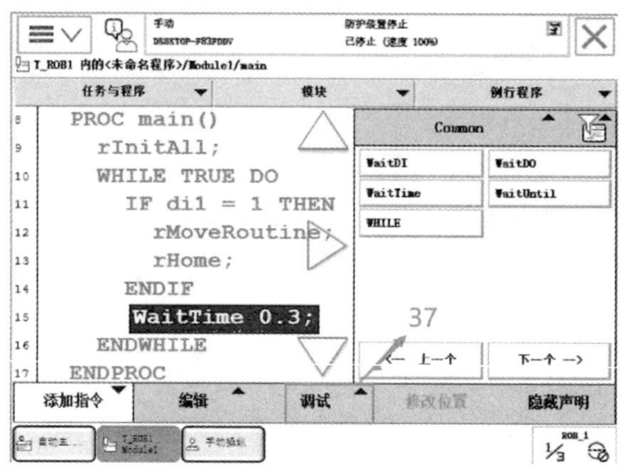

图 4-159 打开调试菜单

（42）单击“检查程序”选项，对程序的语法进行检查，如图 4-160 所示。

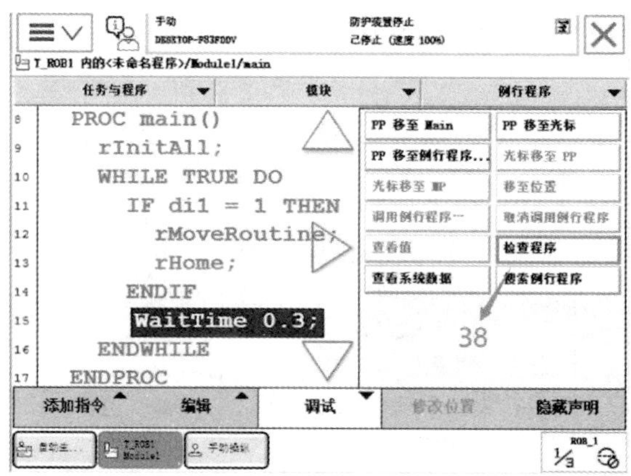

图 4-160 检查程序

（43）单击“确定”完成，若有语法错误，系统会提示出错的位置与操作建议，如图 4-161 所示。

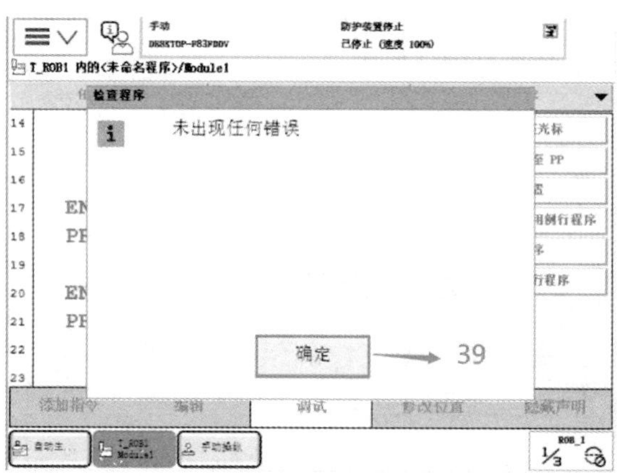

图 4-161 确认完成

至此一个简单的 RAPID 程序就建立完成了，可以先进行手动调试，如没有问题，可进行自动运行。

二、程序的手动调试

在完成程序的编辑后，通常需要对程序进行调试。调试的目的有两个：一是检查程序中位置点是否正确；二是检查程序中的逻辑控制是否合理完善。

1. 调试 rHome 例行程序

（1）打开调试菜单，单击“PP 移至例行程序 ...”，如图 4-162 所示。

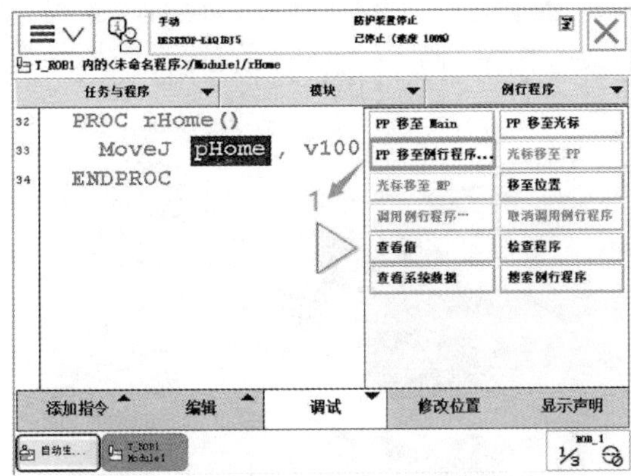

图 4-162　单击“PP 移至例行程序 ...”

（2）选中 rHome 例行程序，然后单击“确定”，如图 4-163 所示。

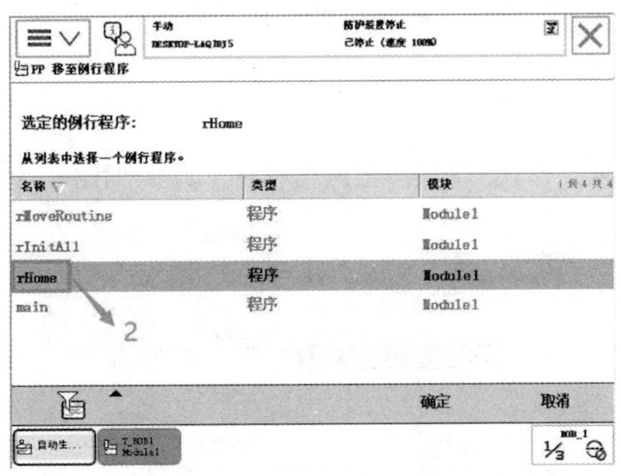

图 4-163　选择“rHome”

（3）手持示教器，按下使能器按钮，进入电机开启状态，按一下单步向前按键，当程序指针（黄色小箭头）与机器人图标指向同一行时，说明机器人已到达 pHome 点位置，如图 4-164 所示。

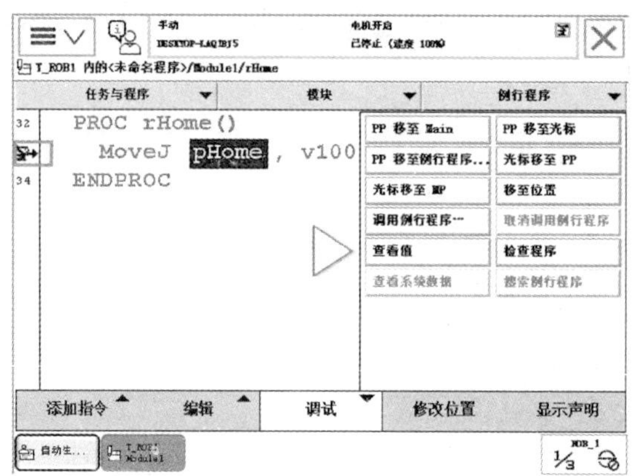

图 4-164　运行机器人到“pHome”点

（4）此时观察真实环境中机器人的位置是否与用户定义的 pHome 点位置一样，如图 4–165 所示。

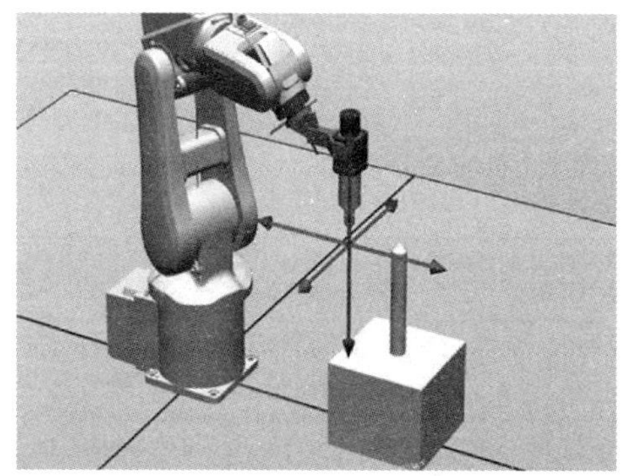

图 4-165　观察机器人实际位置

2. 调试 rMoveRoutine 例行程序

（1）打开调试菜单，单击“PP 移至例行程序 ...”，如图 4–166 所示。

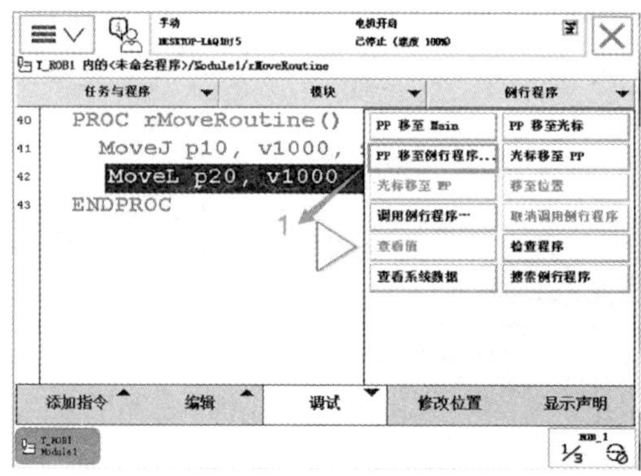

图 4-166　单击“PP 移至例行程序 ...”

（2）选中“rMoveRoutine”例行程序，然后单击“确定”，如图 4–167 所示。

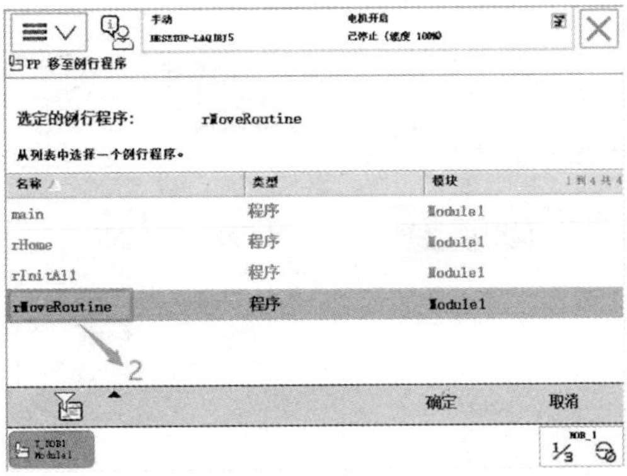

图 4–167　选择“rMoveRountine”

（3）手持示教器，按下使能器按钮，进入电机开启状态，按一下单步向前按键，当程序指针（黄色小箭头）与机器人图标指向同一行时，说明机器人已到达程序中的位置，如图 4–168 所示。

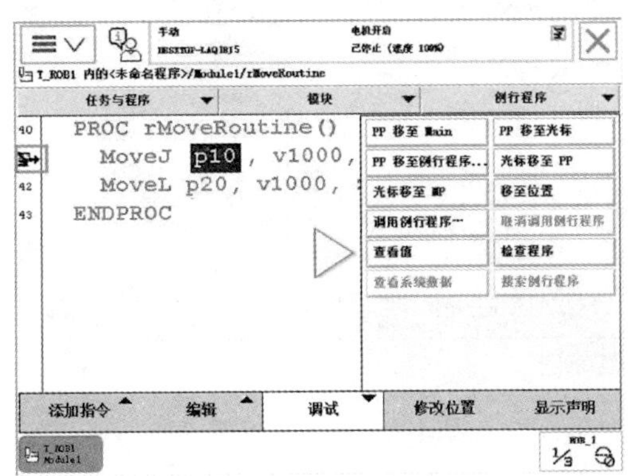

图 4–168　运行机器人移动到 p10

（4）在进行单步调试过程中，可观察每一点的位置是否合适，如图 4–169 所示。

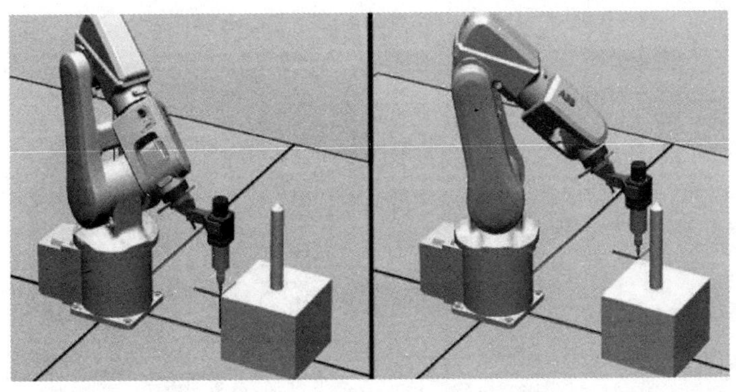

图 4–169　观察机器人实际位置

3. 调试 main 主程序

（1）打开调试菜单，单击“PP 移至 Main”，如图 4–170 所示。

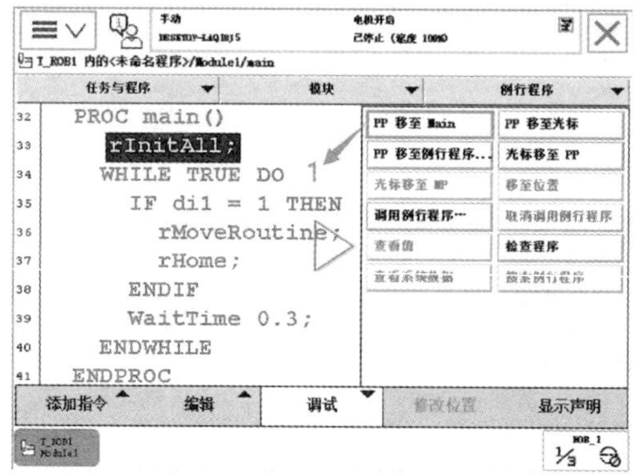

图 4–170　单击“PP 移至 Main”

（2）程序指针会自动跳至主程序的第一行指令，如图 4–171 所示。

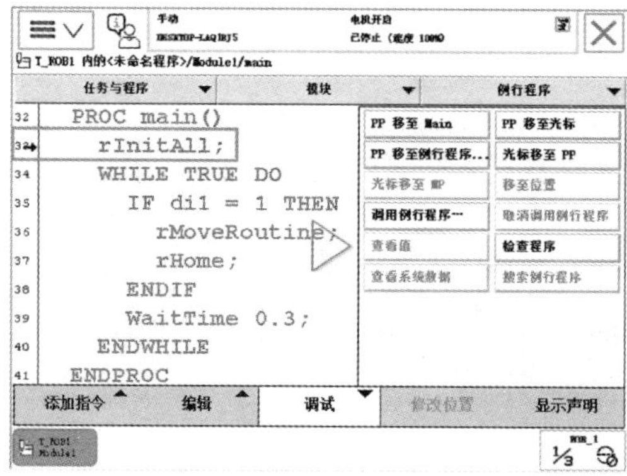

图 4–171　主程序界面

（3）手持示教器，按下使能器按钮，进入电机开启状态，按一下程序启动按键，并小心观察机器人的移动，若过程中需要停止机器人，务必先按下程序停止按键，然后再松开使能器按钮，如下图 4–172 所示。

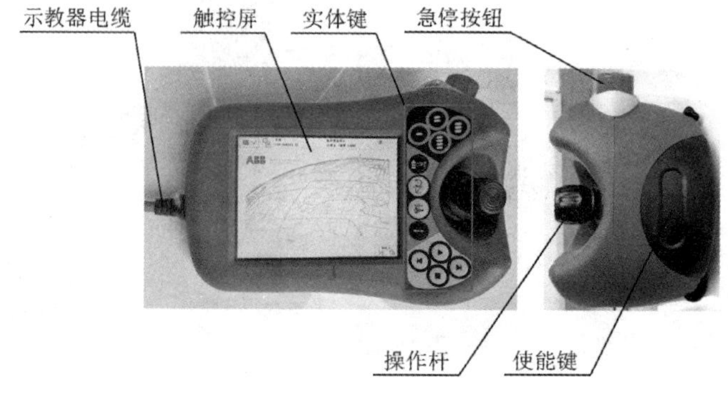

图 4–172　示教器界面

三、程序的自动运行

在手动状态下完成对机器人程序的调试后，就可以将机器人投入到自动运行状态。其自动运行操作如下：

（1）将状态钥匙逆时针旋转至自动状态，如图 4–173 所示。

图 4–173　将状态钥匙切换到自动状态

（2）在示教器界面上，单击“确定”，确认状态的切换，如图 4–174 所示。

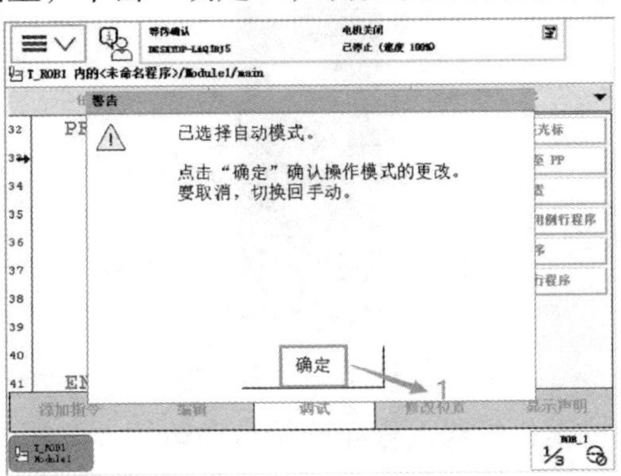

图 4–174　确认状态切换

（3）单击“PP 移至 Main”，将程序指针指向主程序，如图 4–175 所示。

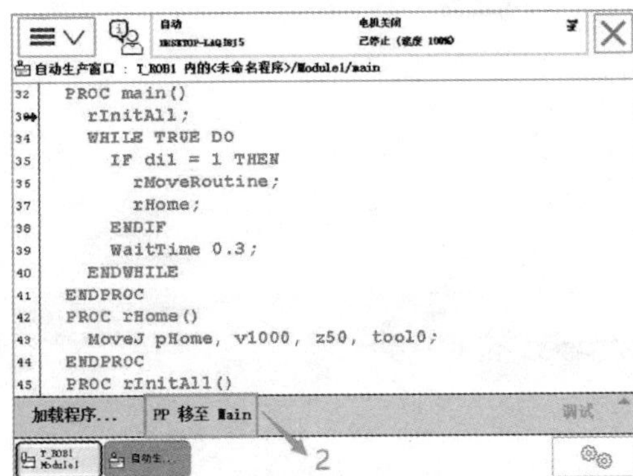

图 4–175　程序指针指向主程序

（4）单击“是”，如图 4-176 所示。

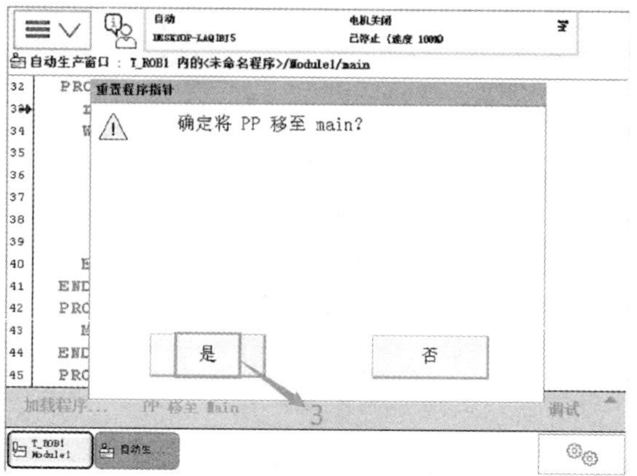

图 4-176　确认移动 PP

（5）按下白色按钮，使电机处于开启状态，如图 4-177 所示。

图 4-177　开启电机

（6）按下程序启动按键，机器人程序开始自动运行，如图 4-178 所示。

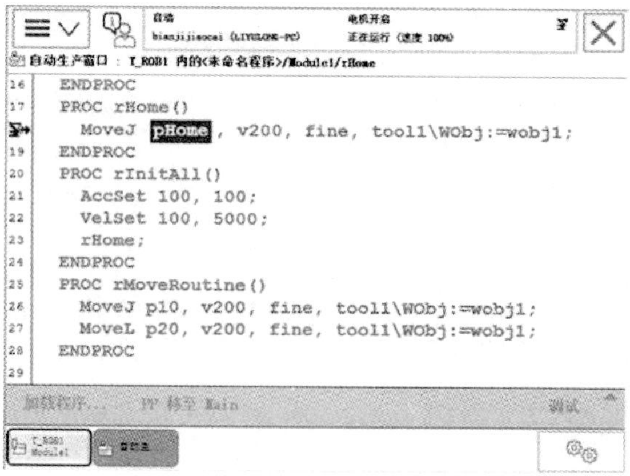

自动　电机开启　正在运行（速度 100%）

自动生产窗口 : T_ROB1 内的<未命名程序>/Module1/rHome

```
ENDPROC
PROC rHome()
  MoveJ pHome, v200, fine, tool1\WObj:=wobj1;
ENDPROC
PROC rInitAll()
  AccSet 100, 100;
  VelSet 100, 5000;
  rHome;
ENDPROC
PROC rMoveRoutine()
  MoveJ p10, v200, fine, tool1\WObj:=wobj1;
  MoveL p20, v200, fine, tool1\WObj:=wobj1;
ENDPROC
```

加载程序...　PP 移至 Main　调试

图 4-178　程序开始自动运行

任务实施与总结

任务实施	建立完整的例行程序，并对例行程序进行手动和自动调试运行。
任务总结	

任务3 常用 RAPID 程序指令

任务要求

了解常用的 RAPID 程序指令，在新用户模块 MainModule 中创建名称为“main”的例行程序作为机器人主程序，以 3D 工作台轨迹编程为例，利用 While 逻辑指令和 TESE-CASE 分支循环指令，利用主程序调用子程序的方法，将已有的 3D 工作台上的三种轨迹程序（sanjiaoxing、yuanxing、和 wailunkuo）作为子程序供主程序调用。

知识储备

一、机器人运动指令

ABB 机器人在空间中运动主要有关节运动（MoveJ）、线性运动（MoveL）、圆弧运动（MoveC）和绝对位置运动（MoveAbsJ）四种方式。

（1）运动指令 - MoveJ。

机器人以最快捷的方式运动至目标点，机器人运动状态不完全可控，但运动路径保持唯一，常用于机器人的空间大范围移动。

（2）运动指令 - MoveL。

机器人以线性方式运动至目标点，当前点与目标点两点决定一条直线，机器人运动状态可控，运动路径保持唯一，可能出现机械死点，常用于机器人在工作状态下移动。

（3）运动指令 – MoveC。

机器人通过中心点以圆弧移动方式运动至目标点，当前点、中间点与目标点三点决定一段圆弧，机器人运动状态可控，运动路径保持唯一，常用于机器人在工作状态下移动。限制：不可能通过一个 MoveC 指令完成一个圆。

（4）运动指令 – MoveAbsJ。

机器人以单轴运行的方式运动至目标点，绝对不存在机械死点，运动状态完全不可控，避免在正常生产中使用此指令，常用于检查机器人零点位置，指令中 TCP 与 Wobj 只与运行速度有关，与运动位置无关。

1. 绝对位置运动指令

（1）如图 4–179 所示，选择“手动操纵”。

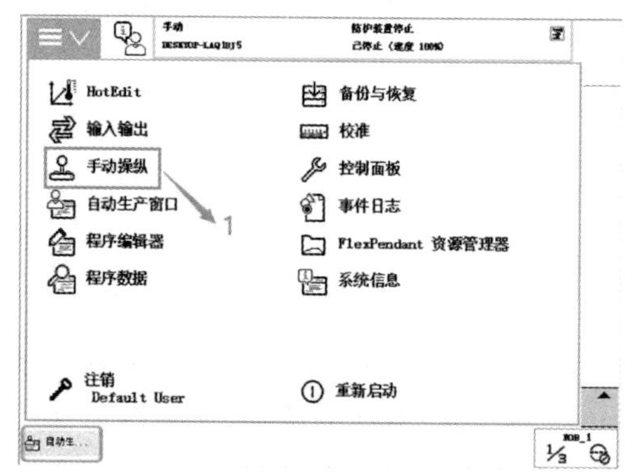

图 4–179　选择“手动操纵”

（2）如图 4–180 所示，确定已选定工具坐标和工件坐标（注意事项：当再次添加或修改机器人的运动指令之前，一定要确认所使用的工具坐标和工件坐标）。

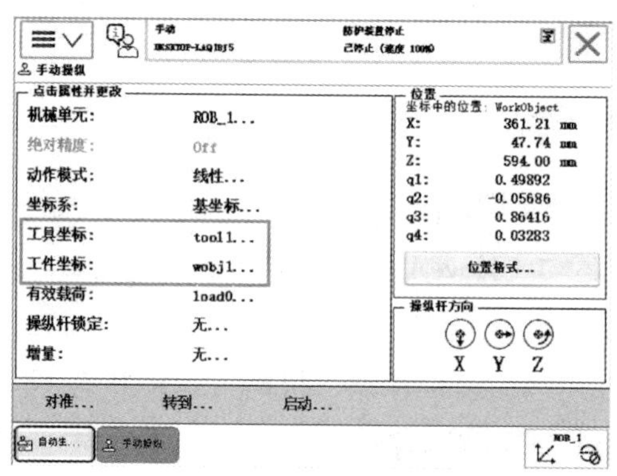

图 4–180　确认工具坐标和工件坐标

（3）如图 4–181 所示，选中 <SMT>，开始添加指令。

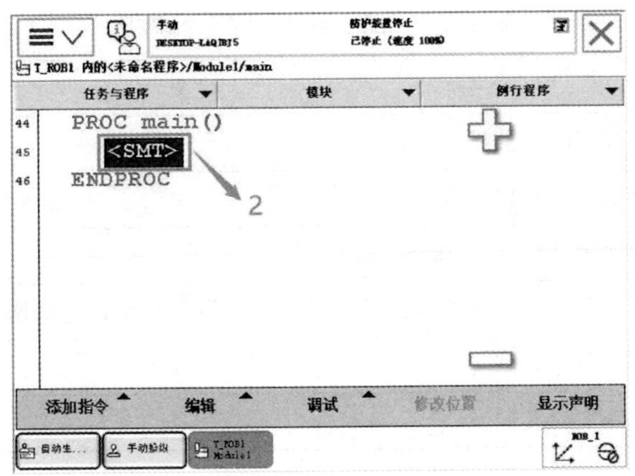

图 4-181　开始添加指令

（4）如图 4-182 所示，打开“添加指令”菜单。

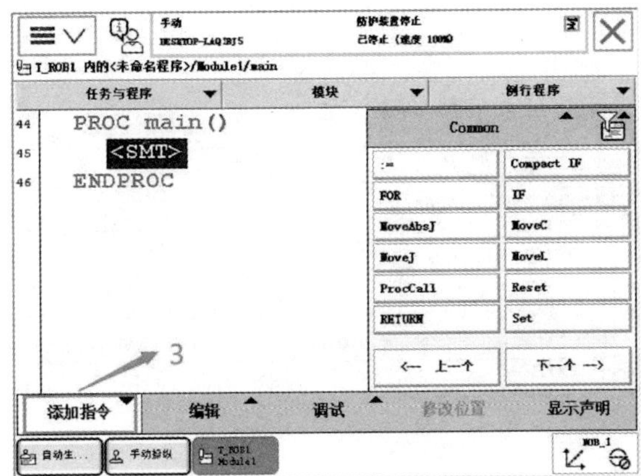

图 4-182　打开指令菜单

（5）如图 4-183 所示，选择“MoveAbsJ”指令。

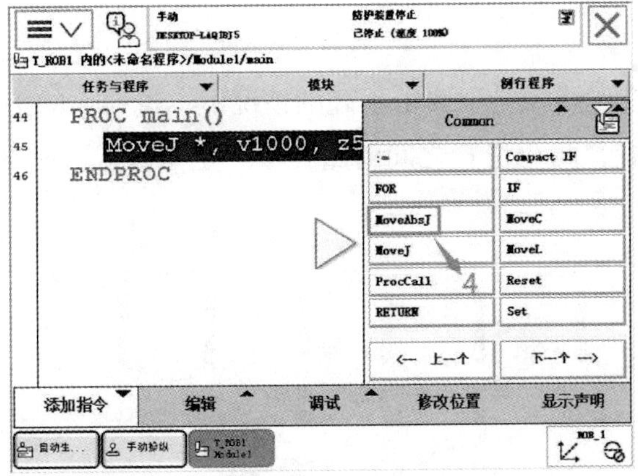

图 4-183　选择“MoveAbsj”指令

“[MoveAbsJ]”指令解析如下：

表 4-21　MoveAbsJ 指令解析

参数	定义
*	目标点位置数据
\NoEOffs	外轴不带偏移数据
V1000	运动速度数据，1000mm/s
Z50	转弯区数据。转弯区的数值越大，机器人的动作越圆滑与流畅
Tool1	工具坐标数据
Wobj1	工件坐标数据

绝对位置运动指令是机器人的运动使用六个轴和外轴的角度值来定义目标位置数据；MoveAbsJ 常用于机器人六个轴回到机械原点的位置。

2. 关节运动指令

如图 4-184 所示，添加两条“MoveJ”指令。

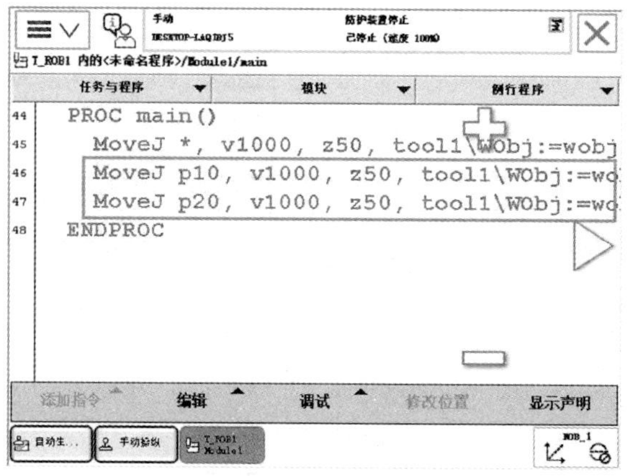

图 4-184　添加“MoveJ”指令

关节运动指令是在对路径精度要求不高的情况下，机器人的工具中心点 TCP 从一个位置移动到另一个位置，两个位置之间的路径不一定是直线。关节运动示意如图 4-185 所示。

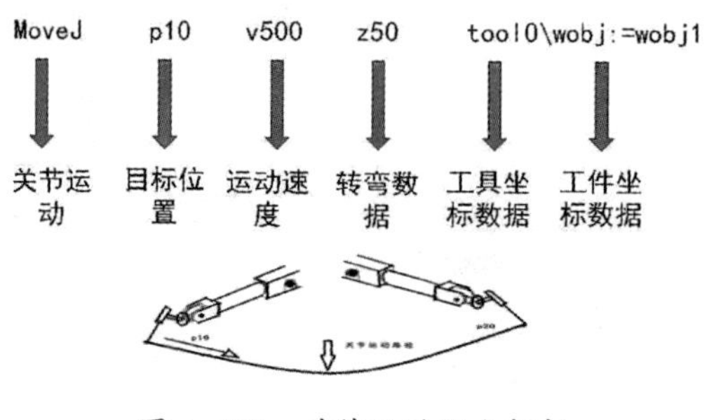

图 4-185　关节运动指令解析

关节运动指令适合机器人大范围运动使用，不容易在运动过程中出现关节轴进入机械死点的问题。

目标点位置数据：定义机器人。

TCP 的运动目标：可以在示教器中单击“修改位置”进行修改。

运动速度数据：定义速度（mm/s）。在手动限速状态下，所有运动速度被限速在 250mm/s。

转弯区数据：定义转弯区的大小（mm）。转弯区数据 fine，是指机器人 TCP 达到目标点，在目标点速度降为零，机器人动作有所停顿后再向下运动。如果是一段路径的最后一个点，一定要为 fine。

工具坐标数据：定义当前指令使用的工具。

工件坐标数据：定义当前指令所使用的工件坐标。

3. 线性运动

如图 4–186 所示，添加两条“MoveL”指令。

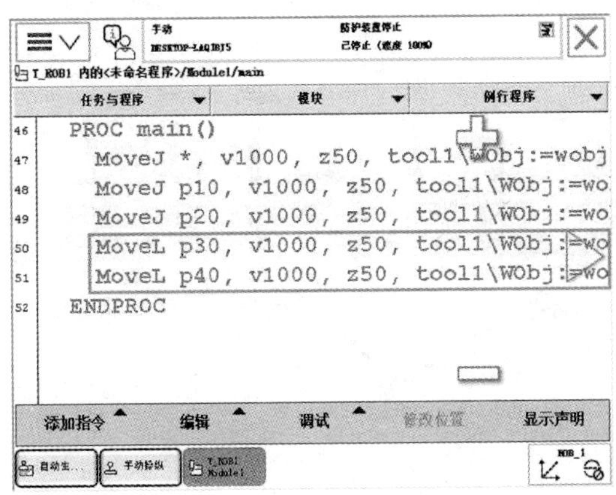

图 4–186　添加“MoveL”指令

线性运动是机器人的 TCP 从起点到终点之间的路径始终保持为直线。一般在焊接、涂胶等对路径要求高的场合使用此指令。线性运动示意如图 4–187 所示。

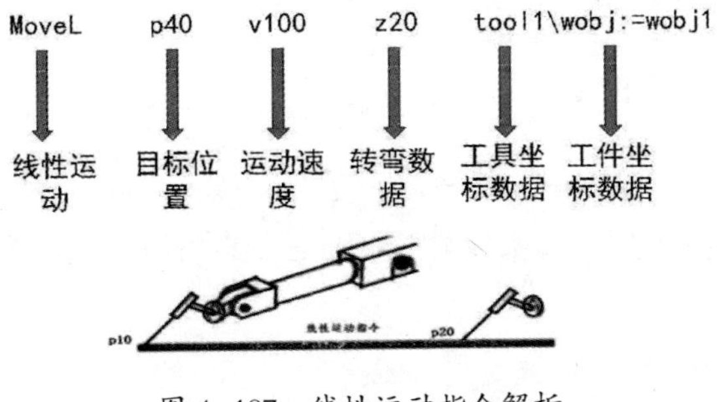

图 4–187　线性运动指令解析

4. 圆弧运动指令

如图 4–188 所示，添加两条“MoveC”指令。

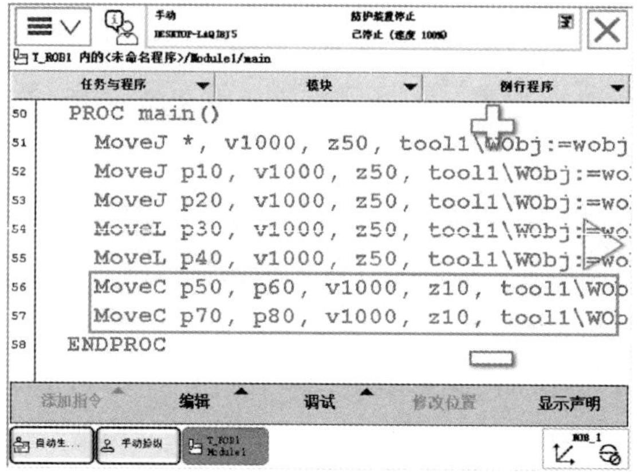

图 4–188　添加“MoveC”指令

圆弧路径是在机器人可到达的空间范围内定义三个位置点，第一个是圆弧的起点，第二个点用于圆弧的曲率，第三个点是圆弧的终点。圆弧运动示意如图 4–189 所示。

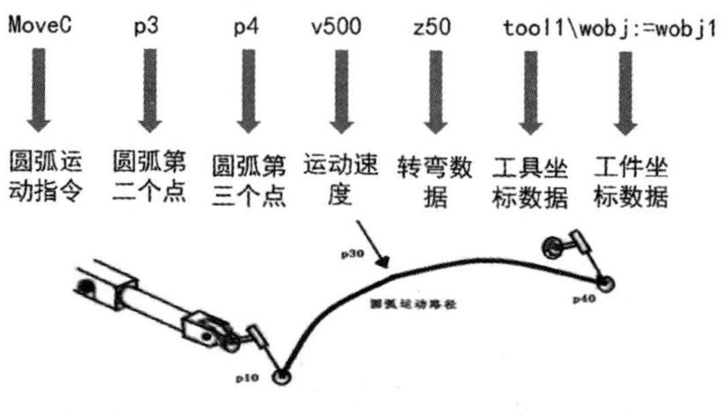

图 4–189　圆弧运动指令解析

二、I/O 控制指令

I/O 控制指令用于控制 I/O 信号，以达到与机器人周边设备进行通信的目的。

下面介绍基本 I/O 控制指令。

1. Set 数字信号置位指令

如图 4–190 所示，添加“Set”指令。

Set 数字信号置位指令用于将数字输出（Digital Output）置位为“1”。

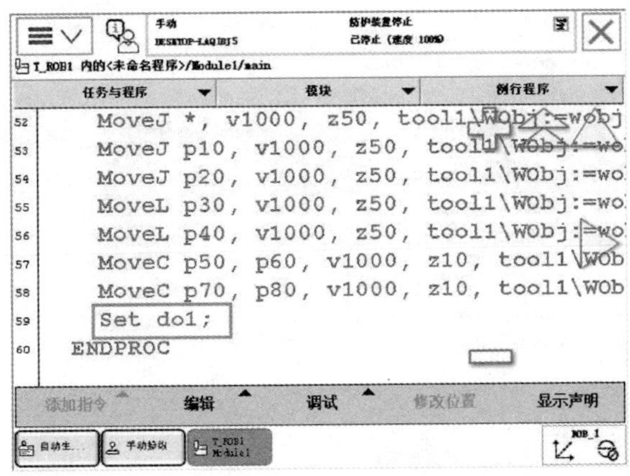

图 4-190　添加“Set”指令

“Set do1”指令解析如表 4-22 所示：

表 4-22　Set do1 指令解析

参数	含义
do1	数字输出信号

2．Reset 数字信号复位指令

如图 4-191 所示，添加“Reset”指令。

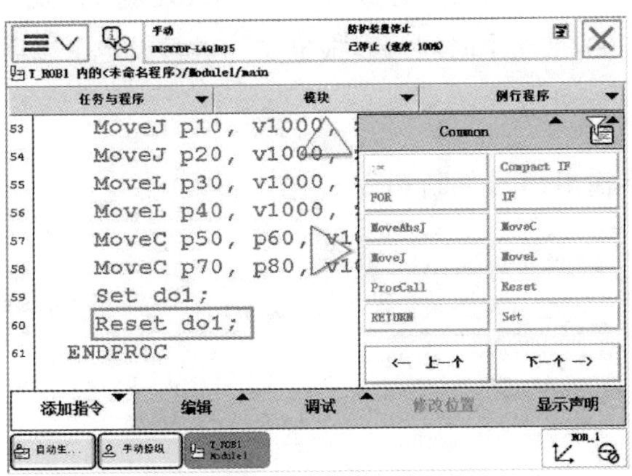

图 4-191　添加“Reset”指令

Reset 数字信号复位指令用于将数字输出（Digital Output）置位为 [0]；如果在 Set、Reset 指令前有运动指令 MoveL、MoveJ、MoveC、MoveAbsJ 的转弯区数据，必须使用 fine 才可以准确地输出 I/O 信号状态的变化。

3．WaitDI 数字输入信号判断指令

如图 4-192 所示，添加“WaitDI”指令。

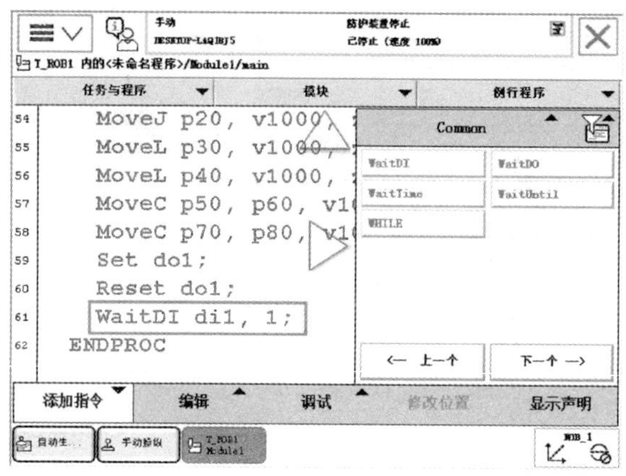

图 4–192 添加“WaitDI”指令

WaitDI 数字输入信号判断指令用于判断数字输入信号的值是否与目标一致。

指令解析如表 4–23 所示：

表 4–23 WaitDI 指令解析

参数	含义
di1	数字输入信号
1	判断的目标值

在程序执行此指令时，等待 di1 的值为 1。如果 di1 为 1，则程序继续往下执行；如果达到最大等待时间 300s（这个时间可以根据实际进行设定）以后，di1 的值还不为 1，则机器人报警或进入出错处理程序。

4．WaitDO 数字输出信号判断指令

如图 4–193 所示，添加“WaitDO”指令。

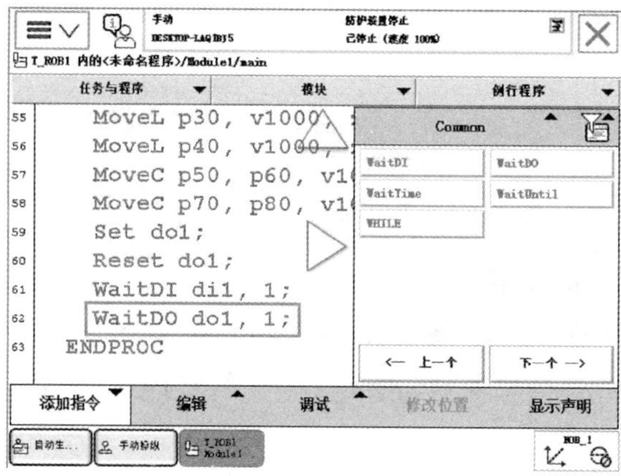

图 4–193 添加“WaitDO”指令

WaitDO 数字输出信号判断指令用于判断数字输出信号的值是否与目标一致。在程序执行此指令时，等待 do1 的值为 1。如果 do1 为 1，则程序继续往下执行；如果到达最大等待时间 300s 以后，do1 的值还不为 1，则机器人报警或进入出错处理程序。

5. WaitTime 时间等待指令

如图 4-194 所示，添加“WaitTime”指令。

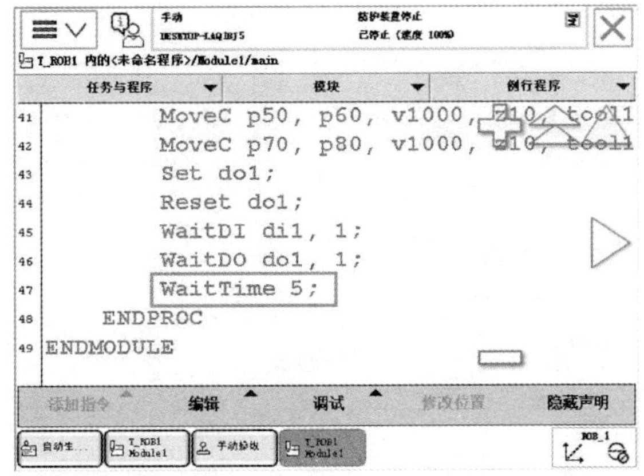

图 4-194 添加“WaitTime”指令

如上图的设置等待 5s 以后，程序向下执行指令；WaitTime 时间等待指令。就是用于程序在等待一个指定时间以后，再继续向下执行。

三、赋值指令

“:=”赋值指令用于对程序数据进行赋值。赋值可以是一个常量或数学表达式。下面就添加一个常量赋值与数学表达式赋值说明此指令的使用：

常量赋值：reg1:=5;

数学表达式赋值：reg2:=reg1+4;

1. 添加常量赋值指令操作

（1）如图 4-195 所示，在指令列表中选择“:=”；

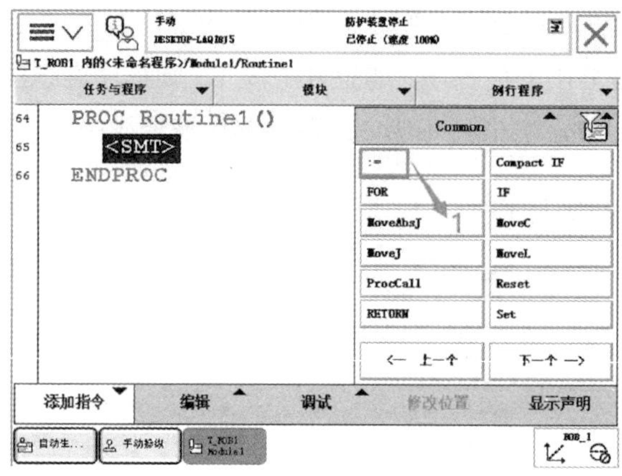

图 4-195　选择“:=”指令

（2）如图 4-196 所示，单击“更改数据类型…”。

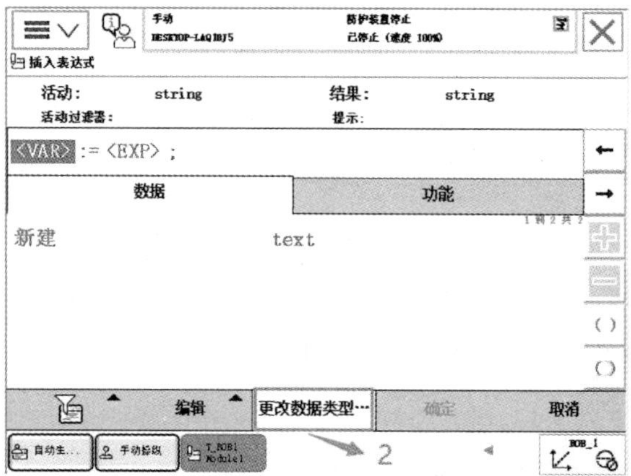

图 4-196　选择“更改数据类型…”

（3）如图 4-197 所示，在列表中找到“num”并选中，然后单击“确定”。

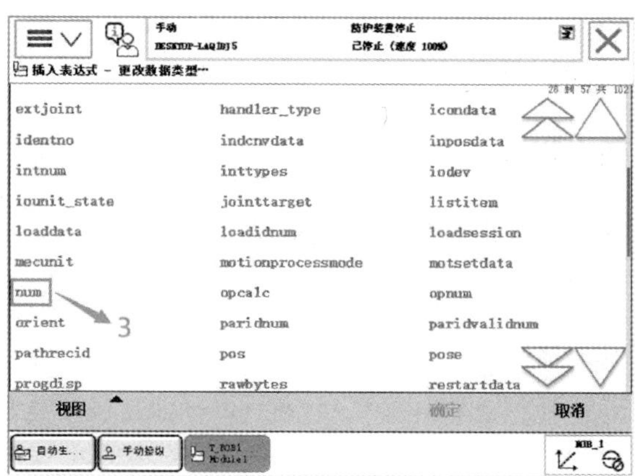

图 4-197　选择“num”

（4）如图 4-198 所示，选中“reg1”。

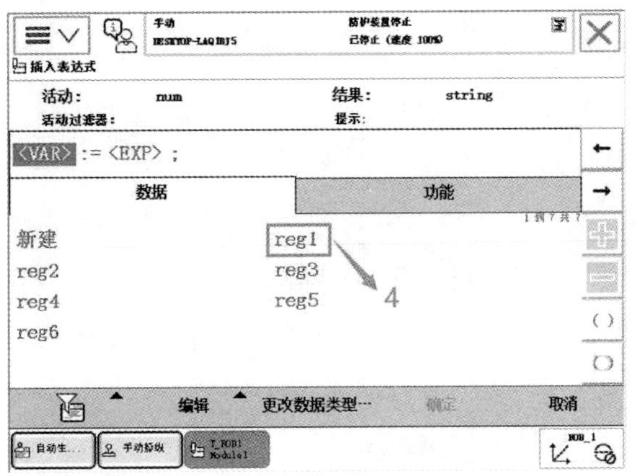

图 4-198　选择“reg1”

（5）如图 4-199 所示，选中“<EXP>”并蓝色高亮显示。

图 4-199　选中“<EXP>”高亮

（6）如图 4-200 所示，打开“编辑”菜单，选择“仅限选定内容”。

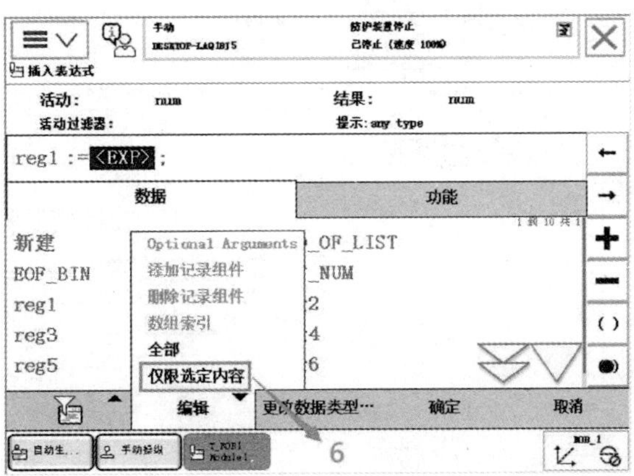

图 4-200　选择“仅限选定内容”

（7）如图 4-201 所示，通过软键盘输入数字“5”，然后单击“确定”。

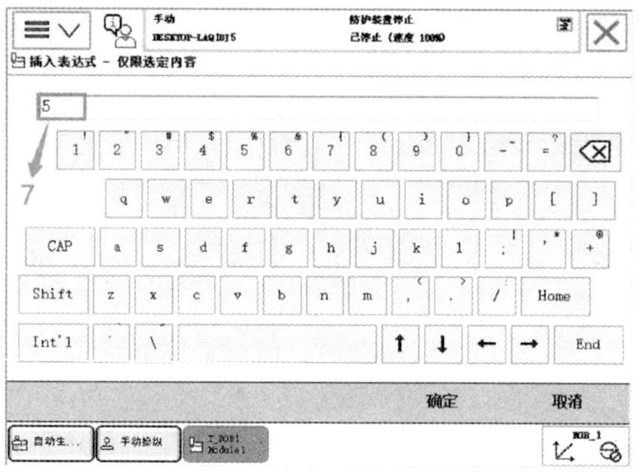

图 4-201 输入“5”

（8）如图 4-202 所示，单击“确定”。

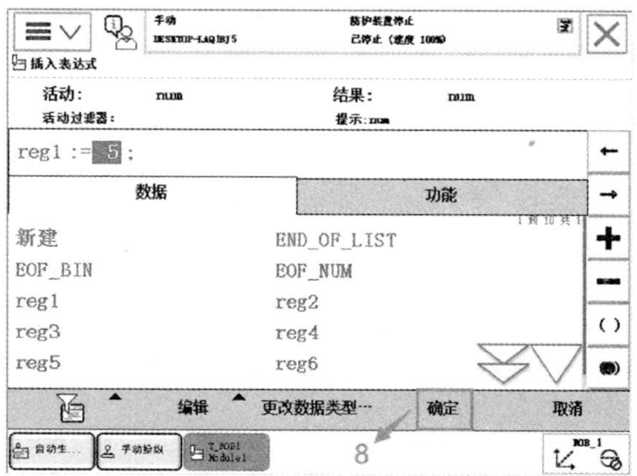

图 4-202 单击“确定”

（9）如图 4-203 所示，在程序编辑窗口中能看见所增加的指令。

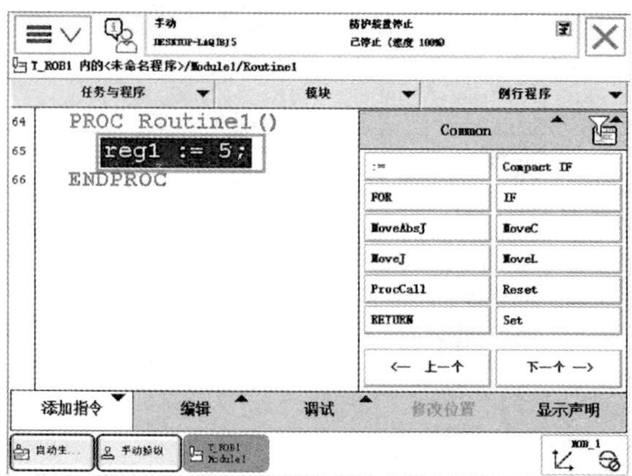

图 4-203 赋值指令添加完成

2. 添加带数学表达式的赋值指令的操作

（1）如图 4–204 所示，在指令列表中选择“:=”。

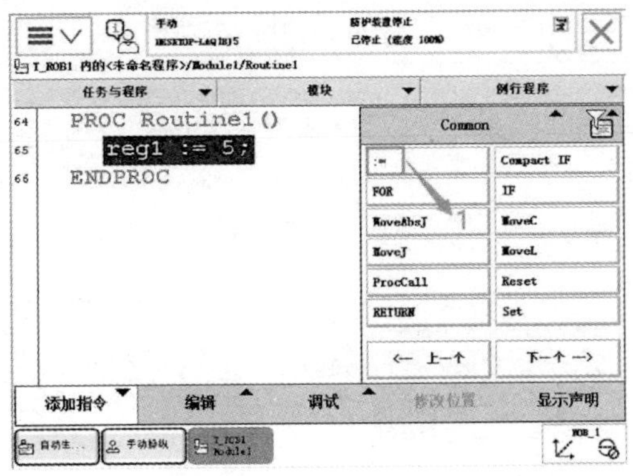

图 4–204　选择“:=”指令

（2）如图 4–205 所示，选中“reg2”。

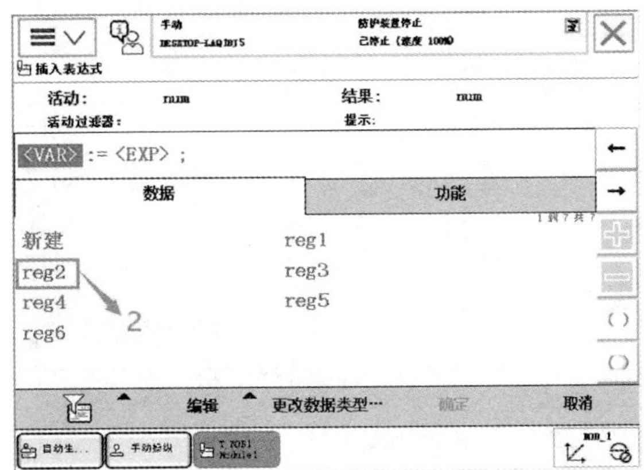

图 4–205　选择“reg2”

（3）如图 4–206 所示，选中“<EXP>”，显示为蓝色高亮。

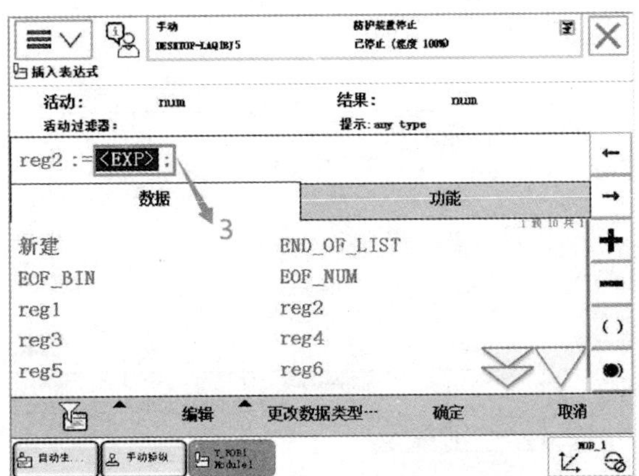

图 4–206　选中“<EXP>”高亮

（4）如图 4-207 所示，选中“reg1”。

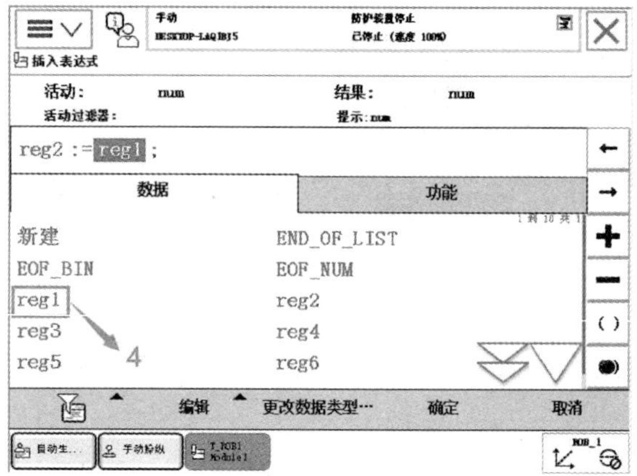

图 4-207　选中“reg1”

（5）如图 4-208 所示，单击“+”按钮。

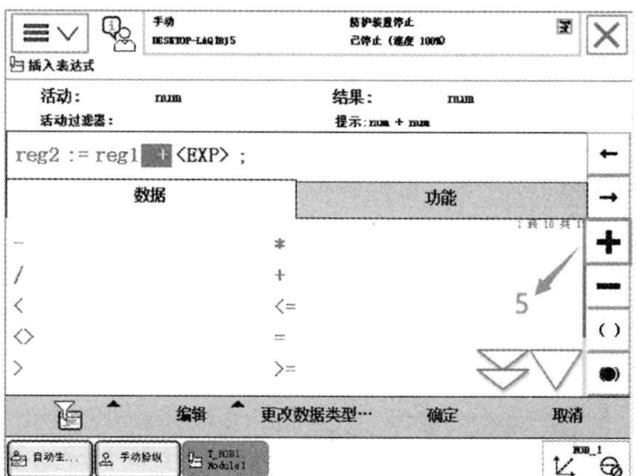

图 4-208　单击“+”

（6）如图 4-209 所示，选中“<EXP>”，显示为蓝色高亮。

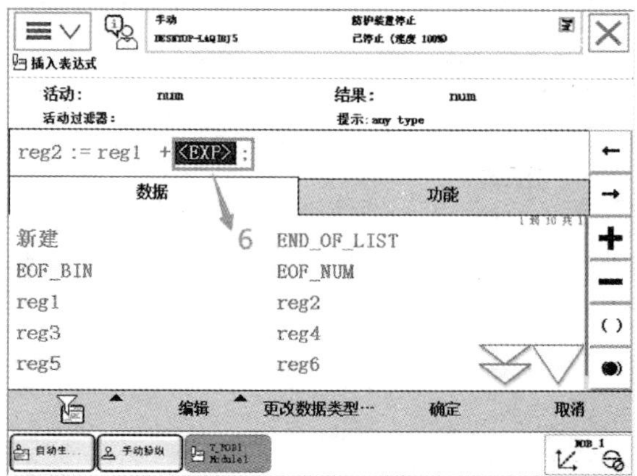

图 4-209　选中“<EXP>”高亮

（7）如图 4-210 所示，打开“编辑”菜单，选择“仅限选定内容”。

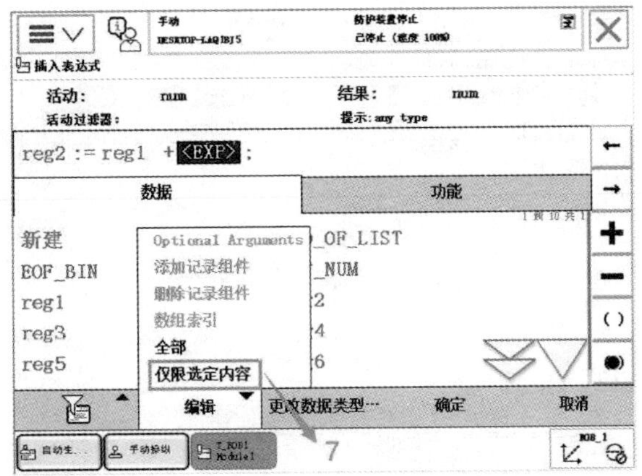

图 4-210　选择“仅限选定内容”

（8）如图 4-211 所示，通过软键盘输入数字 “4”。

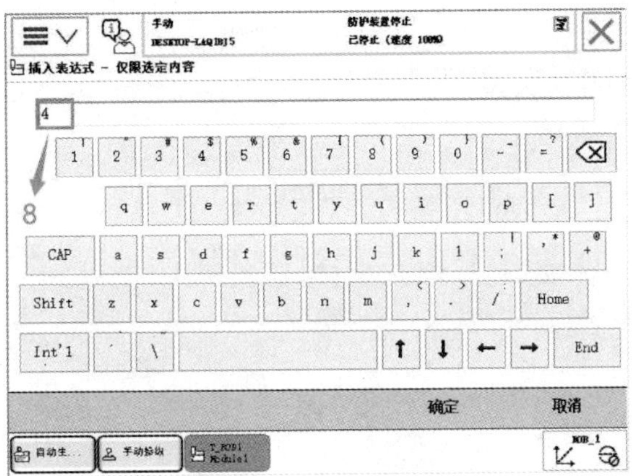

图 4-211　输入“4”

（9）如图 4-212 所示，单击“确定”。

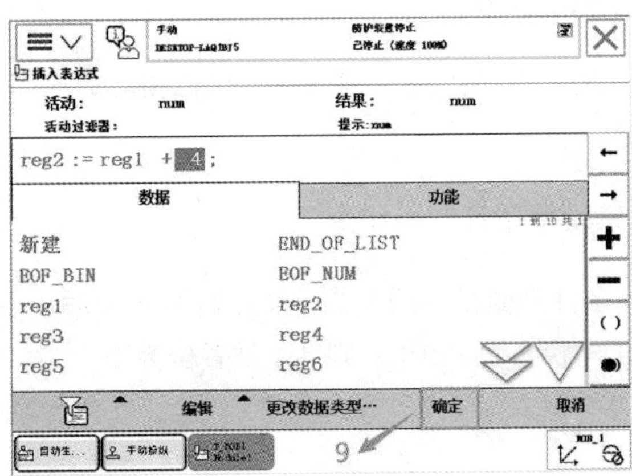

图 4-212　单击“确定”

（10）如图 4-213 所示，在弹出对话框中单击“下方”。

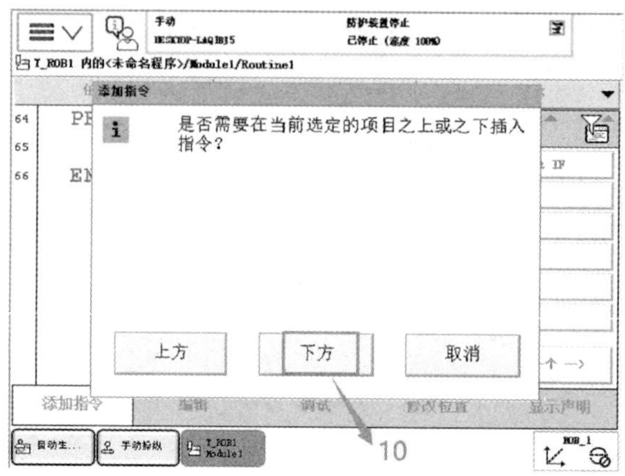

图 4-213　单击“下方”

（11）如图 4-214 所示，添加指令成功。

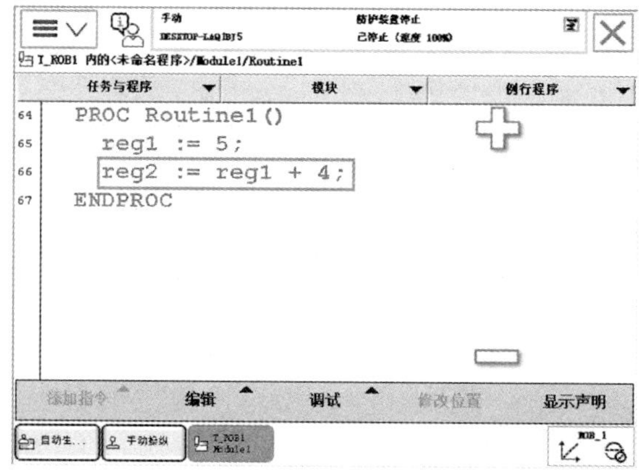

图 4-214　指令添加完成

四、条件逻辑判断指令

条件逻辑判断指令用于对条件进行判断后，执行相应的操作，是 RAPID 程序中重要的组成部分。

1．Compact IF 紧凑型条件判断指令

Compact IF 紧凑型条件判断指令用于当一个条件满足以后，就执行一句指令。如图 4-215 所示，如果 flag1 的状态为 TRUE，则 do1 被置位为 1。

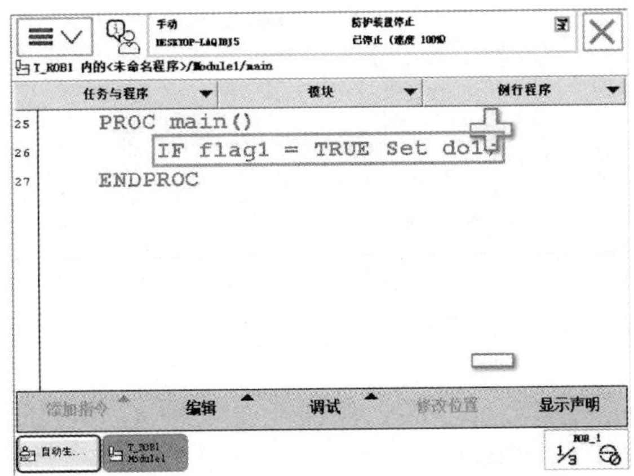

图 4-215　紧凑型条件判断指令

2．IF 条件判断指令

IF 条件判断指令，就是根据不同的条件去执行不同的指令。

如图 4-216 所示，如果 num1 为 1，则 flag1 会赋值为 TRUE；如果 num1 为 2，则 flag1 会赋值为 FALSE。

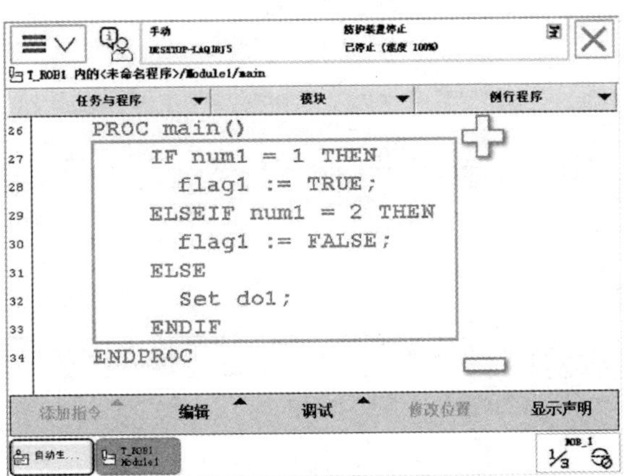

图 4-216　条件判断指令

除了以上两种条件外，则执行 do1 位置为 1。

条件判断的条件数量可以根据实际情况进行增加与减少。

3．FOR 重复执行判断指令

FOR 重复执行判断指令，适用于一个或多个指令需要重复执行多次的情况。如图 4-217 所示，例行程序 Routine1，重复执行 10 次。

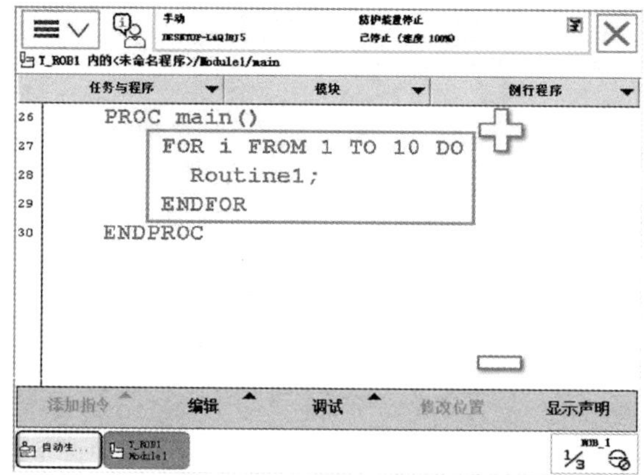

图 4-217　重复执行判断指令

4．WHILE 条件判断指令

WHILE 条件判断指令，用于在给定条件满足情况下，一直重复执行对应的指令。如图 4-218 所示，当 num1〉num2 的条件满足的情况下，就一直执行 num1：=num1-1 的操作。

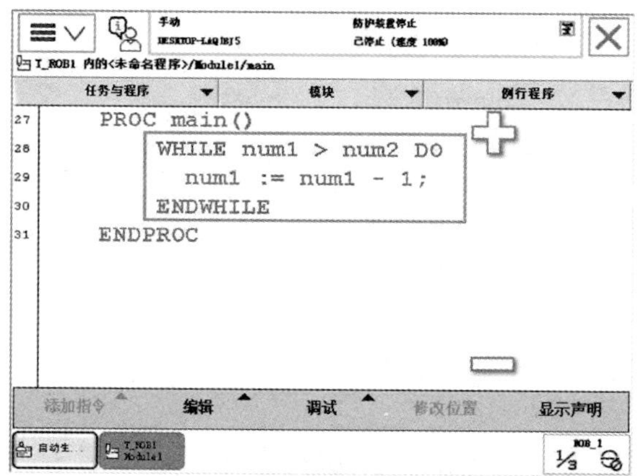

图 4-218　条件判断指令

五、其他常用指令

1．ProCall 调用例行程序指令

通过此指令在指定位置调用例行程序。其操作如下：

（1）选中 <SMT> 为要调用例行程序的位置，并在添加指令列表，选择“ProCall”指令，如图 4-219 所示。

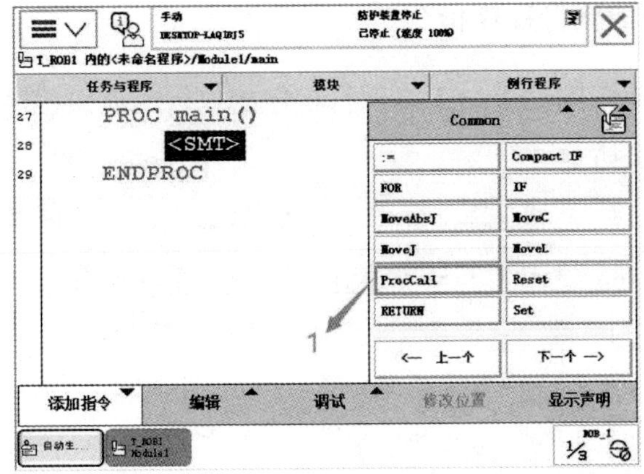

图 4-219　选择“ProCall”

（2）选中要调用的例行程序，然后单击确定，如图 4-220 所示。

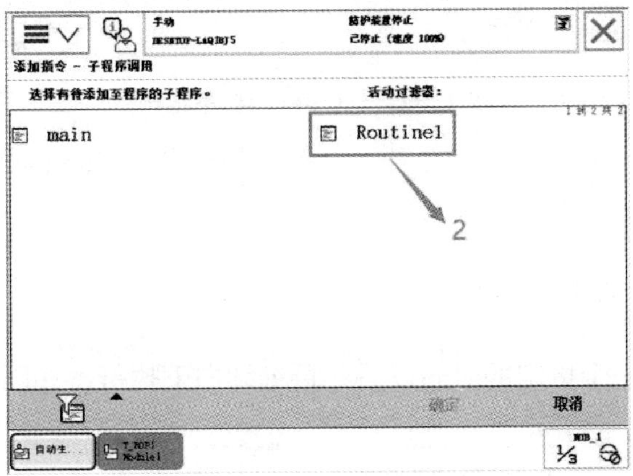

图 4-220　选择“Routinel”

（3）调用例行程序完毕，如图 4-221 所示。

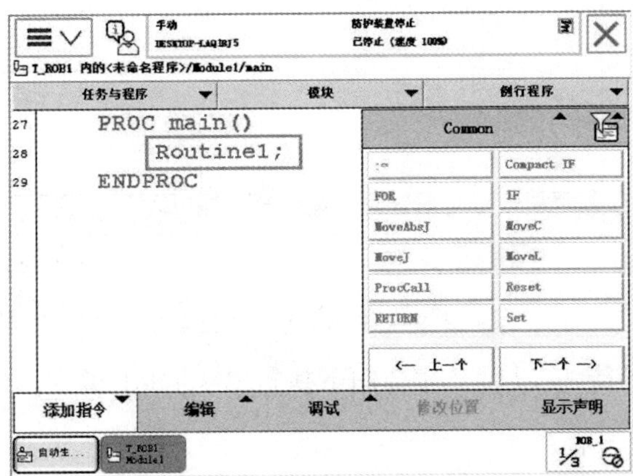

图 4-221　例行程序调用完毕

2. RETURN 返回例行程序指令

当此指令被执行时，则马上结束本例行程序的执行，返回程序指针到调用此例行程序的位置，如图 4–222 所示。

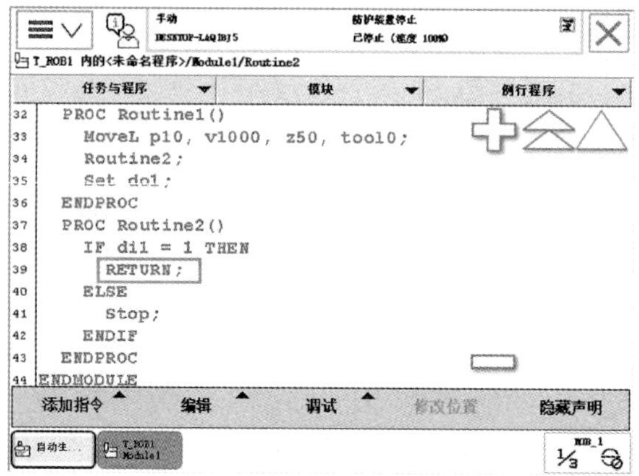

图 4–222　返回例行程序指令

当 di1=1 时，执行 RETURN 指令程序指针返回到调用 Routine2 的位置并继续向下执行 Set do1 这个指令。

3. WaitTime 时间等待指令

用于程序在等待一个指定的时间以后，再继续向下执行，如图 4–223 所示。

图 4–223　时间等待指令

Routine3 程序在等待 3s 以后，才会向下执行 Reset do1 指令。

任务实施与总结

<table>
<tr>
<td>任务实施</td>
<td>1. 已实现 3D 工作台上的三种轨迹编程，程序名称分别为 sanjiaoxing、yuanxing、wailunkuo；
2. 在此模块下新建主程序 main；
3. 在主程序编辑界面，利用 While 循环指令和 TEST-CASE 分支循环指令完成循环技术编程，其中 TEST-CASE 分支循环指令嵌入 While 指令中；
4. 使用调用例行程序指令 ProCall 依次将已有的子程序输入到主程序中；
5. 以变量组输入信号 gi1（占用地址 0-3）的值为判断条件，根据 gi1 值的不同，而执行不同的程序。例如 gi1 值为 1 时，执行 sanjiaoxing；gi1 值为 2 时，执行 yuanxing；gi1 值为 4 时，执行 wailunkuo。如图 4-224 所示。
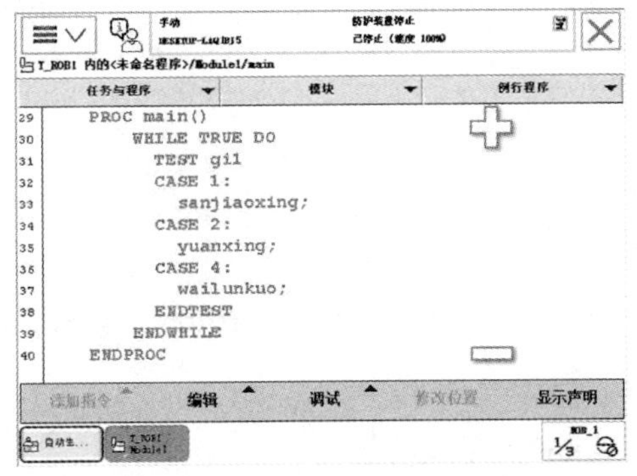

图 4-224　main 程序代码
程序编辑完成后，分别在手动慢速和自动运行模式下测试程序。</td>
</tr>
<tr>
<td>任务总结</td>
<td></td>
</tr>
</table>

项目四　特殊指令使用

知识目标

1. 掌握常用 FUNCTION 功能；
2. 了解 RAPID 程序的特殊指令（分支循环指令、GOTO 指令、运动设定指令）；
3. 掌握中断程序 TRAP。

能力目标

1. 会常用 FUNCTION 功能的设定方法（Abs 功能和 Offs 功能）；
2. 会 RAPID 程序特殊指令的使用方法；
3. 会中断程序 TRAP 的设定。

任务 1　FUNCTION 功能的使用

任务要求

了解常用 FUNCTION 功能，以 Abs 功能和 Offs 功能为例，掌握常用 FUNCTION 功能的使用方法。

知识储备

ABB 机器人 RAPID 编程中功能（FUNCTION）类似于指令并且执行完以后可以返回一个数值。使用功能可以有效提高编程和程序执行的效率。

功能 Abs 如图 4–225 所示，是对操作数 reg5 进行取绝对值的操作，然后将结果赋值给 reg1。

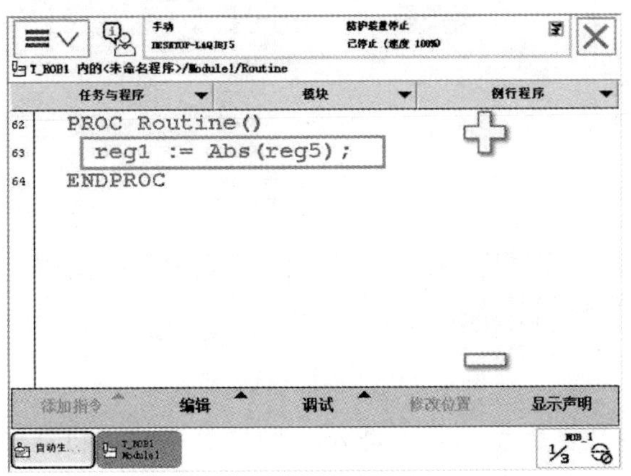

图 4–225　功能 Abs

功能 Offs 如图 4–226 所示，在 Routine1 程序中，作用是基于位置目标点 p10 在 X 方向偏移 100mm，Y 方向偏移 200mm，Z 方向偏移 300mm。而在 Routine2 中，所做的操作结果与 Routine1 一样，但执行效率就不如 Routine1 了。

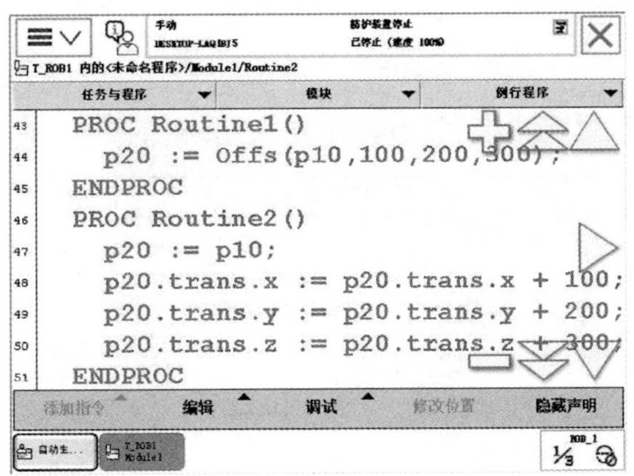

图 4–226　功能 Offs

1. 添加功能 reg1：=Abs（reg2）的操作方法

（1）打开添加指令列表，选择：= 赋值指令，如图 4–227 所示。

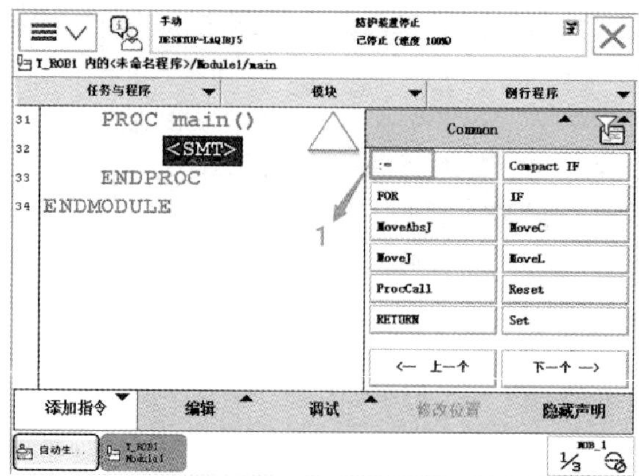

图 4-227　选择“赋值指令”

（2）确定为 num 数据类型，若不是 num 数据类型，可将其更改为该数据类型，如图 4-228 所示。

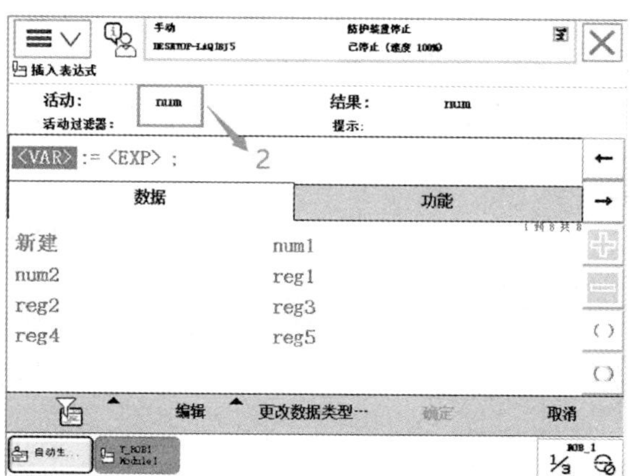

图 4-228　确定为 num 数据类型

（3）选择 reg1，如图 4-229 所示。

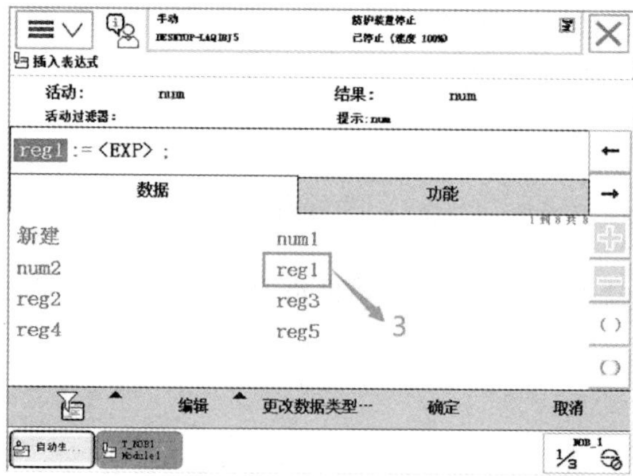

图 4-229　选择“reg1”

（4）选择赋值指令后的 <EXP>，单击功能标签，如图 4-230 所示。

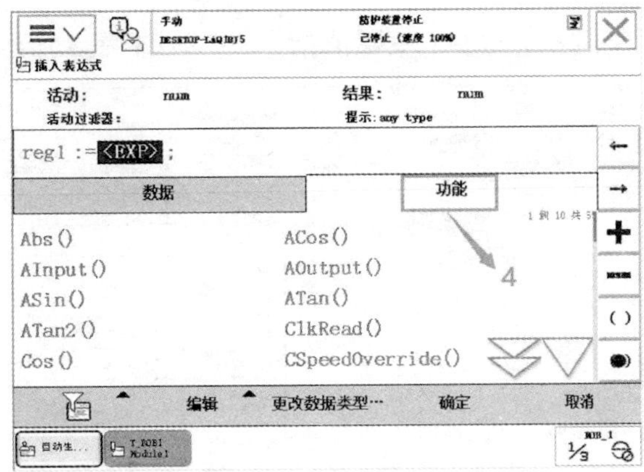

图 4-230　单击“功能”

（5）选择 Abs（ ）功能，然后选择 reg2，如图 4-231 所示。

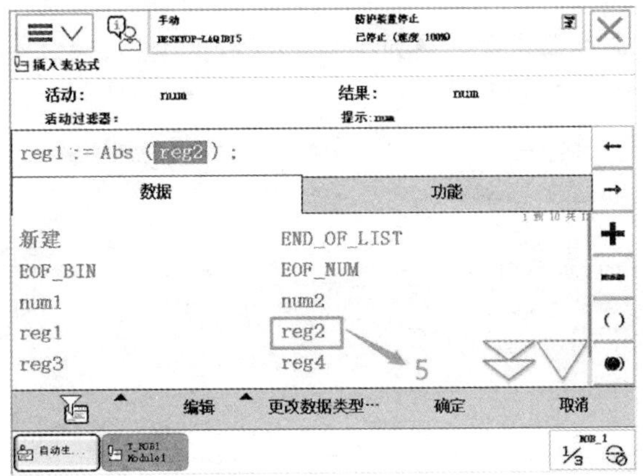

图 4-231　选择“reg2”

（6）单击确定，完成添加 Abs 功能的操作，如图 4-232 所示。

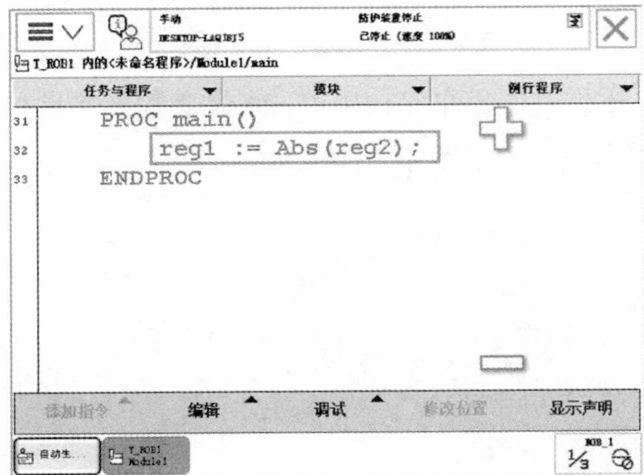

图 4-232　功能 Abs 添加完成

2. 添加功能 p20：=Offs（p10，100，200，300）；的操作

（1）打开添加指令列表，选择：= 赋值指令，如图 4–233 所示。

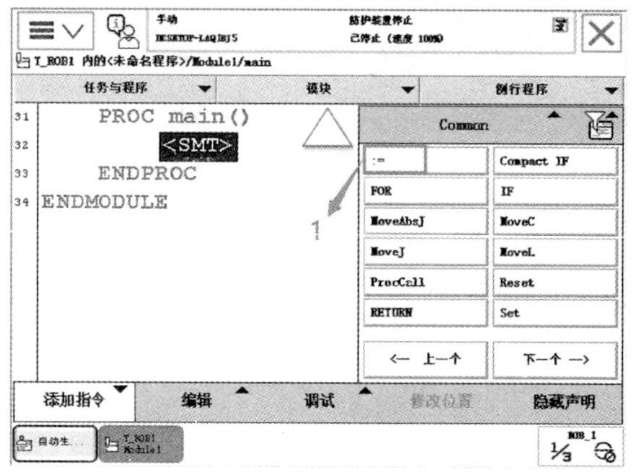

图 4–233　选择“赋值指令”

（2）单击更改数据类型选项，选择 robtarget 数据类型，然后单击确定，如图 4–234 所示。

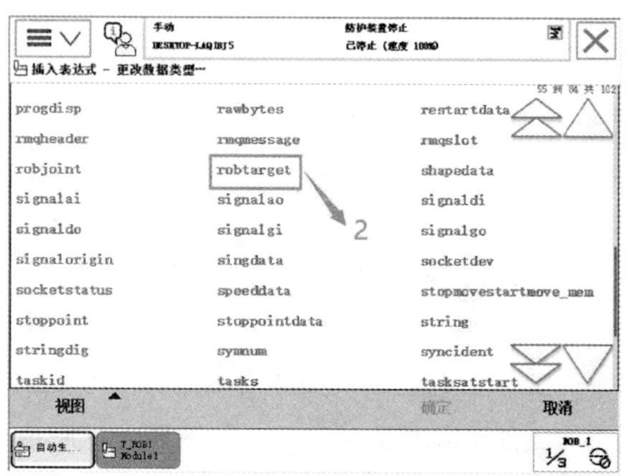

图 4–234　选择“robtarget”

（3）单击新建，分别建立名称为 p10 和 p20 的变量（常量是不可以通过赋值指令进行赋值的），然后单击确定，如图 4–235 所示。

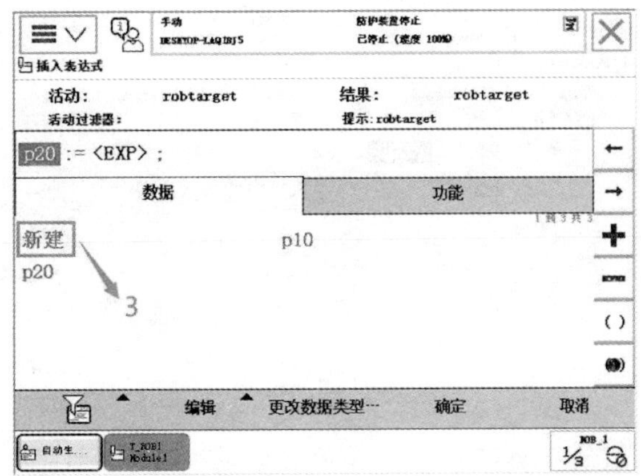

图 4-235　单击“新建”

（4）选中赋值指令后的 <EXP>，单击功能标签，如图 4-236 所示。

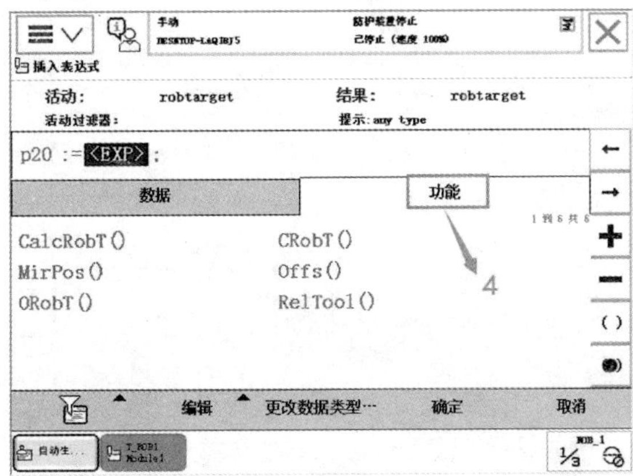

图 4-236　单击“功能”

（5）选择 Offs（ ）功能，如图 4-237 所示。

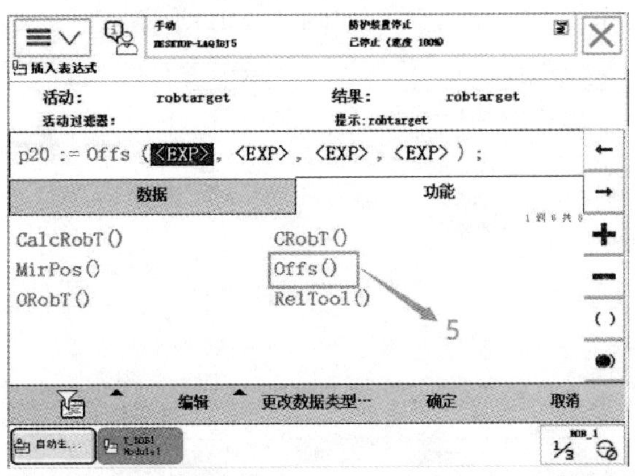

图 4-237　选择“Offs（ ）”

（6）选择 p10，如图 4-238 所示。

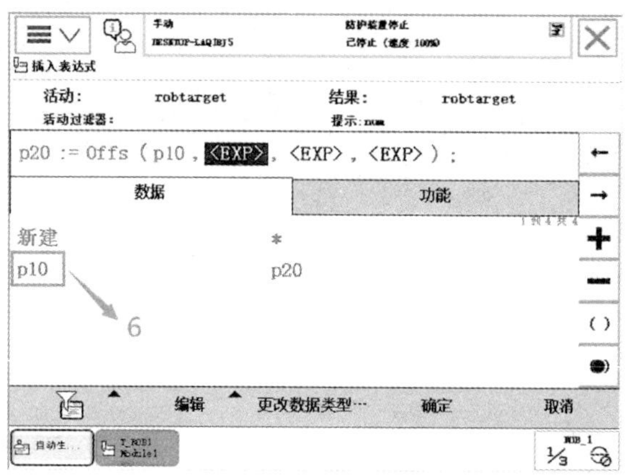

图 4-238　选择“p10”

（7）对后面三个 <EXP> 分别编辑输入 X、Y、Z 方向的偏移值 100mm、200mm、300mm，如图 4-239 所示。

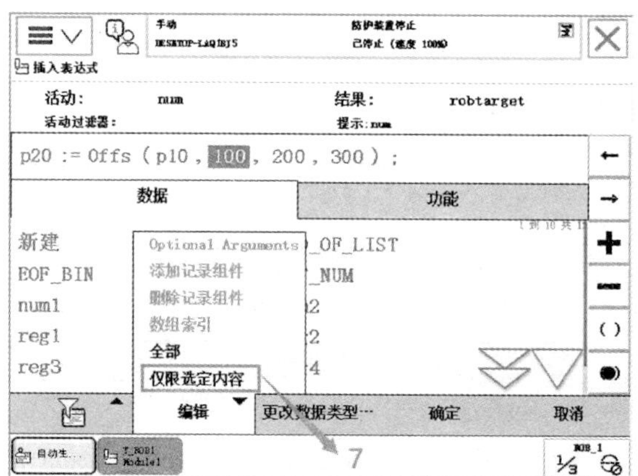

图 4-239　选择“仅限选定内容”输入偏移值

（8）单击确定，完成 Offs 的操作，如图 4-240 所示。

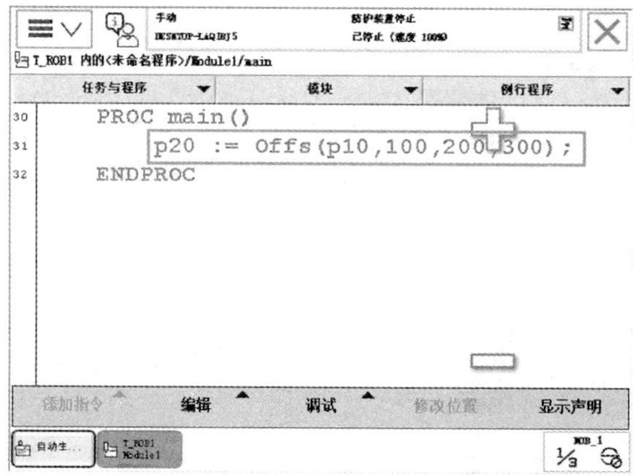

图 4-240　功能 Offs 添加完成

任务实施与总结

任务实施	利用 Abs 功能和 Offs 功能编写程序。
任务总结	

任务 2　RAPID 程序特殊指令及功能

任务要求

在了解RAPID程序常用指令的基础上，进一步了解RAPID程序常用特殊指令及功能。

知识储备

1．TEST-CASE 分支循环指令

TEST-CASE 指令用于对一个变量进行判断，从而执行不同的程序。TEST 指令传递的变量用作开关，根据变量值不同跳转到预定义的CASE指令，达到执行不同程序的目的。如果未找到预定义的 CASE，会跳转到 DEFAULT 段（事先已定义）。使用实例如下所示。

```
MODULE Module1
    PROC Routine1（ ）——例行程序文件名称
        TEST number
        CASE1：——变量值为 1 时
            !chengxu
            <SMT>
        CASE2：——变量值为 2 时
            !chengxu
```

```
        <SMT>
    CASE3：——变量值为 3 时
        !chengxu
        <SMT>
    DEFAULT：——除变量值为 1，2，3 的情况
        !chengxu
        <SMT>
        ENDTEST
    ENDPROC
ENDMODULE
```

2．GOTO 指令

GOTO 指令用于跳转到例行程序内标签的位置，配合 Label 指令（跳转指令）使用。如下所示 GOTO 指令的使用实例，在执行 Routine1 程序过程中，当判断条件 di=1 时，指针会跳转到带跳转标签 rHome 的位置，开始执行 Routine2 的程序。

```
MODULE Module1
  PROC Routine1（ ）
      rHome：——跳转标签 Label 的位置
      Routine2;
      IF di1=1 THEN
        GOTO rHome;
      ENDIF
    ENDPROC
  PROC Routine2（ ）
  MoveJ p10， v1000， z50， tool0;
ENDPROC
ENDMODULE
```

3．运动设定指令 VelSet、AccSet

（1）速度设定指令 VelSet

VelSet 指令用于设定最大的速度和倍率。该指令仅可用于主任务 T_ROB1，或者如果在 MultiMove 系统中，则可用于运动任务中。

示例：MODULE Module1

```
PROC Routine1（）
  VelSet 50， 400;
  MoveL p10， v1000， z50， tool0;
  MoveL p20， v1000， z50， tool0;
  MoveL p30， v1000， z50， tool0;
ENDPROC
ENDMODULE
```

将所有的编辑速率降至指令中值的 50%，但不允许 TCP 速率超过 400mm/s，即点 p10、p20 和 p30 的速度是 400mm/s。

（2）加速度设定指令 AccSet

AccSet 可定义机器人的加速度。处理脆弱负载时，允许增加或降低加速度，使机器人移动更加顺畅。该指令仅可用于主任务 T_ROB1，或者如果在 MultiMove 系统中，则可用于运动任务中。

示例：AccSet 50， 100;

加速度限制到正常值的 50%。

例 2 AccSet 100， 50;

加速度斜线限制到正常值的 50%。

任务实施与总结

任务实施	学习 RAPID 程序常用特殊指令的用法。
任务总结	

任务 3　中断程序 TRAP 应用

任务要求

了解中断程序 TRAP 的作用及适用范围，通过实际的例子，完成中断指令的配置和设定。

知识储备

在程序执行过程中，如果发生需要紧急处理的情况，这时就要中断当前执行程序，马上跳转到专门的程序中对紧急情况进行相应处理，处理结束后返回至中断的地方继续往下执行程序。专门用来处理紧急情况的专门程序称作中断程序（TRAP）。

中断程序经常用于处理运行中出现的错误，外部信号的响应要求高的场合。

以下面的情况为例子，创建一个中断程序。

正常情况下，di1 的信号为 0

如果 di1 的信号从 0 变为 1 时，就对 reg1 数据进行加 1 的操作

创建步骤

（1）如图 4-241 所示，创建一个中断程序，在“类型”中选择“中断”，然后单击“确定”。

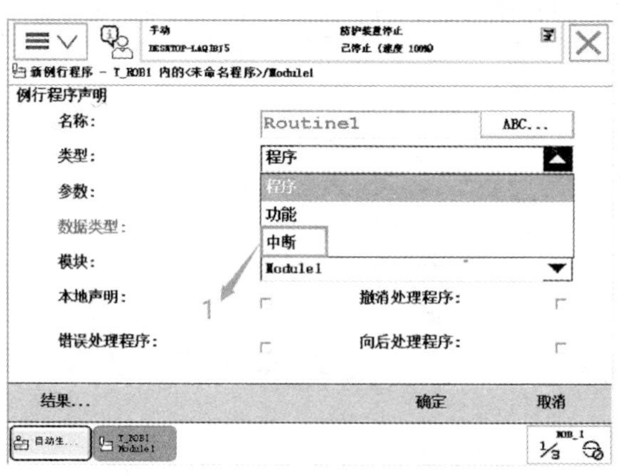

图 4-241　选择“中断”

（2）如图 4-242 所示，在新建中断程序中添加赋值指令格式为“reg1：=reg1+1；”

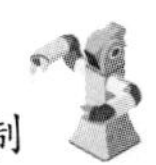

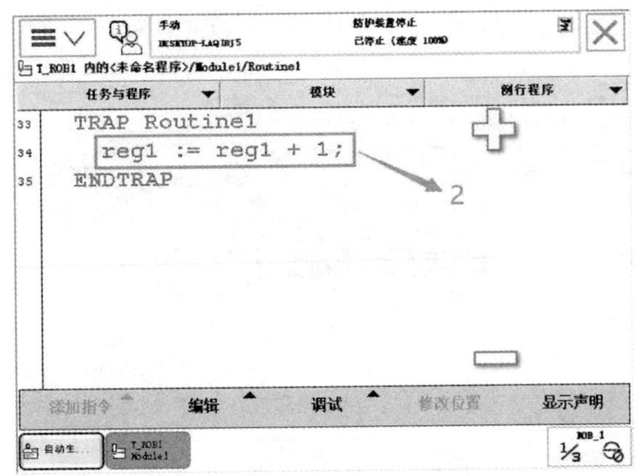

图 4-242　添加赋值指令

（3）如图 4-243 所示，在 main 模块中添加取消指定的中断指令“IDelete”。

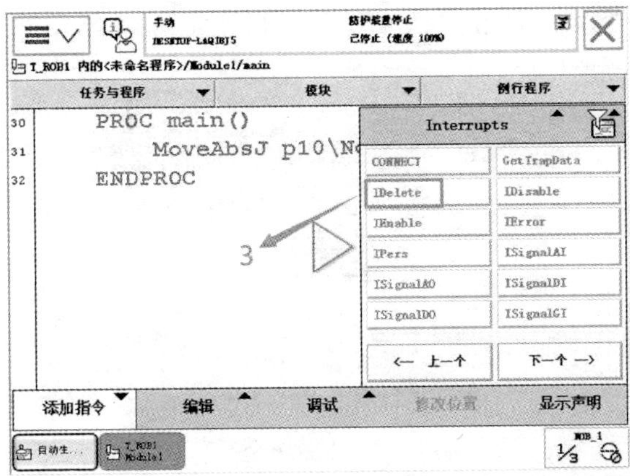

图 4-243　选择“IDelete”

（4）如图 4-244 所示，在 IDelete 中选择“intnol”，如果没有的话，就新建一个，然后单击“确定”。

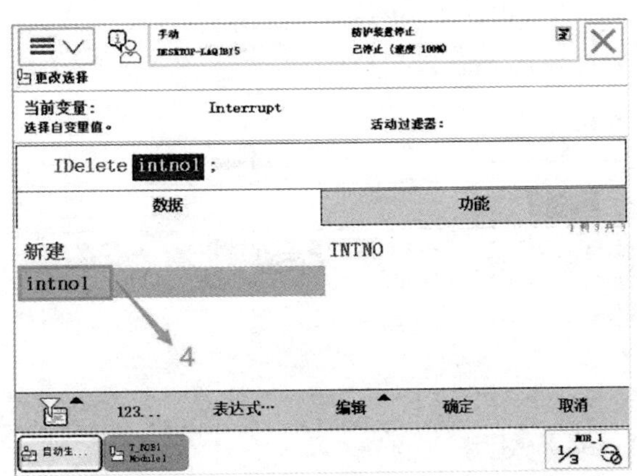

图 4-244　选择“intnol”

（5）如图 4-245 所示，添加连接一个中断符号到中断指令“CONNECT”。

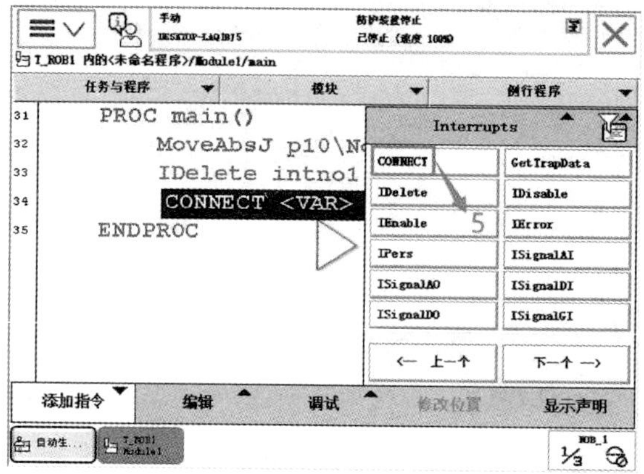

图 4-245　添加“CONNECT”

（6）如图 4-246 所示，双击“<VAR>”进行设定

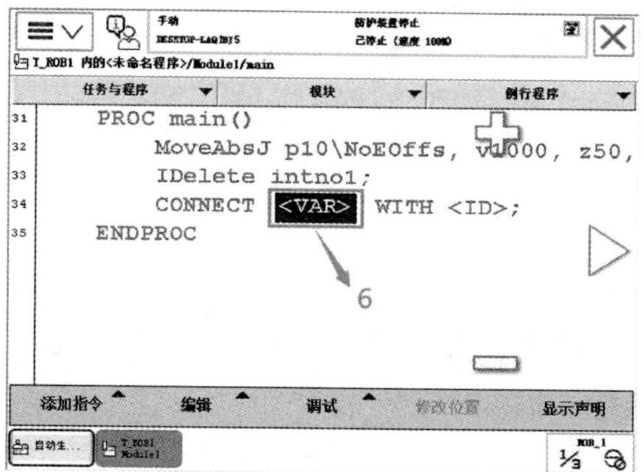

图 4-246　双击“<VAR>”

（7）如图 4-247 所示，选择“intnol”，然后单击“确定”

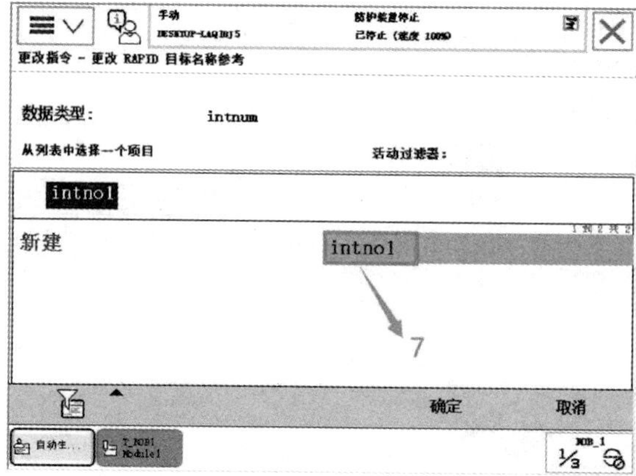

图 4-247　选择“intnol”

（8）如图 4-248 所示，双击“<ID>”进行设定

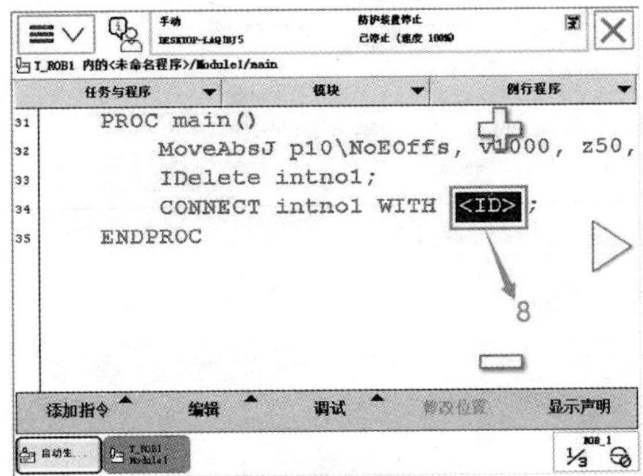

图 2-248　双击“<ID>”

（9）如图 4-249 所示，选择要关联的中断程序“Routine1”，然后单击“确定”。

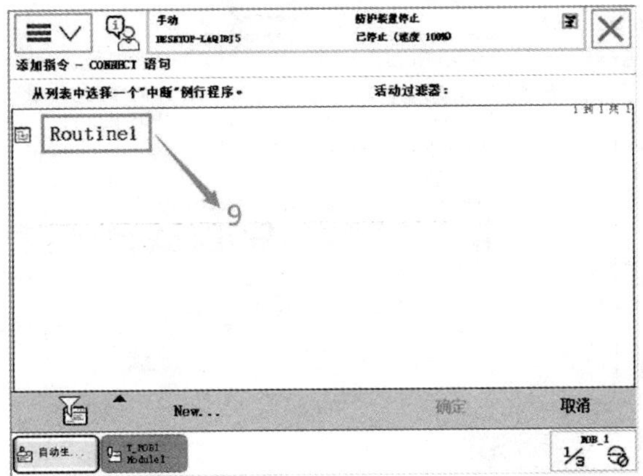

图 4-249　选择“Routine1”

（10）如图 4-250 所示，添加一个触发中断信号指令“ISignalDI”

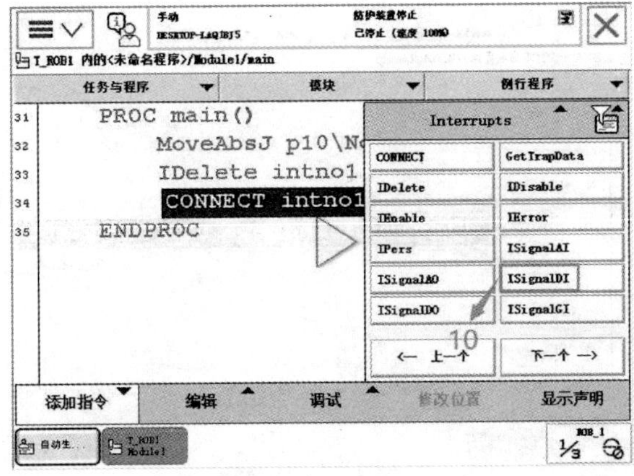

图 4-250　选择 IsignalDI

（11）如图 4-251 所示，选择触发中断信号“di1”。

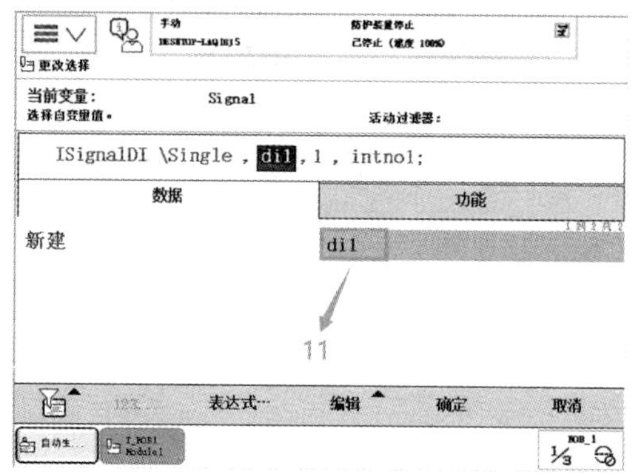

图 4-251　选择“di1”

（12）如图 4-252 所示，ISignalDI 中的 Single 参数启用，则此中断只会响应 di1 一次；若要重复响应，则将其去掉。

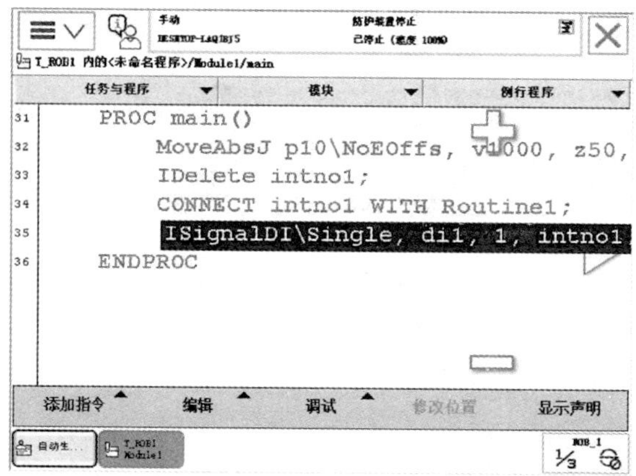

图 4-252　启用 Single 参数

（13）如图 4-253 所示，选择“ISignalDI”，然后单击

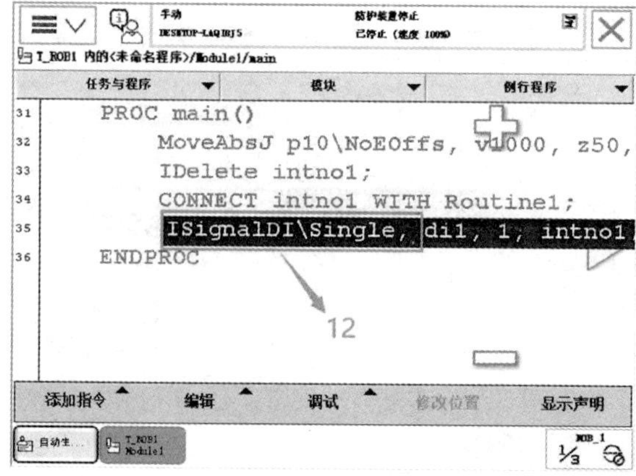

图 4-253　选择“ISignalDI”

（14）如图 4–254 所示，单击“可选变量”。

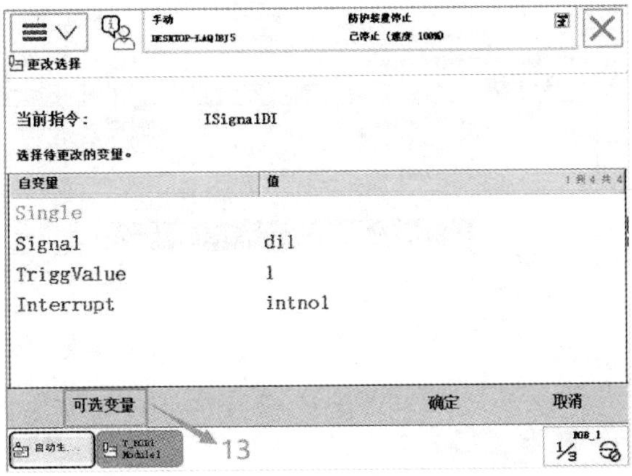

图 4–254　单击“可选变量”

（15）如图 4–255 所示，单击“\Singles”进入设定画面。

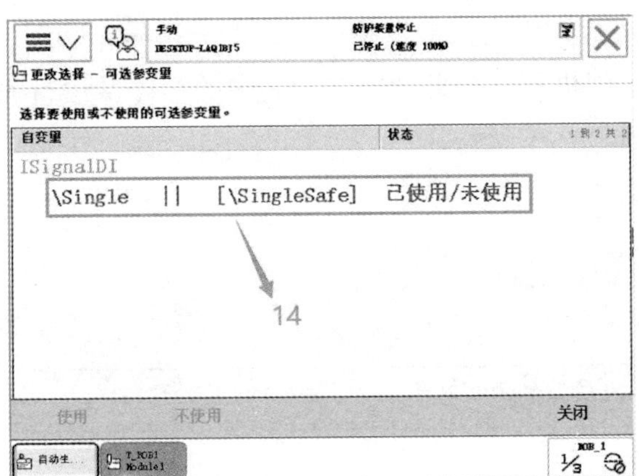

图 4–255　单击“\Singles”

（16）如图 4–256 所示，选中“\Singles”，然后单击“不使用”，单击“关闭”。

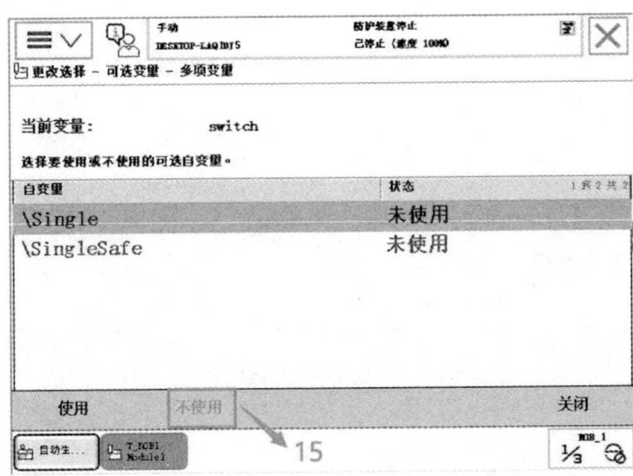

图 4–256　选中“\Singles”，单击“不使用”

（17）如图 4-257 所示，设定完后，单击“确定”。

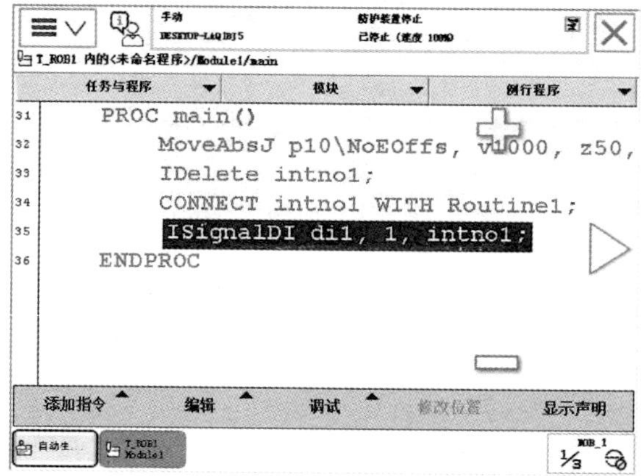

图 4-257 设定完成

我们不需要在程序中对该中断程序进行调用，定义触发条件的语句一般放在初始化程序中，当程序启动运行完该定义触发条件的指令一次后，则进入中断监控，当数字输入信号 di1 变为 1 时，则机器人立即执行 TRAP 中的程序，运行完成后，指针返回至触发该中断的程序位置继续往下执行。

任务实施与总结

任务实施	学习中断程序的编写及应用。
任务总结	

项目五　机器人程序模块管理

了解程序模块及例行程序的管理。

能力目标

1. 会程序模块的创建、加载、保存、重命名和删除等；
2. 会例行程序的新建、复制、移动和删除等。

任务 1　程序模块的管理

任务要求

在了解 RAPID 程序组成的基础上，能够对程序模块进行相关操作，例如程序模块的创建、加载、保存、重命名和删除等。

1. 创建新模块

（1）进入 ABB 主菜单，单击“程序编辑器”，如图 4–258 所示。

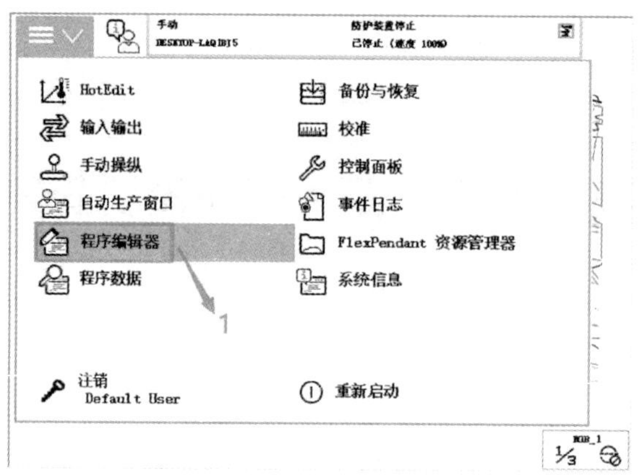

图 4-258　选择“程序编辑器”

（2）在弹出的提示框中单击“取消”，如图 4-259 所示。

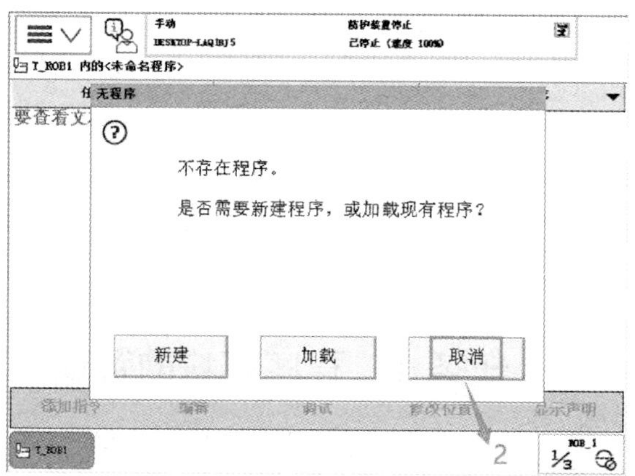

图 4-259　单击“取消”

（3）单击文件菜单中的“新建模块 ...”选项，如图 4-260 所示。

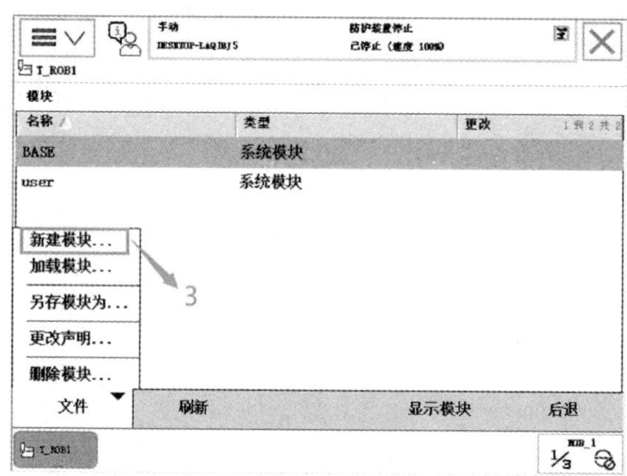

图 4-260　单击“新建模块 ...”

（4）新建模块将丢失程序指针，单击“是”继续，如图 4-261 所示。

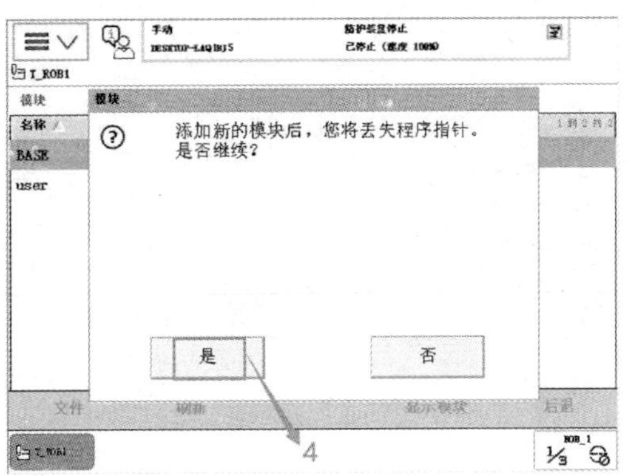

图 4-261　单击“是”

（5）单击“ABC...”可自定义模块名称，然后单击“确定”，如图 4-262 所示。

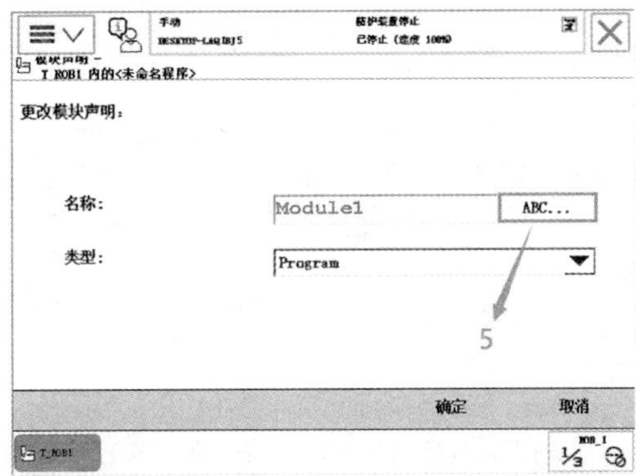

图 4-262　单击“ABC...”定义模块名称

（6）新的程序模块已创建完成，如下图 4-263 所示。

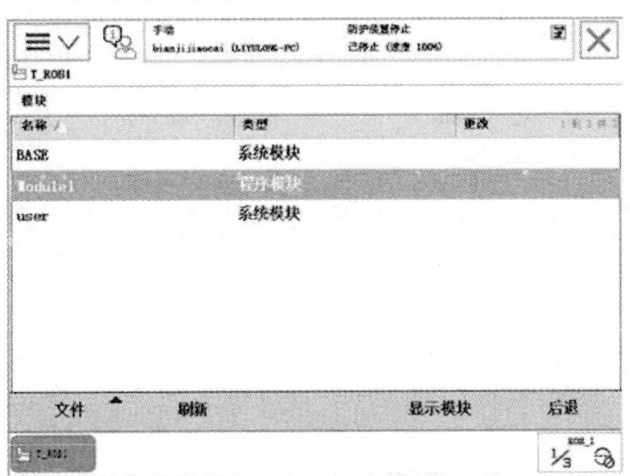

图 4-263　模块创建完成

2．加载现有程序模块

（1）进入 ABB 主菜单，单击程序编辑器选项，如图 4-264 所示。

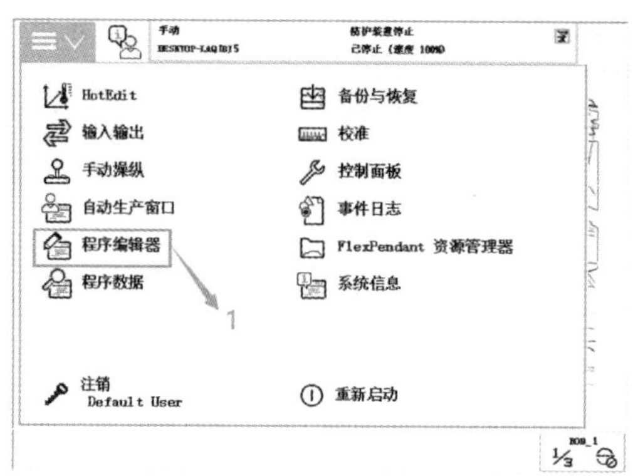

图 4-264　选择“程序编辑器”

（2）单击文件菜单中的“加载模块 ...”选项，如图 4-265 所示。

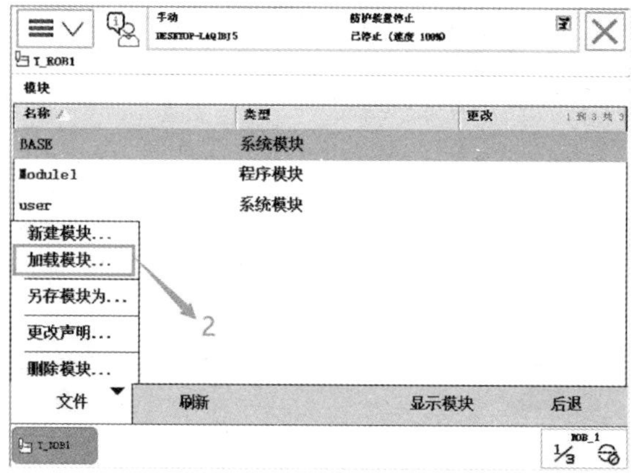

图 4-265　选择“加载模块 ...”

（3）添加新的模块后，将丢失程序指针，单击“是”继续，如图 4-266 所示。

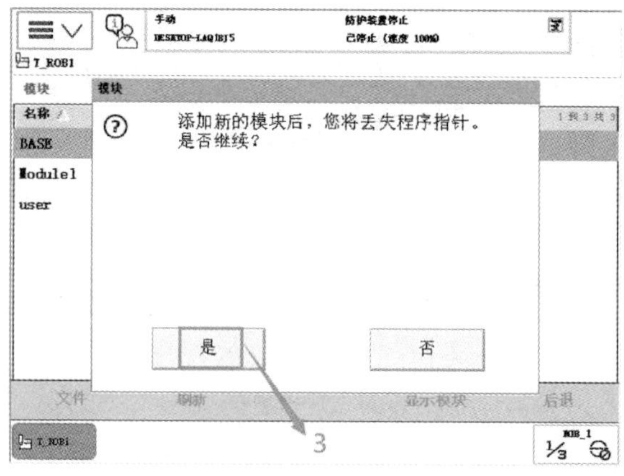

图 4-266　单击“是”

（4）定位要加载的模块路径，选择模块后，单击“确定”，程序模块将被加载，如图 4-267 所示。

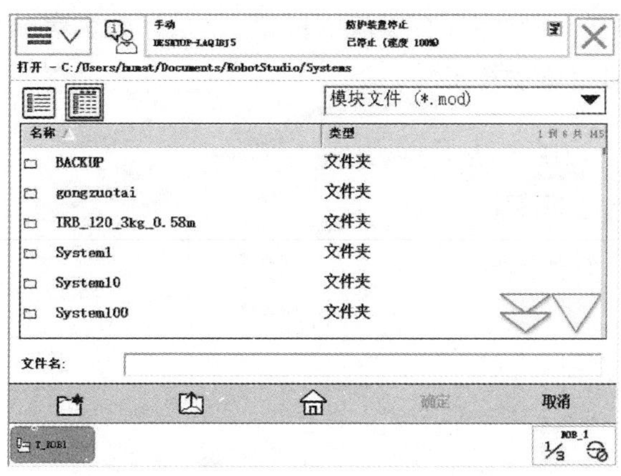

图 4-267 确定加载模块的路径

3. 保存程序模块

（1）进入 ABB 主菜单，单击“程序编辑器”选项，如图 4-268 所示。

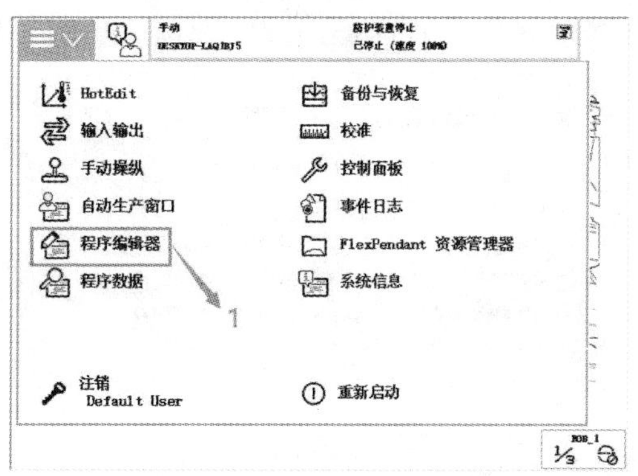

图 4-268 单击“程序编辑器”

（2）选择要保存的模块，并单击文件菜单中的“另存模块为 ...”选项，如图 4-269 所示。

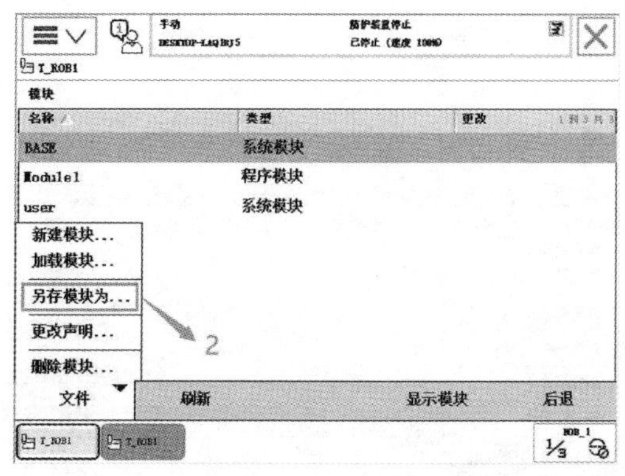

图 4-269 选择“另存模块为 ...”

（3）使用文件搜索工具确定保存模块的位置，并使用软键盘输入模块另存后的名称，然后单击“确定”，如图 4-270 所示。

图 4-270　确定模块保存位置

4. 重命名程序模块和更改模块类型

（1）进入 ABB 主菜单，单击“程序编辑器”选项，如图 4-271 所示。

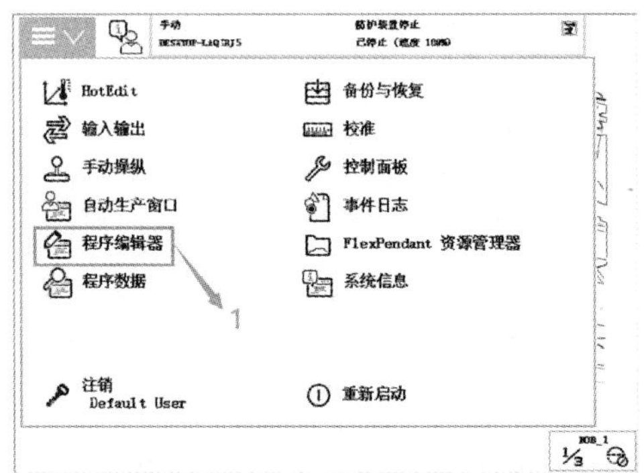

图 4-271　单击“程序编辑器”

（2）选择要更改的模块，单击文件菜单中的“更改声明 ...”选项，如图 4-272 所示。

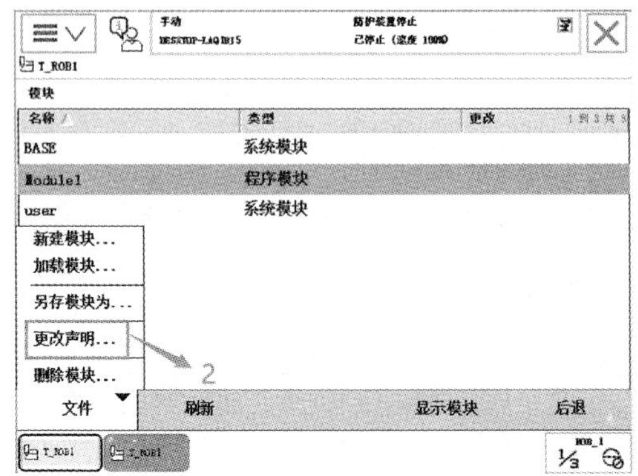

图 4-272　选择“更改声明 ...”

（3）使用“ABC...”软键盘可更改名称，在类型一行可更改模块类型，然后单击确定，如图 4–273 所示。

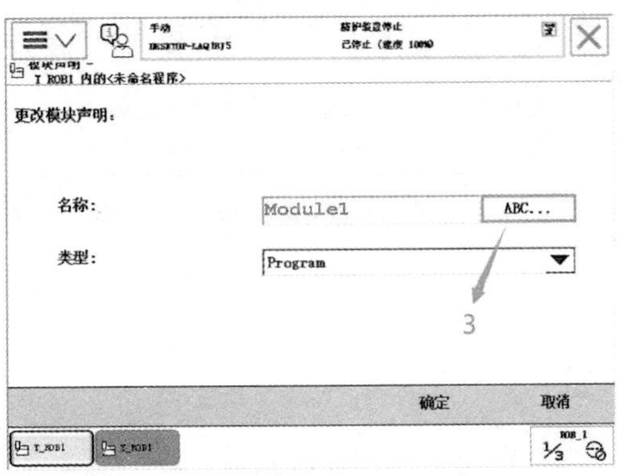

图 4–273　单击“ABC...”更改名称

5. 删除程序模块

（1）进入 ABB 主菜单，单击“程序编辑器”选项，如图 4–274 所示。

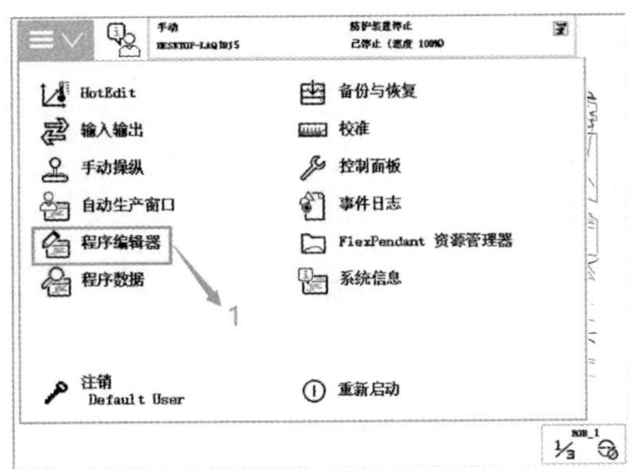

图 4–274　选择“程序编辑器”

（2）选中要删除的模块，单击文件菜单中的“删除模块 ...”选项，如图 4–275 所示。

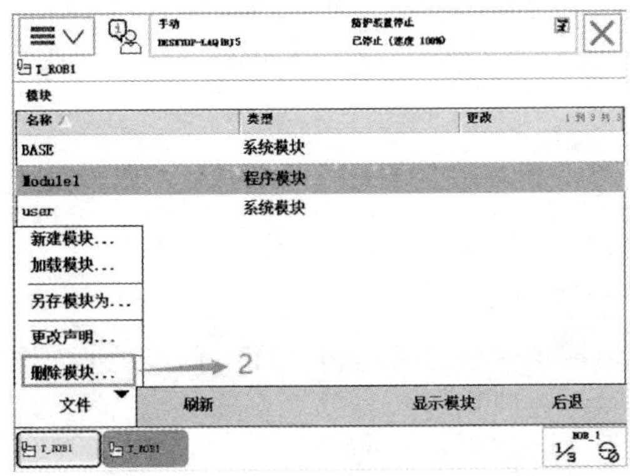

图 4–275　选择“删除模块 ...”

（3）出现如图 4-276 所示的对话框，单击“确定”删除模块但不保存；若想先保存模块，单击“取消”，并先保存模块后再删除。

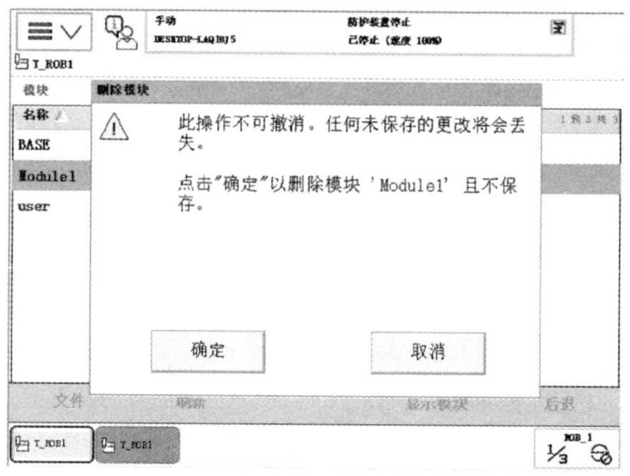

图 4-276　确认删除

任务实施与总结

任务实施	学习对程序模块进行管理操作。
任务总结	

任务 2　例行程序的管理

任务要求

在了解 RAPID 程序组成的基础上，能够对例行程序进行相关操作，例如例行程序的新建、复制、移动和删除等。

知识储备

1. 新建例行程序

（1）进入 ABB 主菜单，单击“程序编辑器”选项，如图 4-277 所示。

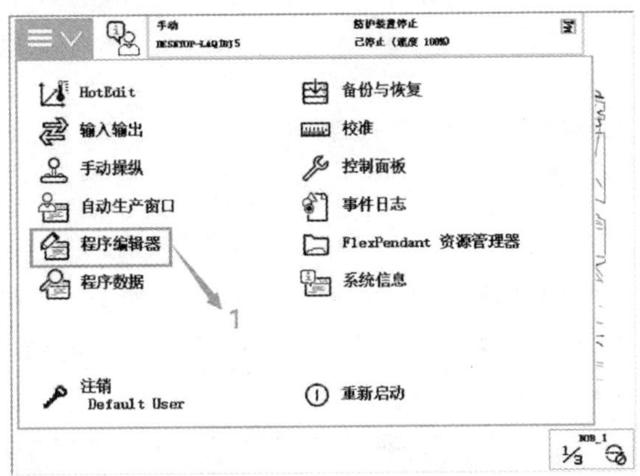

图 4-277　选择“程序编辑器”

（2）选中程序模块并进入程序模块，如图 4-278 所示。

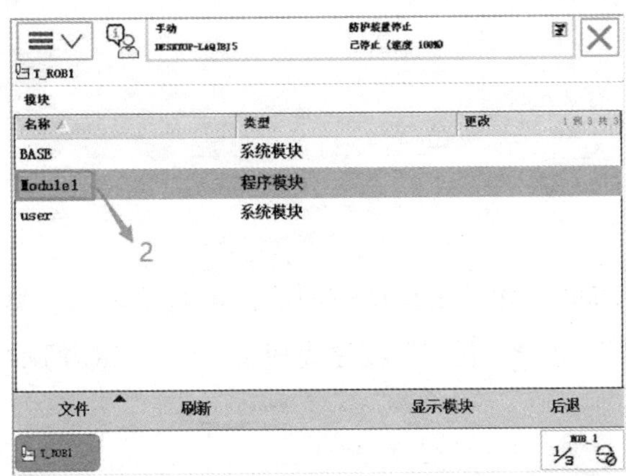

图 4-278　选择“Module1”

（3）单击“例行程序”选项，如图 4-279 所示。

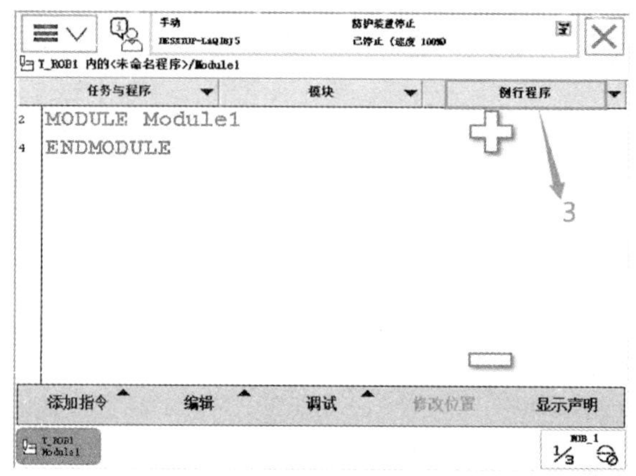

图 4-279 单击“例行程序”

（4）单击文件菜单中的“新建例行程序 ...”选项，如图 4-280 所示。

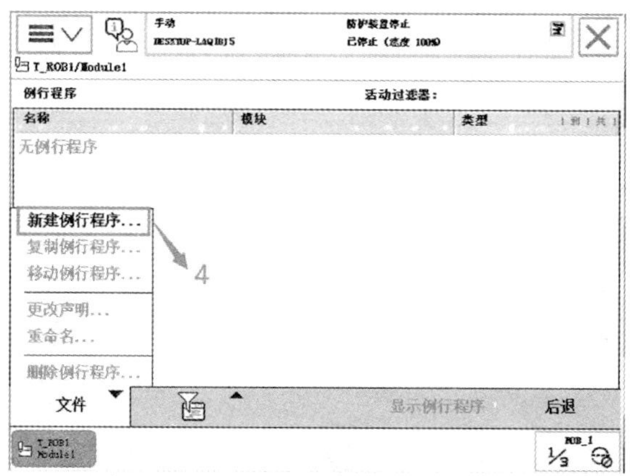

图 4-280 选择“新建例行程序 ...”

（5）新例行程序将创建并显示默认声明值，可对其名称、类型、参数、所在模块等进行更改或选择，然后单击“确定”创建完成，如图 4-281 所示。

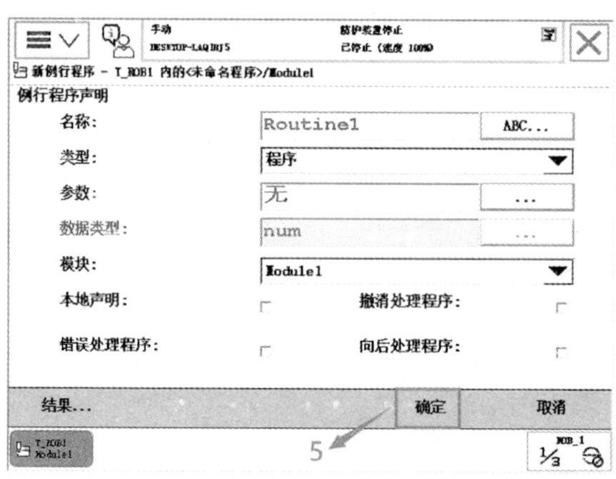

图 4-281 单击“确定”

2. 复制例行程序

（1）选择要复制的例行程序，如图 4–282 所示。

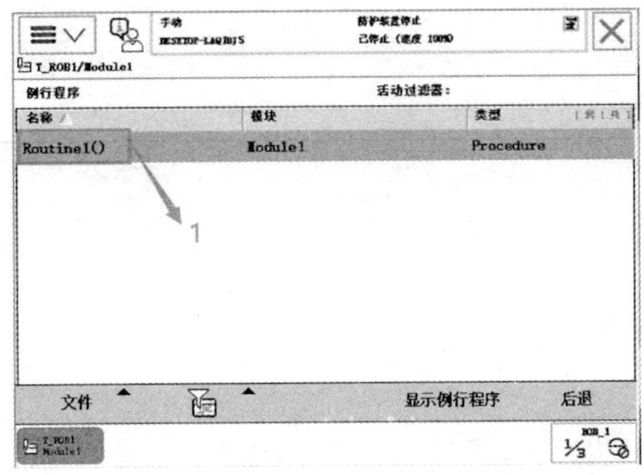

图 4–282　选择“Routine1”

（2）单击文件菜单中的“复制例行程序 ...”选项，如图 4–283 所示。

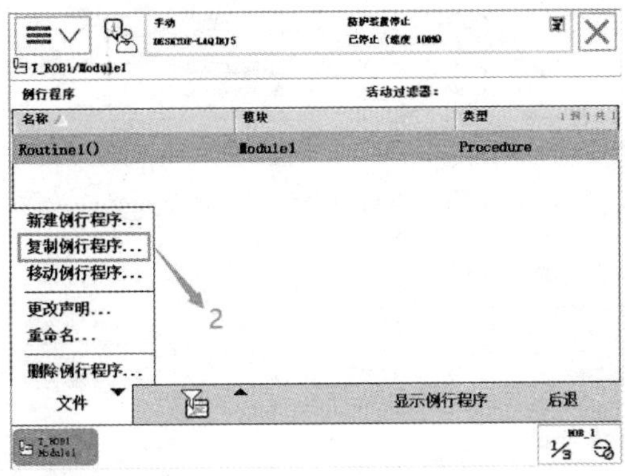

图 4–283　选择“复制例行程序 ...”

（3）可修改复制后的例行程序的名称、类型、参数及任务模块等声明，然后单击“确定”，如图 4–284 所示。

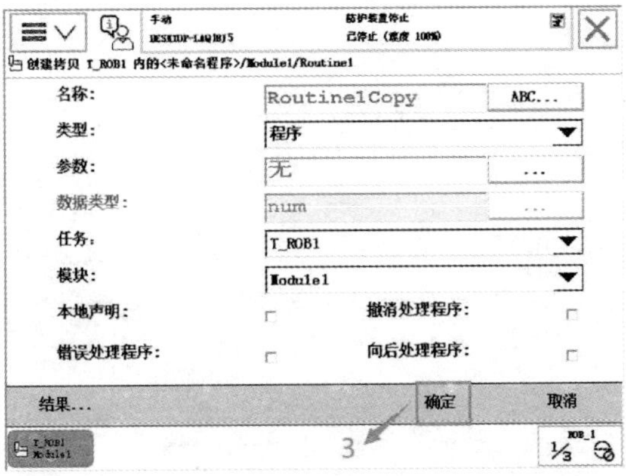

图 4–284　单击“确定”

3. 移动例行程序

（1）选择要移动的例行程序，如图 4–285 所示。

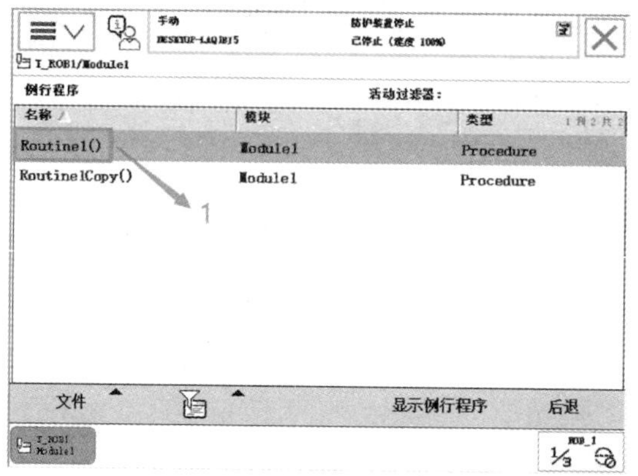

图 4–285　选择“Routine1”

（2）单击文件菜单中的“移动例行程序 ...”选项，如图 4–286 所示。

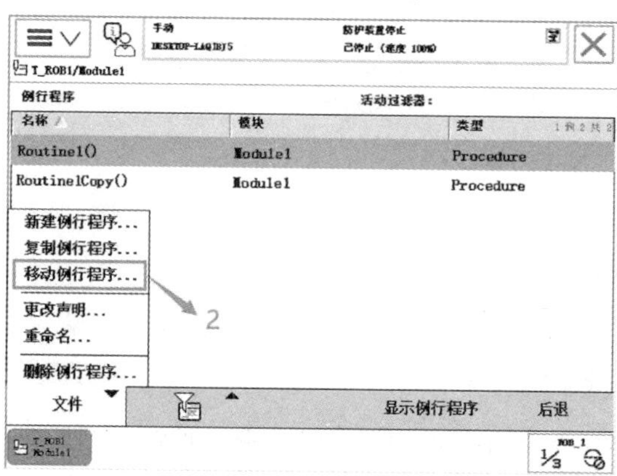

图 4–286　选择“移动例行程序 ...”

（3）更改或选择任务与模块，并单击“确定”，完成例行程序的移动，如图 4–287 所示。

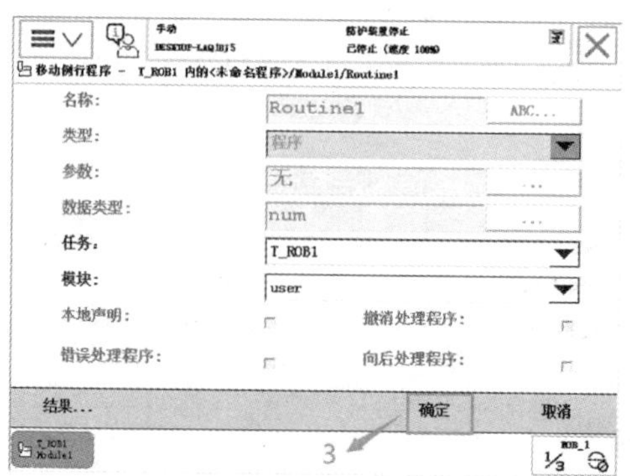

图 4–287　单击“确定”

4. 删除例行程序

（1）选中要删除的例行程序，如图 4–288 所示。

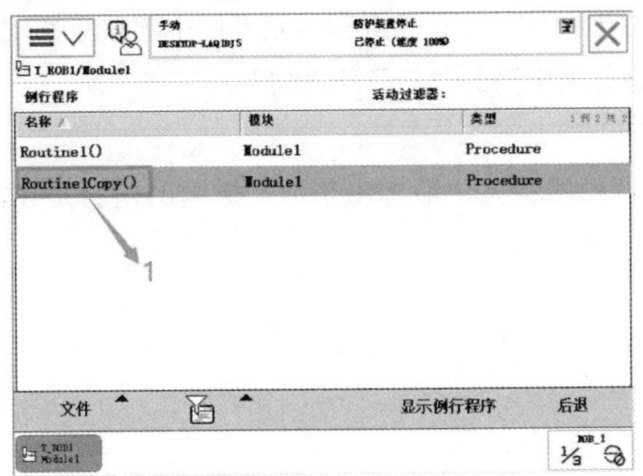

图 4–288　选择“Routine1Copy”

（2）单击文件菜单中的“删除例行程序 ...”选项，如图 4–289 所示。然后在对话框中确定以删除例行程序。

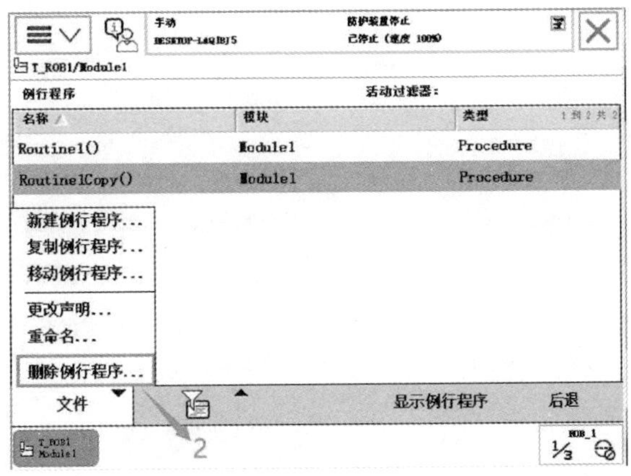

图 4–289　选择“删除例行程序 ...”

任务实施与总结

任务实施	学习对例行程序进行管理操作。
任务总结	

【名人名言】

钱三强，中国核物理学家，中国原子能科学事业的创始人，中国发展核武器的组织协调者和总设计师，在中国核工业和核武器计划发展中起核心作用。中国“两弹一星”功勋奖章获得者，他被称为中国的“原子能之父”。

千里马是在茫茫草原的驰骋中锻炼出来的，雄鹰的翅膀是在同暴风的搏击中铸就成的。

——钱三强

模块五

机器人系统参数设定及程序管理

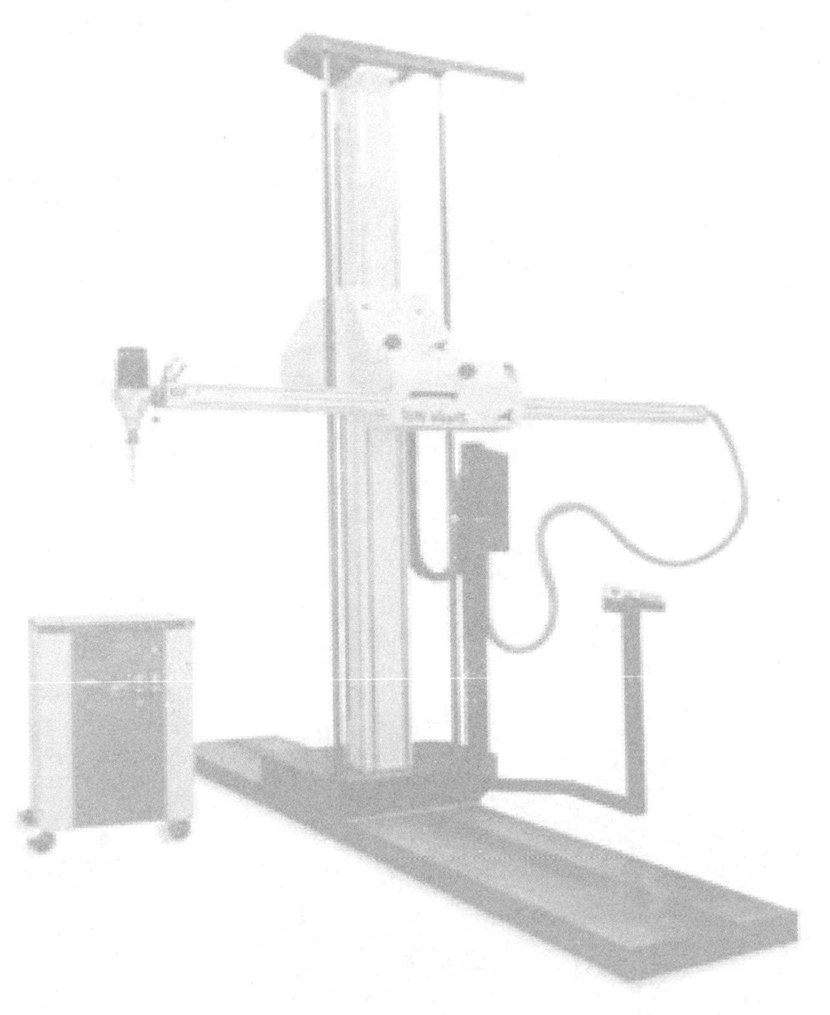

项目一　系统参数的设定

知识目标

1. 了解 ABB 机器人系统参数的分类和作用；
2. 了解 ABB 机器人系统参数的配置。

能力目标

1. 会查看机器人系统参数；
2. 会机器人系统参数的管理（编辑、添加、保存和加载）。

任务 1　查看机器人系统参数

任务要求

在了解机器人控制面板各项功能的基础上，能够进行查看机器人系统参数的操作。

知识储备

机器人系统参数在控制器中根据不同类型可分为五个主题。同一主题中的所有参数都被存储在一个单独的配置文件中，这样的文件称为 CFG 文件。

下面介绍查看各个类型的系统参数的步骤：

（1）进入 ABB 主菜单，单击“控制面板”选项，如图 5–1 所示。

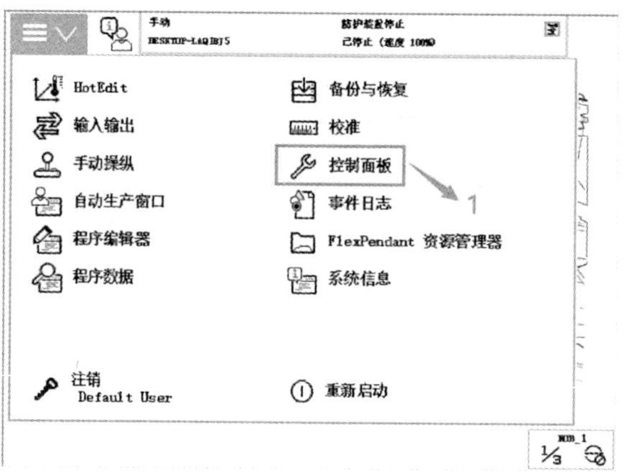

图 5-1　单击“控制面板”

（2）单击“配置”选项，如图 5-2 所示。

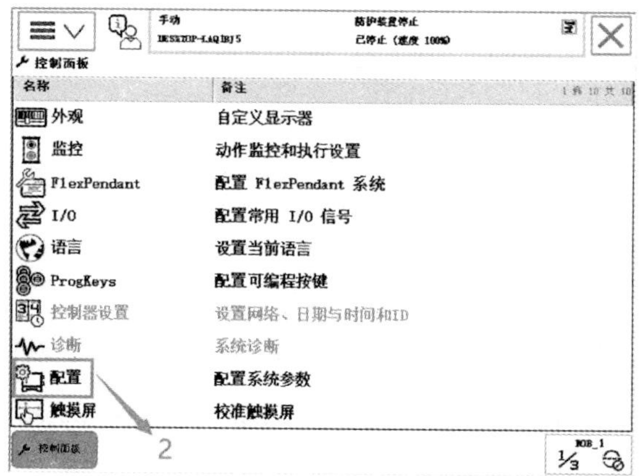

图 5-2　单击“配置”

（3）进入当前主题“I/O System”，可以查看其所有参数，如图 5-3 所示。

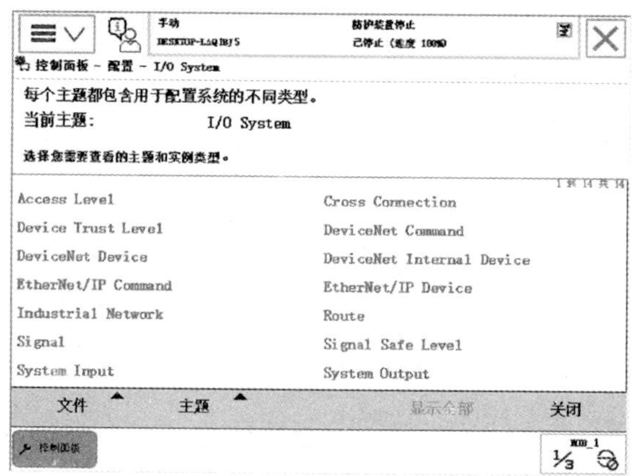

图 5-3　“I/O System”显示界面

（4）单击“主题”菜单，可以看到机器人所有主题选项，如图 5-4 所示。

图 5-4　“主题”菜单选项

（5）单击“Man-machine comunication”，可以查看这一主题中的所有参数，如图 5-5 所示。

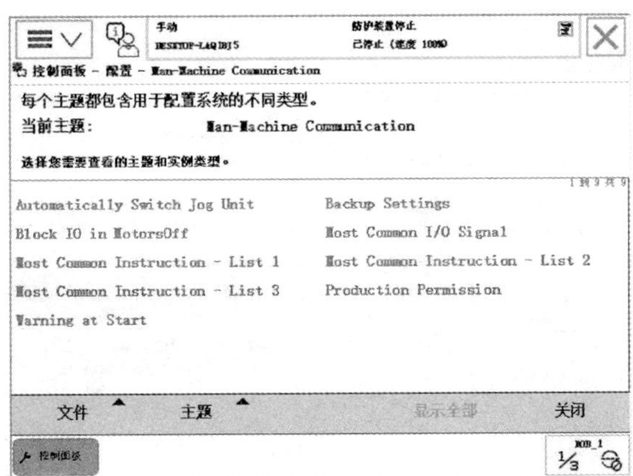

图 5-5　“Man-machine comunication”显示界面

（6）单击“Controller”，可以查看这一主题中的所有参数，如图 5-6 所示。

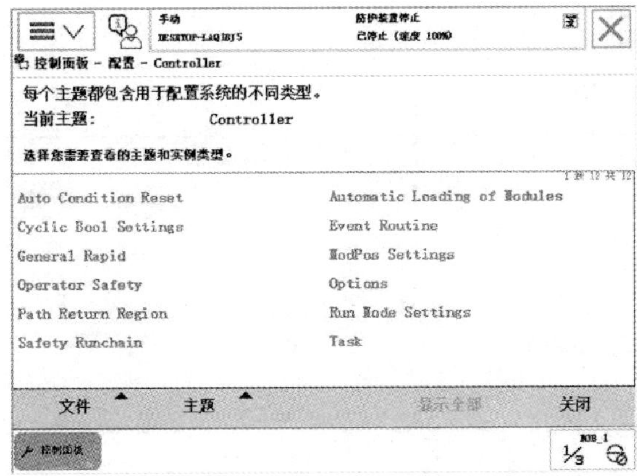

图 5-6　“Controller”显示界面

（7）单击“Communication”，可以查看这一主题中的所有参数，如图 5-7 所示。

图 5-7　“Communication”显示界面

（8）单击“Motion”，可以查看这一主题中的所有参数，如图 5-8 所示。

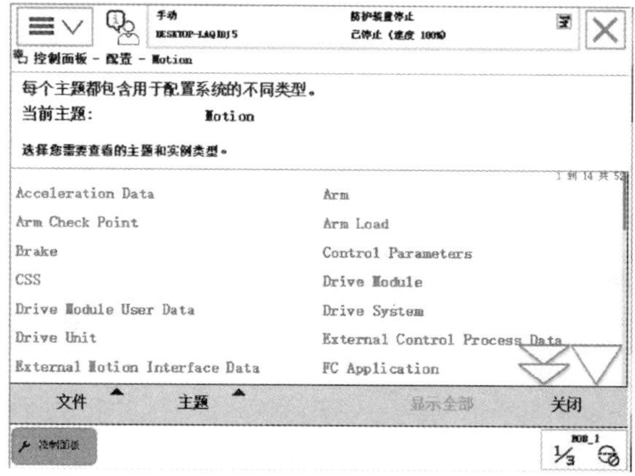

图 5-8　“Motion”显示界面

任务实施与总结

任务实施	学习查看机器人不同的系统参数。
任务总结	

任务 2　机器人系统参数的管理

任务要求

在了解机器人控制面板基本功能的基础上，能够进行机器人系统参数设定，包括系统参数的编辑、添加、保存和加载等。

知识储备

以 I/O System 主题中的“DeviceNet Device”参数为例说明如何对其系统参数进行管理操作：

1. 编辑系统参数

（1）选中“DeviceNet Device”选项，然后单击显示全部，如图 5-9 所示。

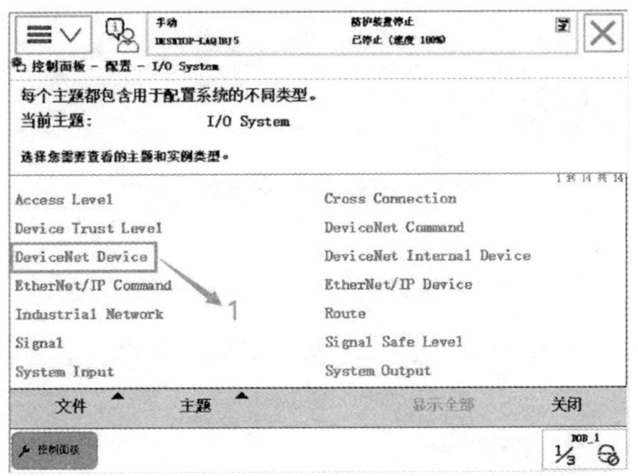

图 5-9　选择“DeviceNet Device”

（2）选中参数实例，然后单击“编辑”选项，如图 5-10 所示。

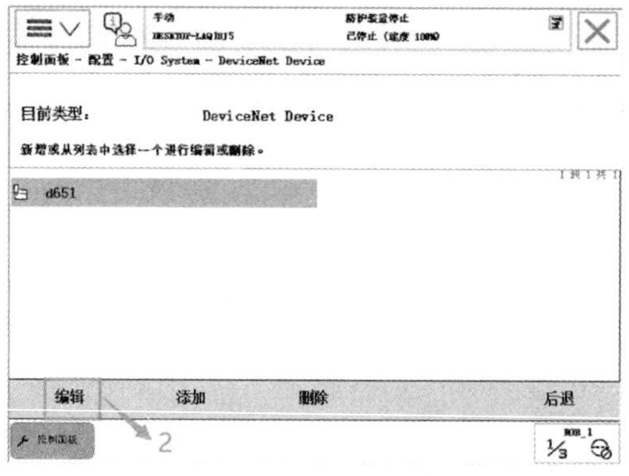

图 5-10　单击“编辑”

（3）对需要修改的参数名称或参数数值进行双击以更改，编辑值的方法取决于值的数据类型，例如，显示下拉菜单可更改预定义值，如图 5-11 所示。

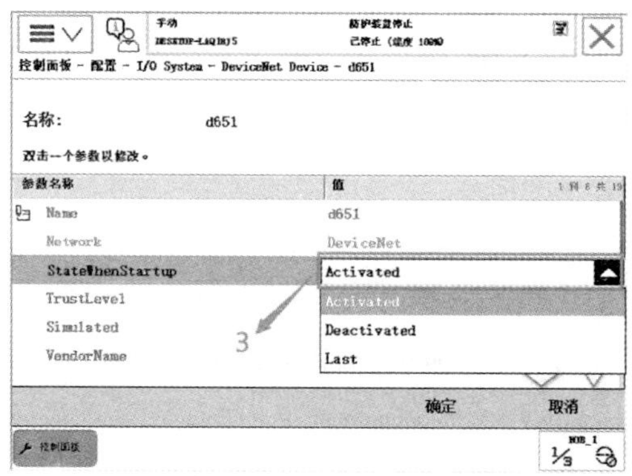

图 5-11　更改参数名称或参数值

2. 添加系统

（1）选中“DeviceNet Device”选项，单击“显示全部”，如图 5-12 所示。

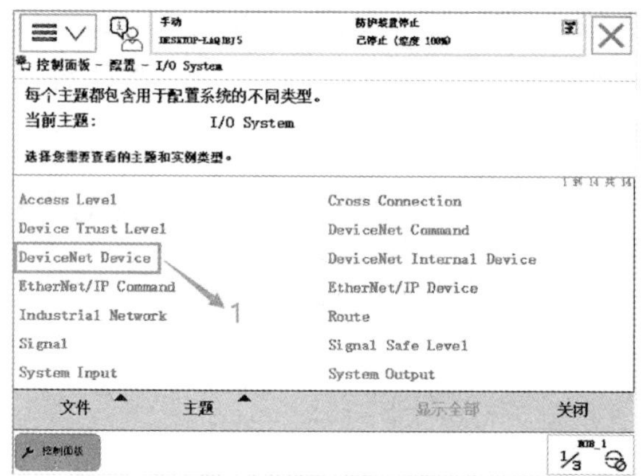

图 5-12　选择“DeviceNet Device”

（2）单击“添加”，添加一个系统参数，如图 5–13 所示。

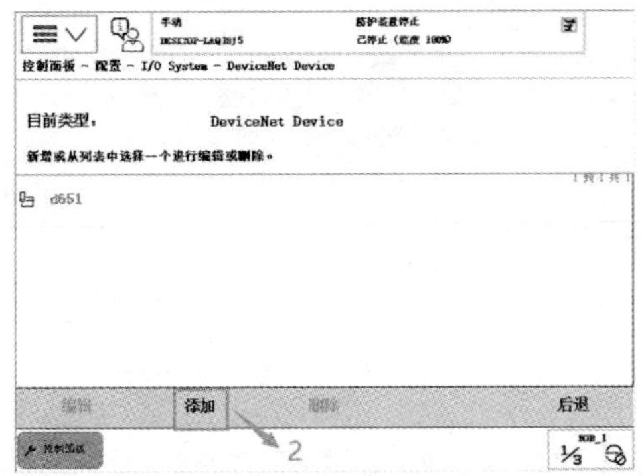

图 5–13　单击“添加”

（3）单击下拉菜单，选择要添加的参数，例如，添加“DSQC652”模块，如图 5–14 所示。

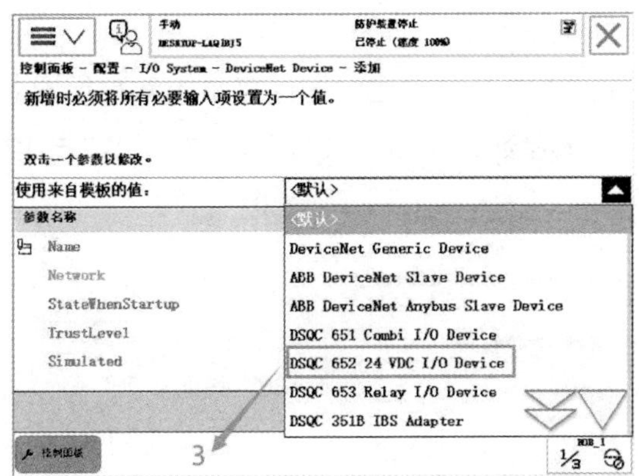

图 5–14　选择“DSQC 652 模块”

（4）若需对相关参数更改，可进行编辑；若不需修改，直接单击“确定”，如图 5–15 所示。

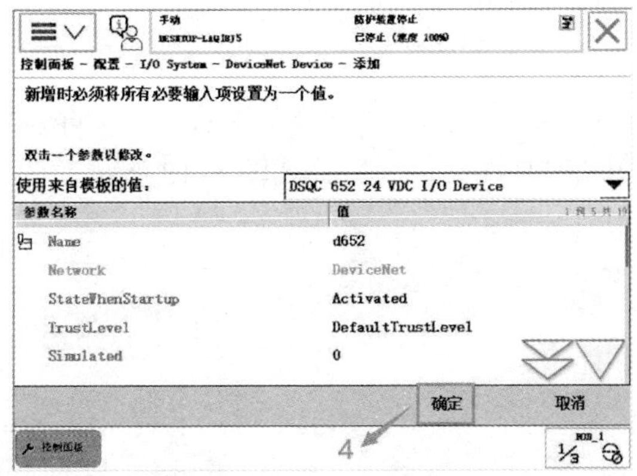

图 5–15　单击“确定”

（5）系统重启生效，单击“是”，如图 5–16 所示。

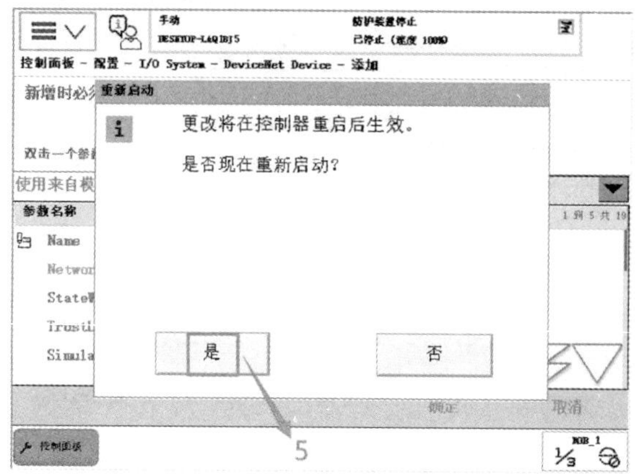

图 5–16　单击“是”

3. **保存系统参数**

在对机器人系统进行较大更改时，建议先保存系统参数配置。

（1）选中要保存的系统参数，单击“文件”菜单，如图 5–17 所示。

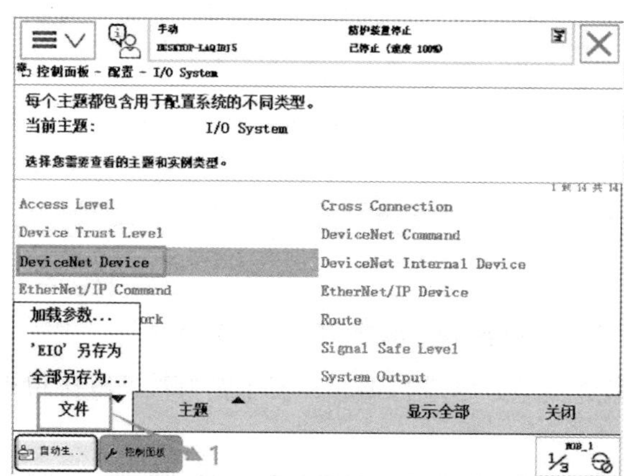

图 5–17　单击“DeviceNet Device”

（2）“EIO 另存为”是保存已选主题的参数配置；“全部另存为 ...”是保存所有主题的参数配置。例如，单击“EIO 另存为”，如图 5–18 所示。

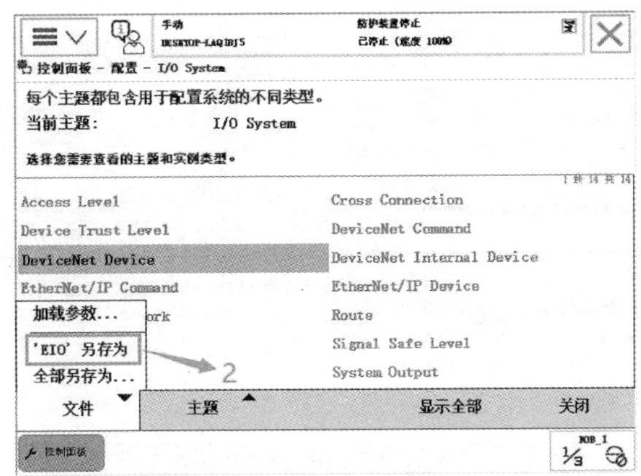

图 5-18　单击“EIO 另存为”

（3）选择保存参数配置的目录路径，然后单击“确定”，如图 5-19 所示。

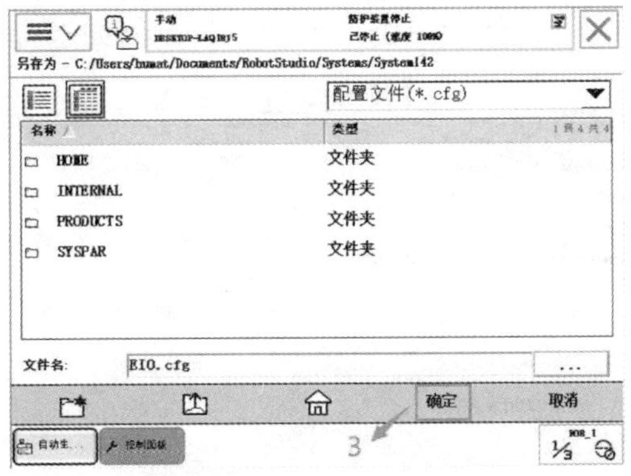

图 5-19　选择路径

4. 加载系统参数

（1）在类型列表中，单击打开“文件”菜单，如图 5-20 所示。

图 5-20　打开“文件”菜单

（2）单击“加载参数 ...”，如图 5–21 所示。

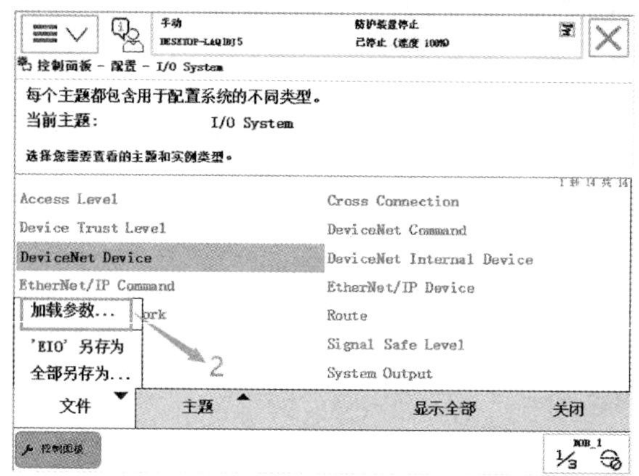

图 5–21　单击“加载参数 ...”

（3）选择其中操作之一，然后单击“加载 ...”，例如选择没有副本时加载参数，如图 5–22 所示。

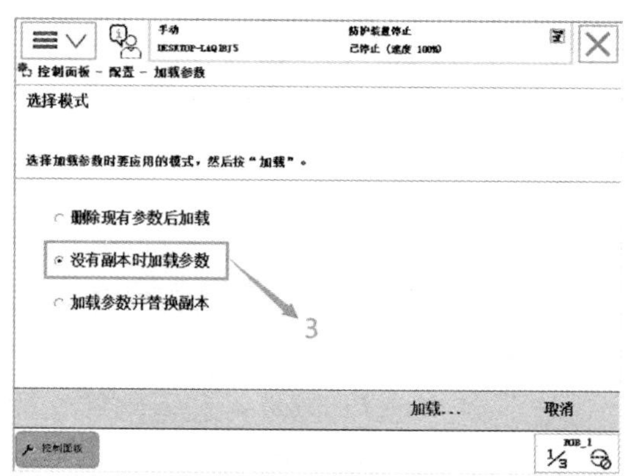

图 5–22　选择“加载”参数

（4）选择加载参数的目录路径，然后单击“确定”，如图 5–23 所示。

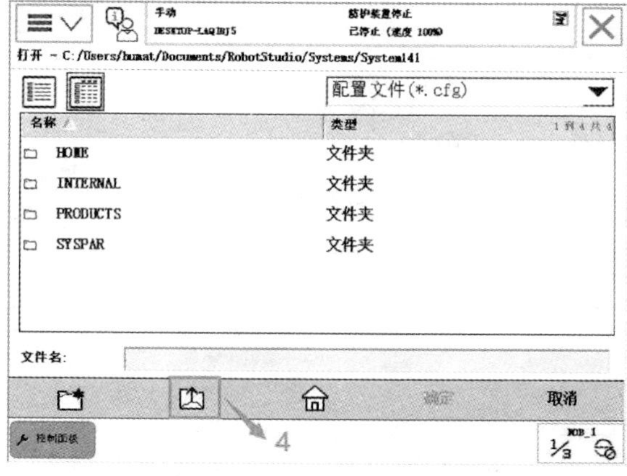

图 5–23　选择路径

（5）单击“是”，系统重启后才生效，如图 5-24 所示。

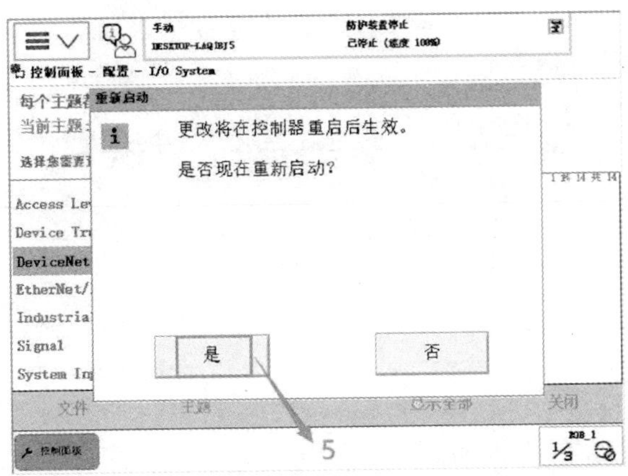

图 5-24　重启系统

任务实施与总结

任务实施	学习对机器人系统参数进行设定。
任务总结	

项目二　系统备份与恢复

知识目标

1. 了解系统备份与恢复的意义；
2. 了解系统备份与恢复的适用范围。

能力目标

会系统备份与恢复的操作方法。

任务　系统备份与恢复

任务要求

在了解机器人示教器操作面板功能的基础上，能够对机器人系统进行备份与恢复操作。

知识储备

为了防止操作人员对机器人系统文件误删除，通常在进行机器人操作前备份机器人系统，备份的对象是所有正在系统内存运行的 RAPID 程序和系统参数。而当机器人系统无法启动或重新安装系统时，也可利用已备份的系统文件进行恢复。备份系统文件是具有唯一性的，只能将备份文件恢复到原来的机器人中去，否则会造成系统故障。

1. 系统备份

（1）进入 ABB 主菜单，选择“备份与恢复”选项，如图 5-25 所示。

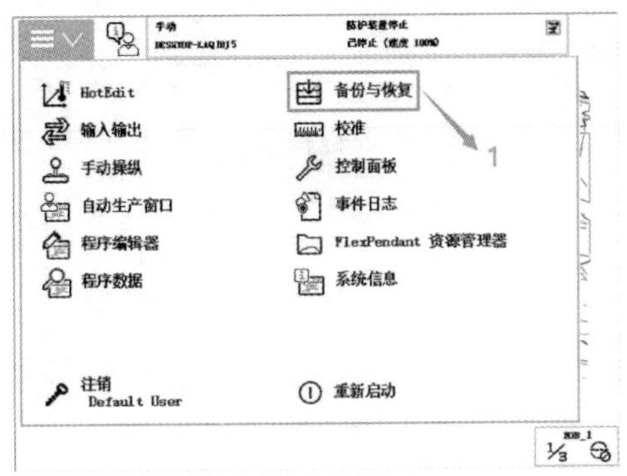

图 5-25　选择“备份与恢复”

（2）单击“备份当前系统 ...”选项，如图 5-26 所示。

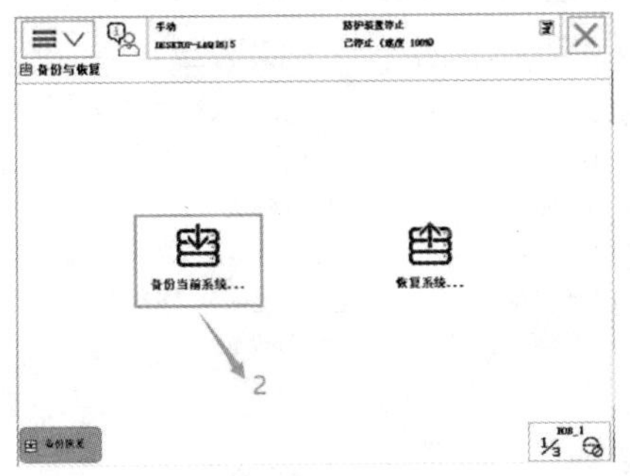

图 5-26　单击“备份当前系统 ...”

（3）单击“ABC...”可设定存放备份系统目录的名称，单击“...”可设定存放目录的位置（机器人硬盘或 USB 存储设备），然后单击“备份”进行系统的备份，如图 5-27 所示。

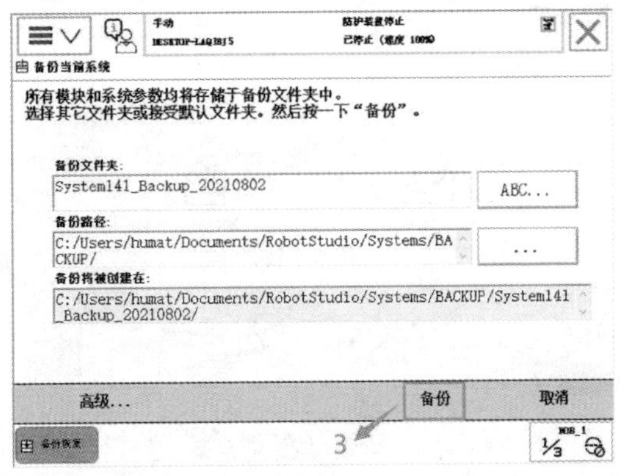

图 5-27　修改“备份”系统目录

（4）等待备份的完成，界面消失后完成系统备份，如图 5-28 所示。

图 5-28　备份完成

2. 系统恢复

（1）进入 ABB 主菜单，选择“备份与恢复”选项，如图 5-29 所示。

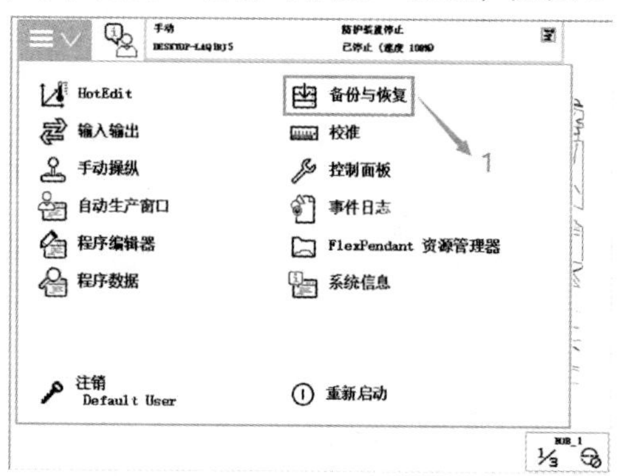

图 5-29　单击“备份与恢复”

（2）单击“恢复系统 ...”选项，如图 5-30 所示。

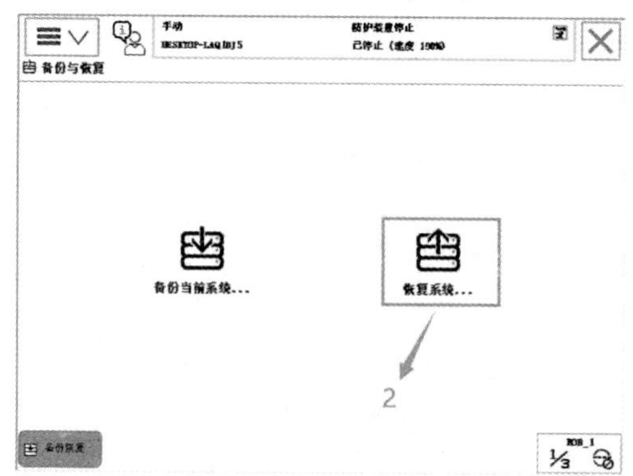

图 5-30　单击“恢复系统 ...”

（3）单击“...”选择已备份系统的文件夹，并单击“恢复”，如图 5-31 所示。

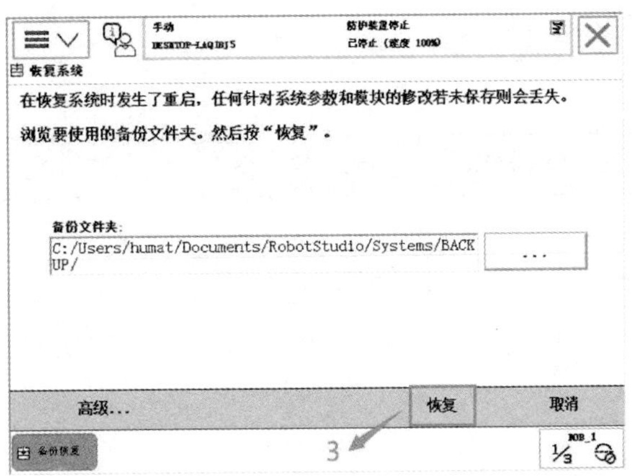

图 5-31　选择已备份系统的文件夹

（4）单击“是”系统会恢复到系统备份时的状态，如图 5-32 所示。

图 5-32　确认恢复

（5）系统正在恢复，恢复完成后会重新启动控制器，如图 5-33 所示。

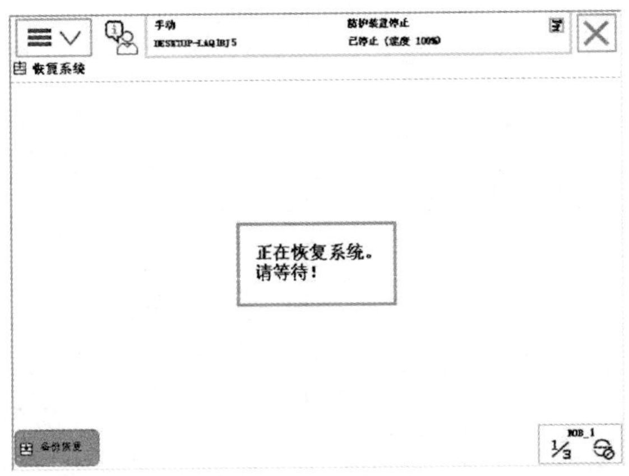

图 5-33　重启系统

任务实施与总结

任务实施	正确地对机器人系统进行备份和恢复操作。
任务总结	

【名人名言】

邓稼先，杰出的物理学家、核科学家，在核物理、中子物理、爆轰物理、等离子体物理、流体力学、统计物理和理论物理等方面广有建树，是我国核武器理论研究的奠基与开拓者之一，被誉为“中国核计划之父”。

真空有什么？天底下的路都是从无到有走出来的。

——邓稼先

附 录

ABB 工业机器人提供了丰富的 RAPID 程序指令，方便了大家对程序的控制，同时也为复杂应用的实现提供了可能。以下按照 RAPID 程序指令、功能的用途进行了一个分类，并对每个指令的功能作一个说明。

一、程序执行的控制

1. 程序的调用

附表 1　程序的调用

指　令	说　明
ProcCall	调用例行程序
CallByVar	通过带变量的例行程序名称调用例行程序
RETURN	返回原例行程序

2. 例行程序内的逻辑控制

附表 2　逻辑控制指令

指　令	说　明
Compact IF	如果条件满足，就执行一条指令
IF	当满足不同的条件时，执行对应的程序
FOR	根据指定的次数，重复执行对应的程序
WHILE	如果条件满足，重复执行对应的程序
TEST	对一个变量进行判断，从而执行不同的程序
GOTO	跳转到例行程序内标签的位置
Lable	跳转标签

3. 停止程序执行

附表 3　停止程序指令

指　令	说　明
Stop	停止程序执行
EXIT	停止程序执行并禁止在停止处再开始
Break	临时停止程序的执行，用于手动调试
SystemStopAction	停止程序执行与机器人运动
ExitCycle	中止当前程序的运行并将程序指针 PP 复位到主程序的第一条指令。如果选择了程序连续运行模式，程序将从主程序的第一句重新执行

二、变量指令

变量指令主要用于对数据进行赋值、等待指令、程序注释指令及程序模块加载方面。

1. 赋值指令

附表 4　赋值指令

指　令	说　明
: =	对程序数据进行赋值

2. 等待指令

附表 5　等待指令

指　令	说　明
WaitTime	等待一个指定的时间，程序再往下执行
WaitUntil	等待一个条件满足后，程序继续往下执行
WaitDI	等待一个输入信号状态为设定值
WaitDO	等待一个输出信号状态为设定值

3. 程序注释

附表 6　程序注释指令

指　令	说　明
Comment	对程序进行注释

4. 程序模块加载

附表 7　程序模块加载指令

指　令	说　明
Load	从机器人硬盘加载一个程序模块到运行内容
UnLoad	从运行内存卸载一个程序模块
Start Load	在程序执行的过程中，加载一个程序模块到运行内存中
Wait Load	当 Start Load 使用后，使用此指令将程序模块连接到任务中使用
CancelLoad	取消加载程序模块
CheckProgRef	检查程序引用
Save	保存程序模块
EraseModule	从运行内存删除程序模块

5. 变量功能

附表 8　变量功能指令

功　能	说　明
TryInt	判断数据是否有效的整数
OpMode	读取当前机器人的操作模式
RunMode	读取当前机器人程序的运行模式
NonMotionMode	读取程序任务当前是否无运动的执行模式
Dim	获取一个数组的维数
Present	读取带参数例行程序的可选参数值
IsPers	判断一个参数是不是可变量
IsVar	判断一个参数是不是变量

6. 转换功能

附表 9　转换功能指令

指　令	说　明
StrToByte	将字符串转换为指定格式的字节数据
ByteToSrt	将字节数据转换成字符串

三、运动设定

1. 速度设定

附表 10　速度设定功能

功　能	说　明
MaxRobSpeed	获取当前型号机器人可实现的最大 TCP 速度

附表 11　速度设定指令

指　令	说　明
VelSet	设定最大的速度与倍率
SpeedRefresh	更新当前运动的速度倍率
AccSet	定义机器人的加速度
WorldAccLim	设定大地坐标中工具与载荷的加速度
PathAccLim	设定运动路径中 TCP 的加速度

2. 轴配置管理

附表 12　轴配置指令

指　令	说　明
ConfJ	关节运动的轴配置控制
ConfL	线性运动的轴配置控制

3. 奇异点的管理

附表 13　奇异点管理指令

指　令	说　明
SingArea	设定机器人运动时，在奇异点的插补方式

4. 位置偏置功能

附表 14　位置偏移指令

功　能	说　明
TryInt	判断数据是否有效的整数
OpMode	读取当前机器人的操作模式

续表

功　能	说　明
RunMode	读取当前机器人程序的运行模式
NonMotionMode	读取程序任务当前是否无运动的执行模式
Dim	获取一个数组的维数
Present	读取带参数例行程序的可选参数值
IsPers	判断一个参数是不是可变量
IsVar	判断一个参数是不是变量

附表 15　位置偏移功能说明

功　能	说　明
DefDFrame	通过三个位置数据计算出位置的偏置
DefFrame	通过六个位置数据计算出位置的偏置
ORobT	从一个位置数据删除位置偏置
DefAccFrame	从原始位置和替换位置定义一个框架

5. 软伺服功能

附表 16　软伺服指令

指　令	说　明
SoftAct	激活一个或多个轴的软伺服功能
SoftDeact	关闭软伺服功能

6. 机器人参数调整功能

附表 17　机器人参数调整指令

指　令	说　明
TuneServo	伺服调整
TuneReset	伺服调整复位
PathResol	几何路径精度调整
CirPathMode	在圆弧插补运动时，工具姿态的变换方式

7. 空间监控管理

附表 18　空间监控管理指令

指　令	说　明
WZBoxDef	定义一个方形的监控空间
WZCylDef	定义一个圆柱形的监控空间
WZSphDef	定义一个球形的监控空间
WZHomeJointDef	定义一个关节轴坐标的监控空间
WZLimJointDef	定义一个限定为不可进入的关节轴坐标监控空间
WZLimSup	激活一个监控空间并限定为不可进入
WZDOSet	激活一个监控空间并与一个输出信号关联
WZEnable	激活一个临时的监控空间
WZFree	关闭一个临时的监控空间

四、运动控制

1. 机器人运动控制

附表 19　机器人运动指令

指　令	说　明
MoveC	TCP 圆弧指令
MoveJ	关节运动
MoveL	TCP 线性运动
MoveAbsJ	轴绝对角度位置运动
MoveExtJ	外部直线轴和旋转轴运动
MoveCDO	TCP 圆弧运动的同时触发一个输出信号
MoveJDO	关节运动的同时触发一个输出信号
MoveLDO	TCP 圆弧运动的同时执行一个输出信号
MoveCSync	TCP 圆弧运动的同时执行一个例行程序
MoveJSync	关节运动的同时执行一个例行程序
MoveLSync	TCP 线性运动的同时执行一个例行程序

2. 搜索功能

附表 20　搜索指令

指　令	说　明
SearchC	TCP 圆弧搜索运动
SearchL	TCP 线性搜索运动
SearchExtJ	外轴搜索运动

3. 指定位置触发信号与中断功能

附表 21　触发信号与中断指令

指　令	说　明
TriggIO	定义触发条件在一个指令的位置触发输出信号
TriggInt	定义触发条件在一个指令的位置触发中断程序
TriggCheckIo	定义一个指定的位置进行 I/O 状态的检查
TriggEquip	定义触发条件在一个指定的位置触发输出信号，并对信号响应的延迟进行补偿设定
TriggRampAO	定义触发条件在一个指定的位置触发模拟输出信号，并对信号响应的延迟进行补偿设定
TriggC	带触发事件的圆弧运动
TriggJ	带触发事件的关节运动
TriggL	带触发事件的线性运动
TriggLIOs	在一个指定的位置触发输出信号的线性运动
StepBwdPath	在 RESTART 的事件程序中进行路径的返回
TriggStopProc	在系统中创建一个监控处理，用于 STOP 和 QSTOP 中需要的信号复位和程序数据复位的操作
TriggSpeed	定义模拟输出信号与实际 TCP 速度之间的配合

4. 出错或中断时的运动控制

附表 22　出错或中断时运动控制指令

指　令	说　明
StopMove	停止机器人运动
StartMove	重新启动机器人运动

续表

指　令	说　明
StartMoveRetry	重新启动对机器人运动及相关的参数设定
StopMoveReset	对停止运动状态复位，但不重新启动机器人运动
StorePath	储存已生成的最近路径
RestoPath	重新生成之前储存的路径
ClearPath	在当前的运动路径级别中，清空整个运动路径
PathLevel	获得当前路径级别
SyncMoveSuspend	在 StorePath 的路径级别中暂停同步坐标的运动
SyncMoveResume	在 StorePath 的路径级别中重返同步坐标的运动

附表 23　功能说明

功　能	说　明
IsStopMoveAct	获取当前停止运动标志符

5. 外轴的控制

附表 24　外轴控制指令

指　令	说　明
DeactUnit	关闭一个外轴单元
ActUnit	激活一个外轴单元
MechUnitLoad	定义外轴单元的有效载荷

附表 25　外轴控制功能说明

功　能	说　明
GetNextMechUnit	检查外轴单元在机器人系统中的名字
IsMechUnitActive	检查一个外轴单元状态是关闭 / 激活

6. 独立轴控制

附表 26　独立轴控制指令

指　令	说　明
IndAMove	将一个轴设定为独立轴模式并进行绝对位置方式运动
IndCMove	将一个轴设定为独立轴模式并进行连续方式运动

续表

指　令	说　明
IndDMove	将一个轴设定为独立轴模式并进行角度方式运动
IndRMove	将一个轴设定为独立轴模式并进行相对位置方式运动
IndReset	取消独立轴模式

附表 27　独立轴控制功能说明

功　能	说　明
IndInpos	检查独立轴是否已达到指定位置
IndSpeed	检查独立轴是否已达到指定的速度

7. 路径修正功能

附表 28　路径修正功能

指　令	说　明
CorrCon	连接一个路径修正生成器
CorrWrite	将路径坐标系统中的修正值写到修正生成器
CorrDiscon	断开一个已连接的路径修正生成器
CorrClear	取消所有已连接的路径修正生成器

附表 29　路径修正功能说明

功　能	说　明
CorrRead	读取所有已连接的路径修正生成器的总修正值

8. 路径记录功能

附表 30　路径记录指令

指　令	说　明
PathRecStart	开始记录机器人的路径
PathRecStop	停止记录机器人的路径
PathRecMoveBwd	机器人根据记录的路径作后退运动
PathRecMoveFwd	机器人运动到执行 PathRecMoveBwd 这个指令的位置上

附表 31　路径记录功能说明

功　能	说　明
PathRecValidBwd	检查是否已激活路径记录和是否有可后退的路径
PathRecValidFwd	检查是否有可向前的记录路径

9. 输送链跟踪功能

附表 32　输送链跟踪功能指令

指　令	说　明
WaitWObj	等待输送链上的工件坐标
DropWObj	放弃输送链上的工件坐标

10. 传感器同步功能

附表 33　传感器同步功能指令

指　令	说　明
WaitSensor	将一个在开始窗口的对象与传感器设备关联起来
SyncToSensor	开始 / 停止机器人与传感器设备的运动同步
DropSensor	断开当前对象的连接

11. 有效载荷与碰撞检测

附表 34　有效载荷与碰撞检测指令

指　令	说　明
MotionSup	激活 / 关闭运动监控
LoadId	工具或有效载荷的识别
ManLoadId	外轴有效载荷的识别

12. 关于位置的功能

附表 35　关于位置的指令

指　令	说　明
Offs	对机器人位置进行偏移

续表

指　令	说　明
RelTool	对工具的位置和姿态进行偏移
CalcRobT	从 jointtargrt 计算出 robtarget
CPos	读取机器人当前的 X.Y.Z
CRobT	读取机器人当前的 robtarget
CJointT	读取机器人当前的关节轴角度
ReadMotor	读取轴电动机当前的角度
CTool	读取工具坐标当前的数据
CWObj	读取工件坐标当前的数据
MirpoS	镜像一个位置
CalcJointT	从 robtarget 计算出 jointtarger
Distance	计算两个位置的距离
PFRestart	检查当路径因电源关闭而中断的时候
CSpeedOverride	读取当前使用的速度倍率

五、输入 / 输出信号的处理

机器人可以在程序中对输入 / 输出信号进行读取与赋值，以实现程序控制的需要。

1. 对输入 / 输出信号的值进行设定

附表 36　设定信号值的指令

指　令	说　明
InvertDO	对一个数字输出信号的值置反
PulseDO	数字输出信号进行脉冲输出
Reset	将数字输出信号置为 0
Set	将数字输出信号置为 1
SetAO	设定模拟输出信号的值
SetDO	设定数字输出信号的值
SetGO	设定组输出信号的值

2. 读取输入/输出信号值

附表 37　读取信号值功能说明

功　能	说　明
AOutput	读取模拟输出信号的当前值
DOutput	读取数字输出信号的当前值
GOutput	读取组输出信号的当前值
TestDI	检查一个数字输入信号已置 1
ValidIO	检查 I/O 信号是否有效

表 38　等待信号指令

指　令	说　明
WaitDI	等待一个数字输入信号的指定状态
WaitDO	等待一个数字输出信号的指定状态
WaitGI	等待一个组输入信号的指定状态
WaitGO	等待一个组输出信号的指定状态
WaitAI	等待一个模拟输入信号的指定状态
WaitAO	等待一个模拟输出信号的指定状态

3.I/O 模块控制

附表 39　I/O 模块控制指令

指　令	说　明
IODisable	关闭一个 IO 模块
IOEnable	开启一个 I/O 模块

六、通信功能

1. 示教器上人机界面的功能

附表 40　人机界面功能指令

指　令	说　明
TPErase	清屏
TPWrite	在示教器操作界面上写信息

续表

指　令	说　明
ErrWrite	在示教器事件日志中写报警信息并储存
TPReadFK	互动的功能键操作
TPReadNum	互动的数字键盘操作
TPShow	通过 RAPID 程序打开指定的窗口

2. 通过串口进行读写

附表 41　串口读写指令

指　令	说　明
Open	打开串口
Write	对串口进行写文本操作
Close	关闭串口
WriteBin	写一个二进制数的操作
WriteAnyBin	写任意二进制数的操作
WriteStrBin	写字符的操作
Rewind	设定文件开始的位置
ClearIOBuff	清空串口的输入缓冲
ReadAnyBin	从串口读取任意的二进制数

附表 42　串口读写功能介绍

功　能	说　明
ReadNum	读取数字量
ReadStr	读取字符串
ReadBin	从二进制串口读取数据
ReadStrBin	从二进制串口读取字符串

3. Sockets 通信

附表 43　Sockets 通信指令

指　令	说　明
SocketCreate	创建新的 socket

续表

指　令	说　明
SocketConnect	连接远程计算机
SocketSend	发送数据到远程计算机
SocketReceive	从远程计算机接收数据
SocketClose	关闭 socket

附表 44　Sockets 通信功能说明

功　能	说　明
SocketGetStatus	获取当前 socket 状态

七、中断程序

1. 中断设定

附表 45　中断设定指令

指　令	说　明
CONNECT	连接一个中断符号到中断程序
ISignalDI	使用一个数字输入信号触发中断
ISignalDO	使用一个数字输出信号触发中断
ISignaGI	使用一个组输入信号触发中断
ISignalGO	使用一个组输出信号触发中断
ISignalAI	使用一个模拟输入信号触发中断
ISignalAO	使用一个模拟输出信号触发中断
ITimer	计时中断
TriggInt	在一个指定的位置触发中断
IPers	使用一个可变量触发中断
IError	当一个错误发生时触发中断
IDelete	取消中断

2. 中断的控制

附表 46　中断控制指令

指　令	说　明
ISleep	关闭一个中断
IWatch	激活一个中断
IDisable	关闭所有中断
IEnable	激活所有中断

八、系统相关的指令

时间控制

附表 47　时间控制指令

指　令	说　明
ClKReset	计时器复位
ClKStart	计时器开始计时
ClKStop	计时器停止计时

附表 48　时间控制功能说明

功　能	说　明
ClKRead	读取计时器数值
CDate	读取当前日期
CTime	读取当前时间
GetTime	读取当前时间为数字型数据

九、数学运算

1. 简单运算

附表 49　简单运算指令

指　令	说　明
Clear	清空数值

续表

指　令	说　明
Add	加或减操作
Incr	加 1 操作
Decr	减 1 操作

2. 算术功能

附表 50　算术功能说明

指　令	说　明
Abs	取绝对值
Round	四舍五入
Trunc	舍位操作
Sqrt	计算二次根
Exp	计算指数值
Pow	计算指数值
ACos	计算圆弧余弦值
ASin	计算圆弧正切值
ATan	计算圆弧正切值【-90，90】
ATan2	计算圆弧正切值【-180，180】
Cos	计算余弦值
Sin	计算正弦值
Tan	计算正切值
EulerZYX	从姿态计算欧拉角
OrientZYX	从欧拉角计算姿态

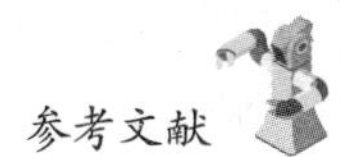

参考文献

[1] 田贵福，林燕文．工业机器人现场编程（ABB）[M]. 北京：机械工业出版社，2016.

[2] 叶晖，管小清．工业机器人实操与应用技巧 [M]. 北京：机械工业出版社，2010.

[3] 叶晖．工业机器人典型应用案例精析 [M]. 北京：机械工业出版社，2013.

[4] 胡伟．工业机器人行业应用实训教程 [M]. 北京：机械工业出版社，2015.

班级＿＿＿＿ 姓名＿＿＿＿ 学号＿＿＿＿

模块一　工 业机器人基本概述

一. 单项选择题。（每题 2.5 分，共计 25 分）

1. 世界上第一台真正意义上的工业机器人诞生于（　　）。

A.1952 年美国　　B.1959 年美国　　C.1959 年日本　　D.1952 年德国

2. 由于制造出了世界上第一台工业机器人而被称为“机器人之父”的是（　　）。

A. 约瑟夫·英格伯格　　B. 乔治·德沃尔

C. 卡雷尔·查培克　　D. 艾萨克·阿西莫夫

3. 1984 年，瑞典 ABB 公司生产出当时速度最快的装配机器人（　　），比传统的手臂机器人快 50% 以上。

A.IRB500　　B.IRB1000　　C .IRB1200　　D.IRB1500

4. 工业机器人的机械主体是（　　），它是完成各种作业的执行机构。

A. 机器人本体　　B. 机械臂　　C. 机器人机座　　D. 驱动装置

5.（　　）是涉及机器人相对于固定坐标系运动几何学关系的分析和研究，而与产生该运动所需的力或力矩无关。

A. 机器人动力学　　B. 机器人运动学

C. 机器人关节变量　　D. 机器人驱动力

6. 工业机器人下面哪个技术参数是描述最小移动距离或最小转动角度的（　　）。

A. 分辨率　　B. 定位精度　　C. 运动速度　　D. 作业范围

7. 下面哪一个技术参数是表示机器人动作灵活程度的参数（　　）。

A. 自由度　　B. 分辨力　　C. 作业范围　　D. 承载能力

8. 下面哪种机器人是能够实现自动控制的、可重复编程的、在空间上具有相互垂直关系的三个独立自由度的多用途机器人（　　）。

A. 柱坐标机器人　B. 直角坐标机器人　C. 球坐标机器人　D. 多关节机器人

9. 只需点位控制，无严格的运动轨迹要求，只要求始点和终点位姿准确的是（　　）。

A. 焊接机器人　　B. 装配机器人　　C. 喷涂机器人　　D. 搬运机器人

10.（　　）是 ABB 新型第四代机器人家族的最新成员，也是迄今为止 ABB 制造的最小的机器人。

A.IRB120　　B.IRB1410　　C.IRB600ID　　D.IRB360

二．填空题。（每空 1.5 分，共计 45 分）

1. 不同的国家、机构对机器人定义不同，但有三个相同的特点是＿＿＿＿、＿＿＿＿、＿＿＿＿。

2. 在技术发展方面，工业机器人正向＿＿＿＿、＿＿＿＿、＿＿＿＿、＿＿＿＿的方向发展。

3. 工业机器人从体系结构来看，可以分为四大部分：＿＿＿＿、＿＿＿＿、＿＿＿＿、＿＿＿＿。

4. 不同类型的机器人，驱动采用的动力源不同，驱动系统的传动方式也不同。驱动系统的传动方式主要有四种：＿＿＿＿、＿＿＿＿、＿＿＿＿、＿＿＿＿。

5.＿＿＿＿是人机交互的一个接口，主要由液晶屏和可供触摸的操作按键组成。

6. 工业机器人的连线线缆有＿＿＿＿、＿＿＿＿、＿＿＿＿、＿＿＿＿。

7.＿＿＿＿是指在同一环境、同一条件、同一目标动作、同一命令之下，机器人连续重复运动若干次时，其位置的分散情况，是关于精度的统计数据。

8. 小型机器人承载能力不超过＿＿＿＿、中型机器人承载能力为＿＿＿＿。

9. 工业机器人按结构形式可以分为两大类＿＿＿＿、＿＿＿＿。

10. 工业机器人根据控制方式的不同，可以分为＿＿＿＿和＿＿＿＿两种。

11.＿＿＿＿驱动是利用电动机产生的力矩驱动执行机构的，目前越来越多的机器人采用此驱动方式。

12.IRB 120 型工业机器人质量为＿＿＿＿，工作范围为＿＿＿＿。

三．简答题。（每题 10 分，共计 30 分）

1. 机器人的技术参数反映了机器人可能胜任的工作、具有的最高操作性能等，简述工业机器人的技术参数包括哪些内容？

2. 简述工业机器人的应用领域。

3. 简述不同型号 ABB 工业机器人的特点。

班级________ 姓名________ 学号________

模块二　工业机器人的基本操作

一. 单项选择题。（每题 2 分，共计 20 分）

1. 机器人示教器在不使用时应放置在什么地方（　　）。
A. 示教器支架　B. 地上　C. 机器人本体上　D. 机器人控制柜上

2. 机器人着火时，应如何灭火（　　）。
A. 水　B. 沙子　C. 泡沫　D. 二氧化碳

3.ABB 工业机器人系统共有几个急停开关（　　）。
A.1　B.2　C.3　D.4

4. 在对工业机器人进行示教编程操作时，应当将机器人的模式设置成（　　）。
A. 自动模式　B. 手动全速　C. 手动限速　D. 无法确定

5. 手动操纵工业机器人时，下面哪种动作模式可以改变末端工具的位姿（　　）。
A. 单轴运动　B. 重定位运动　C. 线性运动　D. 增量运动

6. 单轴操作，4–6 动作模式下，顺时针旋转摇杆，则机器人如何运动（　　）。
A.4 轴负向旋转　B.5 轴负向旋转　C.6 轴负向旋转　D. 无法确定

7. 工业机器人在增量模式下运行，选择的增量大小为“中”时，移动距离为（　　）。
A.0.05mm　B.1mm　C.2mm　D.3mm

8. 进行转数计数器更新操作时，将六个关节轴移动到机械原点的次序为（　　）。
A.4−5−6−1−2−3　B.1−2−3−4−5−6　C.1−3−5−2−4−6　D.2−4−6−1−3−5

9. 示教器上的使能按键处于哪种状态时，机器人的电机会开启（　　）。
A. 第一档　B. 第二档　C. 无需按下　D. 无法确定

10. 工业机器人的线性运动是指（　　）在空间中做线性运动。
A. 第六轴　B. 法兰盘　C. 关节　D.TCP 点

二. 填空题。（每空 1 分，共计 20 分）

1. 在进行机器人的安装、维修、保养时切记要将__________关闭。

2.__________优先于任何其他机器人控制操作，它会断开机器人电动机的驱动电源，停止所有运转部件。

3. 工业机器人常用的运行模式有__________、__________、__________。

4.ABB 机器人常用信息及事件日志可以通过__________进行查看。

5. 工业机器人常用的三种动作方式有__________、__________、__________。

6. 工业机器人控制柜内部包括__________、__________、__________、安全面板、系统电源、配电板、电源模块、电容、接触器接口板、I/O 板等。

7.IRC5 控制柜面板上的按钮和开关包括机器人__________、__________、电机上电按钮、模式选择开关、网络接口和示教器电缆线接口。

8. 线性运动模式下，将示教器的操纵杆向下、向右、逆时针拨动时，分别代表的运动方向为__________、__________、__________。

9. 单轴操作，1–3 轴动作模式下，向左推动摇杆，则机器人__________运动。

10. 通过查看机器人的事件日志，会显示操作机器人进行事件的记录，包括__________________、____________等。

三. 简答题。（每题 10 分，共计 30 分）

1. 简述工业机器人使能器按钮的功能与使用方法。

2. 简述工业机器人在哪些情况下需要进行转数计数器更新操作。

3. 简述工业机器人不同的重启方式。

四. 操作题。（每题 10 分，共计 30 分）

1. 在设备上正确完成工业机器人的开关机操作。

2. 通过线性运动将机器人的工具 TCP 点移动到设备上的固定点上。

3. 正确完成工业机器人转数计数器更新操作。

班级________ 姓名________ 学号________

模块三　工业机器人坐标系设置

一．单项选择题。（每题 2 分，共计 20 分）

1. 以右手握住 Z 轴，当右手的四指从正向 X 轴以 π/2 角度转向正向 Y 轴时，大拇指的指向（　　）正向。

A.X 轴　　B.Y 轴　　C.Z 轴　　D. 无法确定

2.（　　）坐标系位于机器人基座，它是最便于机器人从一个位置移动到另一个位置的坐标系。

A. 大地坐标　　B. 基坐标　　C. 工具坐标　　D. 工件坐标

3. 下面哪一种坐标系由工具中心点 TCP 与坐标轴方位构成，运动时 TCP 会严格按程序指定路径和速度运动。（　　）

A. 大地坐标　　B. 基坐标　　C. 工具坐标　　D. 工件坐标

4.（　　）与工件相关，通常是最适于对机器人进行编程的坐标系。

A. 大地坐标　　B. 基坐标　　C. 工具坐标　　D. 工件坐标

5. 工业机器人联动运行时，TCP 是必需的，程序中支持（　　）工具，可根据当前工作状态进行变换。

A.1 个　　B.2 个　　C.3 个　　D. 多个

6. TCP 和 Z，X 法设定工具坐标时，在对固定点进行示教时的次序为（　　）。

A 先前三点再后两点　　B. 先后两点再前三点　　C. 无次序　　D. 无法确定

7. 工具坐标设定过程中，下面哪一种方法不仅可以得到坐标系的原点，还可以确定坐标轴的方向。（　　）

A.N 点法　　B.TCP 和 Z 法　　C.TCP 和 Z，X 法　　D. 无法确定

8. 工业机器人编程时，选择哪种坐标系可以实现轨迹偏移（　　）。

A. 大地坐标　　B. 基坐标　　C. 工具坐标　　D. 工件坐标

9. 重定位运动时，一般参考哪种类型的坐标系。（　　）

A. 大地坐标　　B. 基坐标　　C. 工具坐标　　D. 工件坐标

10. 下列哪种做法有助于提高机器人 TCP 的标定精度。（　　）

A. 固定参考点设置在机器人极限边界处　　B.TCP 标定点之间的姿态比较接近

C. 增加 TCP 标定参考点的数量　　　　　　　　D. 无法确定

二. 填空题。（每空 1 分，共计 20 分）

1. 工业机器人是一个非常复杂的系统，为了准确、清楚地描述机器人位姿参数，通常采用__________来描述。

2. 工业机器人常用的坐标系有________、________、________、________。

3. 默认工具 tool0 中心点位于___________，这样就能将一个或多个新工具坐标系定义为 tool0 的偏移值。

4. 当在机器人的前方并在基坐标系中微动控制时，将控制杆拉向自己一方时，机器人将沿________移动；向两侧移动控制杆时，机器人将沿________移动；扭动控制杆，机器人将沿________移动。

5. 工具数据 tooldata 用于描述安装在机器人第六轴上的__________、__________、__________等参数数据。

6. 所有机器人都有一个预定义的工具坐标系，该坐标系被称为__________，其位置一般位于__________。

7. 工具 TCP 的设定方法包括________、________、________、________。

8. 有效载荷数据 loaddata 记录了搬运对象的________、________的数据。

三. 简答题。（每题 10 分，共计 30 分）

1. 在对机器人进行编程时，创建工件坐标系有哪些优点？

2. 简述工件坐标系设定的方法及原理。

3. 简述 TCP 设定的三种方法。

四. 操作题。（每题 10 分，共计 30 分）

1. 在工业机器人设备上采用 TCP 和 Z，X 法设定工具坐标。

2. 在设备某一直角边上设定工件坐标。

3. 通过工件坐标系实现轨迹偏移。

班级________ 姓名________ 学号________

模块四 工业机器人编程控制

一. 单项选择题。（每题 2 分，共计 30 分）

1.ABB 工业机器人标配的工业总线为（　　）。

A.Profibus DP　　B.CC-Link　　C.DeviceNet　　D.Unit

2. 在 6.xx 系统中创建 DeviceNet 类型的 I/O 从站，在哪个里面进行设置。（　　）

A.Unit　　B.DeviceNet Command

C.DeviceNet Device　　D.CC-Link

3.ABB 提供的标准 I/O 板卡一般为（　　）类型。

A.PNP 类型　　B.NPN 类型　　C.PNP\NPN 通用类型　　D. 无法确定

4. 若机器人需要与第三方视觉进行通信，则需要配置哪个选项（　　）。

A.FTP/NFS Client　　B.PC Interface　　C.FlexPendant Interface　　D. 无法确定

5. 标准 I/O 板卡总线端子上，剪断第 8、10、11 针脚产生的地址为（　　）。

A.11　　B.26　　C.29　　D.32

6. 标准 I/O 板卡 DSQC651 其数字量输入输出起始地址分别为（　　）。

A. 输入起始地址 0 和输出起始地址 0　　B. 输入起始地址 0 和输出起始地址 32

C. 输入起始地址 1 和输出起始地址 32　　D. 输入起始地址 1 和输出起始地址 1

7. 一般焊接应用中，机器人常使用哪种类型的标准 IO 板卡（　　）。

A.DSQC651　　B.DSQC652　　C.DSQC653　　D.DCQC355A

8. 标准 I/O 板卡 651 提供的两个模拟量输出电压范围为（　　）。

A. 正负 10V　　B.0 到正 10V　　C.0 到正 24V　　D.0 到负 24V

9. 组输出信号 GO_02（地址占 5 位），能组合成（　　）个信号输出。

A.16　　B.32　　C.15　　D.31

10. 下面哪条指令最方便地回到六个轴的校准位置（　　）。

A.MoveL　　B.MoveJ　　C.MoveAbsj　　D.Arcl

11. 下列哪个转角半径数据会使得运动更为流畅（　　）。

A.fine　　B.z10　　C.z0　　D.z50

12.Rapid 程序中必不可少的程序名称为（　　）。

A.home　　B.main　　C.proc　　D.use

13. 下列哪一个可以作为自定义程序模块的名称（　　）。

A.ABB　　B.TEST　　C.BASE　　D.CASE

14. 机器人调试过程中，一般将其置于哪种状态（　　）。

A. 自动状态　　B. 手动限速状态　　C. 手动全速状态　　D. 无法确定

15. 下列哪一个不属于 Rapid 语言中的程序类型（　　）。

A. 中断程序　　B. 功能　　C. 程序　　D. 错误处理程序

二. 填空题。（每空 1 分，共计 25 分）

1.ABB 标准 I/O 板 DSQC652 共有________个 di 信号，________个 do 信号。

2.ABB 标准 I/O 板 DSQC651 共有________个 di 信号，________个 do 信号。

3.ABB 标准 I/O 板端子 X5 的 6~12 的跳线用来决定模块的地址，地址可用范围为 10~63，如果将第 9 脚和第 11 脚的跳线剪掉，那么地址为________。

4. 一个程序模块一般包含________、________、________、________四种对象，但不是每个模块都会有这四种对象。

5. 工业机器人常用的运动指令有________、________、________。

6. 机器人执行一个圆形轨迹，至少需要执行________条 MoveC 指令。

7. 程序调试控制按钮有________、________、________、________。

8. 紧凑型条件判断指令________，用于当一个条件满足后，就执行一句指令。

9. 常用的 I/O 控制指令有________、________、________、________和 WaitTime。

三. 简答题。（每题 10 分，共计 20 分）

1. 请描述语句 MoveJ P10，v200，z10，tool1\wobj：wobj1；划线部分的含义。

2. 简述 DSQC651 板和 DSQC652 板的区别。

四. 操作题。（第 1 题 15 分，第 2 题 10 分，共计 25 分）

1. 按照下面要求进行编程。

（1）机器人末端工具 tool1 的 TCP 点从当前位置运动到机械原点 home 点；

（2）机器人 TCP 从 home 点运动到点 P10 的正上方 50mm 处；

（3）TCP 点从 P10 正上方垂直运动到 P10 点；

（4）TCP 以 P10 为起点，P20 为圆曲率，P30 为终点，画一个圆弧；

（5）TCP 运动到 P30 正上方 50mm 处；

（6）TCP 点返回到 home 点。

2. 请创建一个中断程序 rTrap 和回机械原点程序 pHome，要求：在执行主程序 main 的过程中，当 DI1 的信号从 0 变为 1 时，机器人从中断处返回机械原点位置。

班级________ 姓名________ 学号________

模块五 机器人系统参数设定及程序管理

一. 单项选择题。（每题 5 分，共计 10 分）

1. 工业机器人备份文件夹中的程序代码位于哪个子文件夹中（　　）。

A.SYSPAR　　B.HOME　　C.RAPID　　D.TESE

2. 工业机器人备份的内容不包括下列哪一个（　　）。

A. 程序代码　　B.I/O 参数设置　　C.Robotware 系统库文件

二. 填空题。（每空 1 分，共计 15 分）

1. 工业机器人系统参数在控制器中根据不同的类型可分为________、________、________、________、________五个主题。

2. 工业机器人系统参数的设定与管理，包括系统参数的________、________、________、________等。

3. 在机器人系统遇到________时，可以通过恢复机器人系统的________解决。

4. 对机器人系统进行备份的对象，是所有存储在运行内存中的________和________。

5. “EIO 另存为”是保存________，“全部另存为”是保存________。

三. 简答题。（每题 15 分，共计 30 分）

1. 机器人系统备份有什么意义？

2. 工业机器人与 USB 存储设备之间如何实现 RAPID 程序的导入和导出？

四. 操作题。（每题 15 分，共计 45 分）

1. 在 RobotStudio 中查看各个类型的系统参数。
2. 对 I/O System 主题中的 DeviceNet Device 参数进行管理操作。
3. 对机器人系统进行备份与恢复操作。

班级________ 姓名________ 学号________

《工业机器人操作与编程》期末测试题

一．单项选择题。（每题 2 分，共计 20 分）

1. 对 num 数据 regl 操作赋值加 1 的正确指令形式是（　　）

A.Decr regl　　B.Incr regl　　C.reg1+1　　D.Add regl

2. 在新建程序模块、例行程序、程序数据时，下列哪个名称可以使用？（　　）。

A.TEST　　B.ABB　　C.base　　D.wobj0

3. 下列哪一个不属于程序类型（　　）。

A.main　　B.proc　　C.trap　　D.func

4. 下列需要进行转数计数器更新的情况不包括（　　）。

A. 拆装过机器人关节轴后

B. 更换 SMB 板电池后

C. 当系统报警提示“10036 转数计数器未更新”时

D. 机器人做恢复系统的操作后

5. 线性运动指令不包含哪个程序数据？（　　）

A. 工具数据　　B. 坐标系数据　　C. 信号数据　　D. 关节轴数据

6.ABB 机器人标配的工业总线为（　　）

A.Profibus DP　　B.CC-Link　　C.DeviceNet　　D.Unit

7. 标准 IO 板卡总线端子上，剪断第 8、10、11 针脚产生的地址为（　　）

A.11　　B.26　　C.29　　D.32

8. 标准 I/O 板 DSQC651 数字量输入输出起始地址分别为（　　）

A. 输入起始地址 0 和输出起始地址 0

B. 输入起始地址 0 和输出起始地址 32

C. 输入起始地址 1 和输出起始地址 32

D. 输入起始地址 1 和输出起始地址 1

9. 一般焊接应用，机器人常用哪种类型的标准 IO 板卡（　　）

A.DSQC651　　B.DSQC652　　C.DSQC653　　D. 任意都可以

10. 组输出信号 GO_02（地址占 5 位），能组合成（　　）个信号输出。

A.16　　B.32　　C.15　　D.31

二. 填空题。（每空 1 分，共计 25 分）

1. 不同的国家、机构对机器人定义不同，但有三个相同的特点分别是________、________、________。

2. 工业机器人常用的四大坐标系有________、________、________、________。

3. 工业机器人系统从结构来看，由________、________、________、________四大部分组成。

4. 工业机器人按结构特征划分可分为________、________两种。

5. 工业机器人的动力系统按动力源不同可分为________、________、________。

6. 所有机器人都有一个预定义的工具坐标系，该坐标系被称为______，其位置一般位于________。

7. 紧凑型条件判断指令________，用于当一个条件满足后，就执行一句指令。

8. 工业机器人常用的编程方式有________、________。

9、工业机器人运行模式有手动限速、________、________三种模式，其中手动限速模式下的运行速度最大为________mm/s。

10. 机器人执行一个圆形轨迹，至少需要执行________条 MoveC 指令。

三、判断题。（每题 2 分，共计 30 分）

1. 定义工具坐标系选用“TCP 和 Z,X”时，6 个点的示教顺序可以随意。（　　）

2. 机器人处于自动模式时，示教器上实体按钮除程序控制键外均不能使用。（　　）

3. 进行转数计数器更新时必须将机器人关节轴调至机械零点位置。（　　）

4. 程序模块中，主程序是整个 RAPID 程序执行的起点，必须命名为 main。（　　）

5.DSQC652 板的数字输出与数字输入端口的地址范围都是 0—15。（　　）

6. 如果要对某一程序数据进行赋值，该数据的存储类型必须是变量。（　　）

7. 并联机器人是由一系列连杆通过转动关节或移动关节组成的。（　　）

8. 工业机器人的自由度越多越好。（　　）

9. 手动操作示教器时，需要用力按住示教器上的使能器按钮。（　　）

10. 机器人在安装工具后，应将 TCP 点从法兰盘校准到工具末端。（　　）

11. 重定位运动是机器人末端绕着 TCP 点旋转改变末端姿态。（　　）

12. 按下机器人示教器或者电控柜上急停，打开急停后需要再按一次电机上电按钮，解除急停状态。（　　）

13. 中断处理结束后，先按运行键，才可以回到中断地方继续往下执行程序。（　　）

14. 通过圆弧运动指令 MoveC 画一个整圆，至少需要两条 MoveC 指令。（　　）

15. 手动限速运动模式下，机器人的速度最大被限制在 350mm/s。（　　）

四、编程题。（第 1 题 5 分，第 2 题 10 分，第 3 题 10 分，共计 25 分）

1. 请创建一个例行程序 rTrain。要求：当 DO1 的信号从 0 变为 1 时，对 regTrap 进行加 1 操作。

2. 请创建一个圆轨迹例行程序 Circle，一个三角形轨迹例行程序 triangle。要求：分别画出圆形和三角形轨迹并在上面标出需要示教的点位，当 DO1 的信号从 0 变为 1 时，在主程序 main 中调用 Circle 例行程序，否则调用 triangle 例行程序。

3. 当前机器人六轴均处于机械原点位置，编写程序让机器人末端执行器从 home 点开始走下图中的轨迹 1，然后回到 home 点，再走下图中的轨迹 2，再次回到 home 点。

要求：（1）在图中标出所需要的点；（2）整个过程连续走 3 次后回 home 点结束；（3）要有出刀入刀的偏移量。

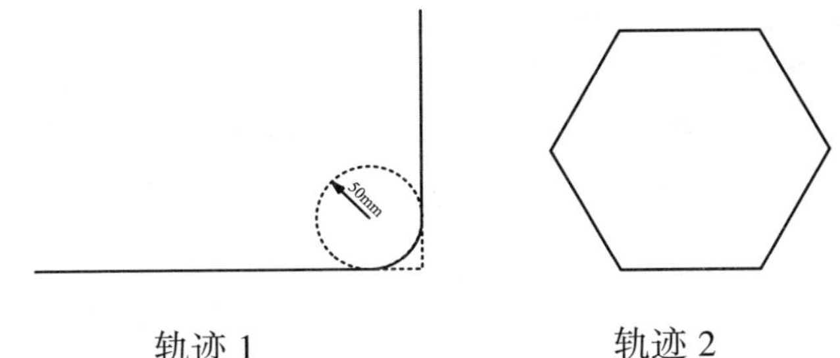

轨迹 1　　　　轨迹 2